"十二五"职业教育国家规划教材
经全国职业教育教材审定委员会审定
修订版

钳工加工技术与技能

第2版

U0793792

主　编　姜　利　周晓峰
副主编　张建州
参　编　叶　星　黄达辉　彭正弘
主　审　宋军民

机械工业出版社
CHINA MACHINE PRESS

本书是“十二五”职业教育国家规划教材修订版，是根据教育部最新公布的中等职业学校相关专业教学标准，同时参考国家职业资格标准（钳工中级）编写的。本书内容包括钳工入门、钳工常用量具的使用、划线、锯削与锉削、零件的研磨与刮削、零件的孔加工、零件的螺纹加工、零件的矫正与弯形和零件的装配。

本书围绕教学目标，精心选取钻床夹具实例制作为学习项目，将钳工工艺知识与零件的钳加工技能训练融入其中，采用立体图与实物图结合、以表带文的呈现形式，使教材易读、易学，并在重要知识点附近嵌入二维码，方便读者学习相关操作视频。同时在每个项目后设置了“工匠之篇”栏目，融入课程思政元素，让读者了解工匠事迹，学习工匠精神。

本书可作为中等职业学校机械类专业的教材，也可作为企业员工钳工工作岗位培训教材。

为方便教师教学，本书配套有电子教案、电子课件、视频等资源，使用本书作为教材的教师可登录 www. cmpedu. com 网站，注册并免费下载，或来电（010-88379375）索取。

使用本书的师生均可利用上述资源在机械工业出版社旗下的“天工讲堂”平台上进行在线教学、学习，实现翻转课堂与混合式教学。

图书在版编目（CIP）数据

钳工加工技术与技能/姜利，周晓峰主编. —2 版（修订本）. —北京：机械工业出版社，2021. 4（2025. 6 重印）
“十二五”职业教育国家规划教材
ISBN 978-7-111-67727-7

Ⅰ. ①钳…　Ⅱ. ①姜…　②周…　Ⅲ. ①钳工-高等职业教育-教材
Ⅳ. ①TG9

中国版本图书馆 CIP 数据核字（2021）第 040342 号

机械工业出版社（北京市百万庄大街 22 号　邮政编码 100037）
策划编辑：王莉娜　责任编辑：王莉娜　赵文婕
责任校对：李　婷　封面设计：张　静
责任印制：张　博
北京中科印刷有限公司印刷
2025 年 6 月第 2 版第 9 次印刷
184mm×260mm · 12. 5 印张 · 306 千字
标准书号：ISBN 978-7-111-67727-7
定价：39. 80 元

电话服务　　　　　　　　　网络服务
客服电话：010-88361066　　机　工　官　网：www. cmpbook. com
　　　　　010-88379833　　机　工　官　博：weibo. com/cmp1952
　　　　　010-68326294　　金　书　网：www. golden-book. com
封底无防伪标均为盗版　　机工教育服务网：www. cmpedu. com

第2版前言

2019 年 1 月，国务院印发了《国家职业教育改革实施方案》（简称“职教 20 条”），2020 年 9 月，《教育部等九部门关于印发〈职业教育提质培优行动计划（2020—2023 年）〉的通知》中明确提出，深化教师、教材、教法改革（简称“三教”改革）。为进一步体现新技术、新工艺、新规范，深度结合信息技术，适应“互联网+职业教育”新要求，也为了更好地适应中等职业学校机械类专业的教学要求，全面提升教学质量，机械工业出版社组织了一批一线教师和行业、企业专家，在充分调研企业生产实际和学校教学情况、广泛听取教师对教材使用情况的反馈意见的基础上，对“十二五”职业教育国家规划教材《钳工加工技术与技能》进行了修订。

本次修订主要体现了以下特色。

1. 根据科学技术的发展和教学实践的需求，合理更新教材内容。

本书依据最新公布的教学标准和课程大纲，对接职业标准和机械加工技术、机械制造技术专业岗位要求，采用项目—任务式的编写方式，以钻床夹具为学习载体，突出理实一体化的“做中学、学中做”的职业教育特色。根据相关专业领域的发展情况，在书中充实新知识、新技术、新设备、新材料等方面的内容，体现内容的先进性。采用现行国家标准，使内容更加科学和规范。

2. 引入“互联网+”技术，推进教育数字化。

针对书中的教学重点和难点制作、更新了多媒体资源，学生使用移动终端扫描二维码即可在线观看相关内容，使操作方法变得可视化和形象化，符合新时代学生的认知规律和学习习惯。

3. 将思想政治教育融入课堂，深化立德树人的教学宗旨。

4. 在每个项目后设置了“工匠之篇”栏目，介绍在相关领域做出杰出贡献的先进个人。所有人物的选取，以能让学生产生共鸣的技能型人才为主。以先进人物的事迹和荣誉来激励学生，以他们执着的工匠信念和爱岗敬业的品质来感染学生，以他们的成长经历和质朴的话语来引导学生。

本书由江苏省常州技师学院姜利、周晓峰任主编，张建州任副主编，宋军民任主审，参与编写的还有叶星、黄达辉、彭正弘。在本书的编写过程中，编者参阅了国内出版的有关教材和资料，在此对相关人员表示衷心感谢！

由于编者水平有限，书中难免存在不妥之处，恳请读者批评指正。

编　者

第1版前言

本书是根据教育部《关于中等职业教育专业技能课教材选题立项的函》（教职成司［2012］95号），由全国机械职业教育教学指导委员会和机械工业出版社联合组织编写的“十二五”职业教育国家规划教材，是根据教育部最新公布的中等职业学校相关专业教学标准，同时参考国家职业资格标准（钳工中级）编写的。

本书主要介绍钳工加工与装配知识及操作技能。本书重点强调培养学生钳加工工作能力，编写过程中力求体现以下特色。

1. 执行新标准。本书依据最新教学标准和课程大纲要求，对接职业标准和机械加工技术专业岗位需求。

2. 体现新模式。本书采用理实一体化的编写模式，以钻床夹具为学习载体，突出“做中教，做中学”的职业教育特色。

3. 本书呈现形式新颖，图文并茂，大量使用照片图和立体图，便于学生自行学习。

4. 本书在编写过程中，吸收了企业技术人员的建议和意见，使之更贴近生产实际。

本书由江苏省常州技师学院周晓峰任主编，姜利任副主编，宋军民任主审，参与编写的还有叶星、黄达辉、彭正弘。本书经全国职业教育教材审定委员会审定，评审专家对本书提出了宝贵的建议，在此对他们表示衷心的感谢！编写过程中，编者参阅了国内外出版的有关教材和资料，在此一并表示衷心感谢！

由于编者水平有限，书中难免存在不妥之处，恳请读者批评指正。

编　者

二维码索引

目　录

项目一

钳工入门

项目描述

机械产品的制造，从毛坯到合格产品之间要经过一系列的加工过程。在这个过程中，钳工的工作起着极其重要的作用。如图 1-1 所示，一辆自行车，它有许多不同零件和部件所组成，有钢圈、三脚架、车把、链条等，它们大多是由金属材料制成的。首先把毛坯根据图样要求，通过一系列的车工、铣工、磨工、钳工加工制成各种各样的零件(即零件加工)，在这里钳工是不可缺少的工种之一。零件加工好后，需要把这些零件组合成一辆自行车，这称为装配工作，它是钳工的工作内容之一。自行车装配好后，要进行调整、试车，才能成为一辆合格的自行车，这些工作都是由钳工来完成。自行车使用一段时间后，出现了故障，需要修理，这又要由钳工来完成。在零件的加工、装配、维修过程中，需要用到各种工具、夹具、量具、模具及各种专用设备，这些也需要钳工来进行制造和修理。

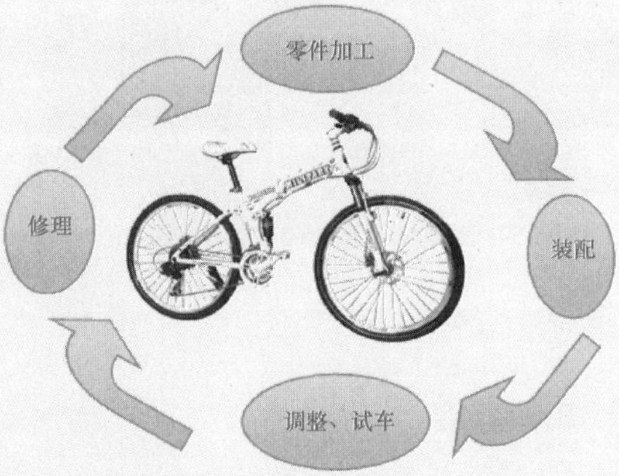

图 1-1　自行车制造过程

由此可见，钳工在产品的制造和使用中，占有非常重要的地位。因此，成为技艺精湛的钳工工人，首先要知道钳工是干什么的？钳工是如何进行的？在加工过程中应该注意哪些安全文明生产要求？这些都需要我们走进项目一的学习——钳工入门。

任务　认识钳工

学习目标

1）知道钳工的工作任务及分类。

2）知道钳工常用的设备及用途。

3）熟知钳工安全文明生产的要求。

任务描述

图 1-2 所示的书立是可以通过钳加工工作来完成的，书立加工过程如图 1-3 所示。试回答在图 1-3a 中，两位同学在干什么？用到了什么设备？在使用该设备时，有哪些注意事项？在图 1-3b 中，同学们用什么设备固定书立？使用该设备固定书立的操作步骤有哪些？钳工除了零件加工外，还可以做哪些工作？

图 1-2　书立

a)

b)

图 1-3　书立加工过程

知识链接

一、钳工工作任务及分类

1. 钳工工作任务

从自行车的生产制造来看，钳工的工作任务有四个方面：加工零件、装配、设备维修、工具的制造和修理，见表 1-1。

表 1-1　钳工工作任务

工作任务	工作内容	应用图例
加工零件	采用机械方法不适宜或不能解决的零件的加工方法，如划线、精密加工（如刮削、研磨、锉削样板等），以及检验和修配等	 平面刮削　 螺纹零件的测量

（续）

工作任务	工作内容	应用图例
装配	将零件按机械设备的装配技术要求进行组件、部件装配和总装配，并经过调整、检验和试车等，使之成为合格的机械设备	 部件的装配
设备维修	机器使用一段时间后，当发生故障时，需要由钳工进行修理和维护，使设备恢复原有功能	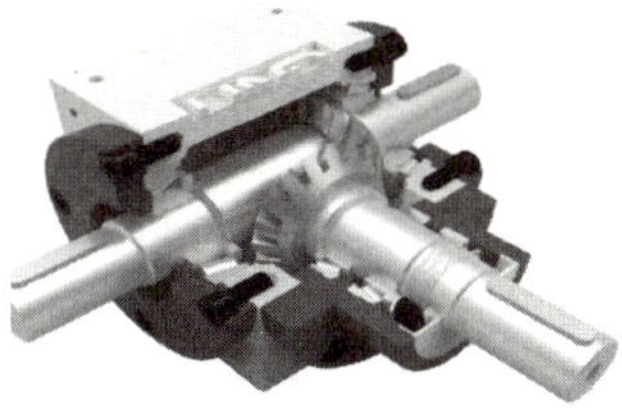 齿轮箱的检修
工具的制造和修理	完成刀具、夹具、量具的制作和检修工作	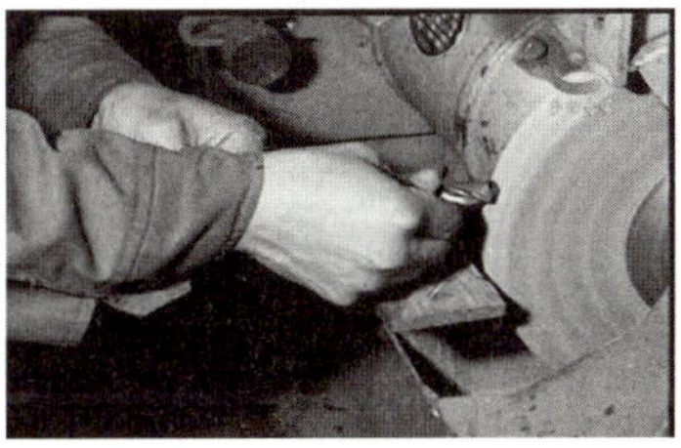 工具的刃磨

2. 钳工分类

钳工分为普通钳工（装配钳工）、修理钳工、模具钳工（工具制造钳工）等。

1）普通钳工（装配钳工）主要从事机器或部件的装配和调整工作，以及一些零件的钳工加工工作。

2）修理钳工主要从事各种机器设备的维修工作。

3）模具钳工（工具制造钳工）主要从事模具、工具、量具及样板的制作。

二、钳工工作场地

钳工工作场地是指钳工的固定工作地点，钳工工作场地实训设备主要有钳工工作台、台虎钳、砂轮机、各种钻床等。图 1-4a 所示为教学实习场地，图 1-4b 所示为企业生产场地。

1. 钳工工作台

钳工工作台用来安装台虎钳，放置工具和工件等，如图 1-5a 所示，其高度为 800～900mm，使装上台虎钳后，操作者工作时的高度比较合适，一般多以钳口高度恰好与肘齐平为宜，即肘放在台虎钳最高点半握拳，拳刚好抵下颌，如图 1-5b 所示，工作台的长度和宽度则随工作而定。

钳工工作台的安全要求如下。

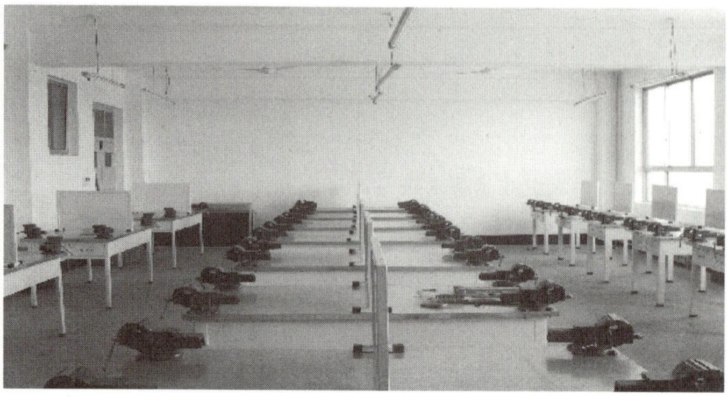

a)

b)

图 1-4 钳工工作场地

a）教学实习场地 b）企业生产场地

a)

b)

图 1-5 钳工工作台及台虎钳的合适高度

1）钳工工作台要放在便于工作和光线适宜的地方，面对面使用钳工工作台，中间要装安全防护网，如图 1-5a 所示；钳工工作台必须安装牢固，不允许被用作铁砧。

2）钳工工作台上使用的照明电压不得超过 36V。

3）钳工工作台上的杂物要及时清理，工具、量具和刃具分开放置，以免混放而损坏，如图 1-5a 所示。

4）摆放工具时，不能让工具伸出钳工工作台边缘，以免其被碰落而砸伤人脚。

2. 台虎钳

台虎钳是用来夹持工件的通用夹具，常用的有固定式和回转式两种，如图 1-6 所示。台虎钳的规格以钳口的宽度来表示，常用的有 100mm、125mm、150mm 等。

如图 1-6a 所示，当顺时针方向转动手柄时，通过丝杠、螺母带动活动钳身将工件夹紧；如图 1-6b 所示，当逆时针方向转动手柄时，将工件松开。松开左、右两个锁紧螺钉，台虎钳在底盘上即可转位，以便在不同方向上夹持工件；拧紧左、右两个锁紧螺钉，台虎钳即可固定在底盘上。

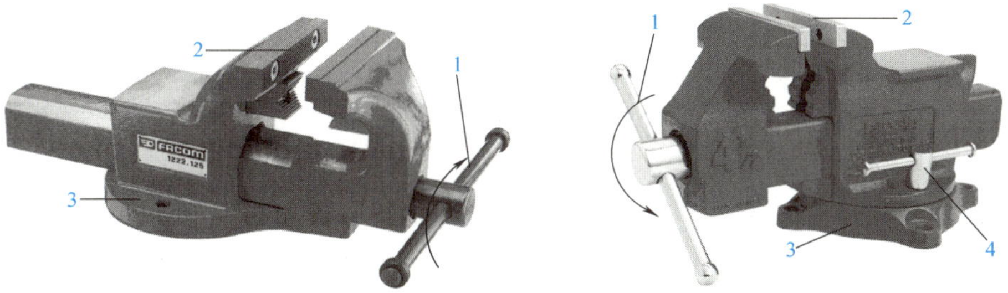

a)　　b)

图 1-6　台虎钳

a）固定式　b）回转式

1—手柄　2—钳口　3—底座　4—锁紧螺钉

台虎钳使用的安全要求如下。

1）台虎钳必须牢固地固定在钳工工作台上，两个锁紧螺钉必须扳紧，使钳身工作时没有松动现象，否则容易损坏台虎钳和影响工件的加工质量。

2）工件尽量夹在钳口中部，以使钳口受力均匀；夹紧后的工件应稳定可靠，便于加工，并不产生变形。

3）在进行强力作业时，应尽量使力量朝向固定钳身，否则将额外增加丝杠和螺母的受力，导致螺纹损坏。

4）夹紧工件时只允许依靠手的力量来转动手柄，不能用锤子敲击手柄或随意套上长管子来扳动手柄，以免丝杠、螺母或钳身被损坏。

5）不要在活动钳身的光滑表面进行敲击作业，以免降低其配合性能。

6）丝杠、螺母和其他活动表面上都要经常加油并保持清洁，以利于润滑和防止生锈。

3. 砂轮机

砂轮机用来刃磨刀具或其他工具，也可用来磨去工件或材料上的毛刺、锐边、氧化皮等。

（1）砂轮机的组成　砂轮机主要由砂轮、电动机、砂轮机座、托架和防护罩等组成，如图 1-7 所示。

（2）砂轮机使用的安全要求　砂轮的质地硬而脆，工作时转速较高，因此使用砂轮时应遵守安全操作规程，严防发生砂轮碎裂造成人身事故。砂轮机使用时应注意以下几点。

1）砂轮旋转方向必须与旋转方向指示牌相符，使磨屑向下方飞离砂轮。

2）起动后应等砂轮转速达到正常时再进行磨削。

3）砂轮机在使用时不准将磨削件与砂轮猛烈撞击或施加过大的压力，以免砂轮碎裂。

4）当使用时发现砂轮表面跳动现象严重，应及时用修整器进行修整。

5）砂轮机的托架与砂轮之间的距离如图 1-8 所示，一般应保持在 3mm 之内，否则容易引发磨削件被砂轮轧入的事故。

图 1-7 砂轮机

1—电动机 2—砂轮 3—砂轮机座 4—托架 5—防护罩

6）使用时，操作者尽量不要站立在砂轮的直径方向，而应站立在砂轮的左侧面或斜侧位置，如图 1-9 所示。

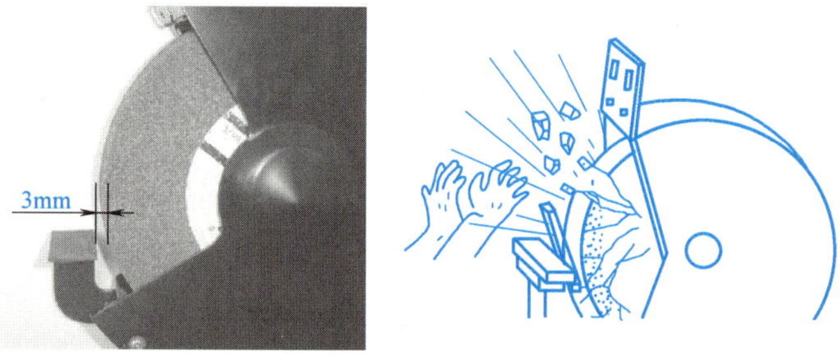

图 1-8 托架与砂轮的距离

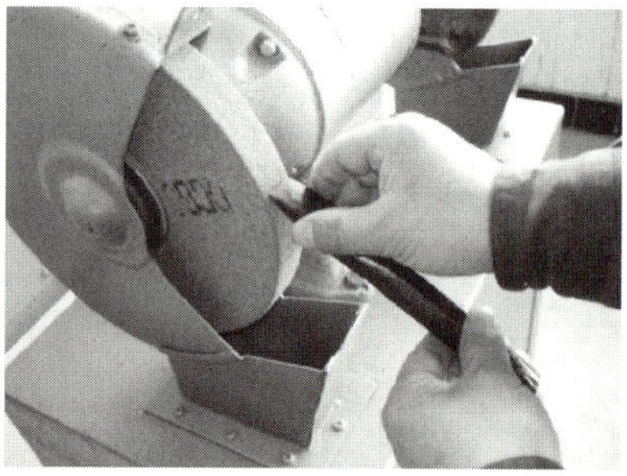

图 1-9 操作者的站位

4. 钻床

钻床是用来对工件进行孔加工的设备，有台式钻床、立式钻床和摇臂钻床等，钻床的类型见表 1-2。

表 1-2 钻床的类型

名称	功用	钻床代号	应用图例
台钻	台式钻床简称台钻，是一种小型钻床，适用于在小型工件上钻、扩直径为 13mm 以下的孔	Z4012 的含义 Z—类别代号，钻床 4—组代号，台式 0—系代号 12—主参数，表示钻孔直径为 12mm	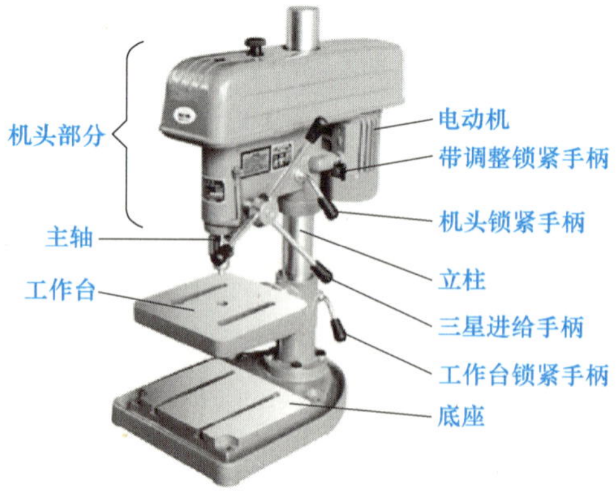

（续）

名称	功用	钻床代号	应用图例
立钻	立式钻床简称立钻，是一种中型钻床，其结构较为复杂，可实现自动进给，具有变速方便、性能齐全等特点，并配备了冷却系统，使用范围广	Z5125 的含义 Z—类别代号，钻床 5—组代号，立柱式 1—系代号，方柱 25—主参数，表示钻孔直径为 25mm	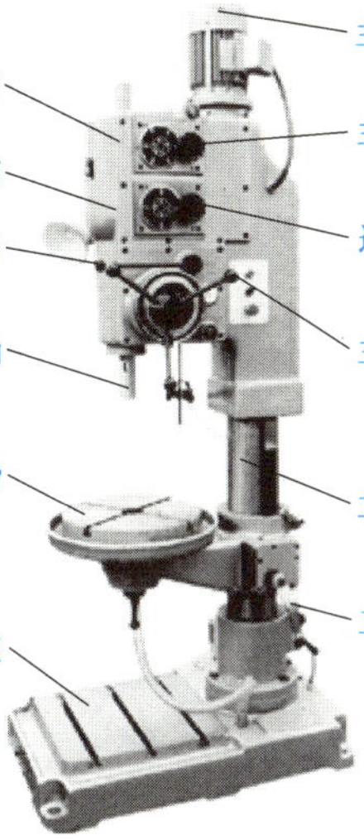
摇臂钻	摇臂钻床是钳工常用的一种较大型的钻削加工设备，其内部结构复杂	Z3040 的含义 Z—类别代号，钻床 3—组代号，摇臂式 0—系代号 40—主参数，表示钻孔直径为 40mm	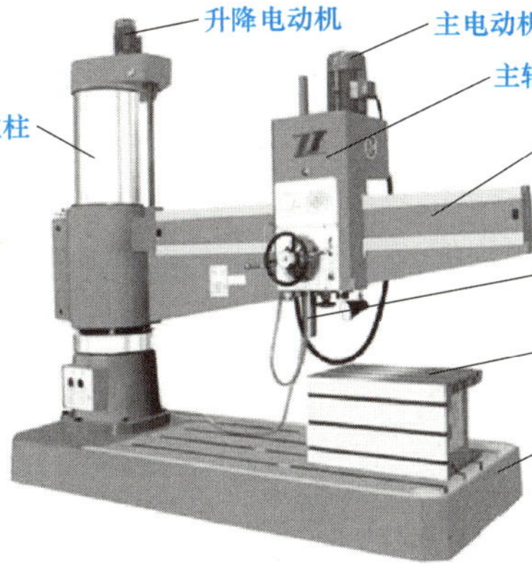

钻床使用的安全要求如下。

1）工作前，对所用钻床和工具、夹具、量具要进行全面检查，确认无误后方可操作。

2）工件装夹必须牢固可靠，工作中严禁戴手套。

3）手动进给时，一般按照逐渐增压和逐渐减压的原则进行，用力不可过猛，以免造成事故。

4）钻头上绕有长铁屑时，要停下钻床，用刷子或铁钩将铁屑清除。

5）不准在旋转的刀具下翻转、夹紧或测量工件，手不准触摸旋转的刀具。

6）摇臂钻摇臂的回转范围内不准有障碍物，工作前摇臂必须夹紧。

7）摇臂和工作台上不准存放物件。

8）工作结束后，将摇臂降低到最低位置，主轴箱靠近立柱，并且要夹紧。

三、钳工安全文明生产

执行安全操作规程、遵守劳动纪律、严格按照工艺要求操作是保证产品质量和安全生产的重要前提。

1. 钳工工作场地的要求

合理组织和安排好钳工工作场地，是保证产品质量和安全生产的一项重要措施。

（1）合理布局主要设备　钳工工作台应安放在光线适宜、工作方便的地方，面对面使用钳工工作台时，应在两个工作台中间安置安全网。砂轮机、钻床应设置在场地的边缘，尤其是砂轮机一定要安装在安全、可靠的位置。

（2）正确摆放毛坯、工件　毛坯和工件要分别摆放整齐，并尽量放在工件搁架上，以免磕碰。

（3）合理摆放工具、夹具和量具　常用工具、夹具和量具应放在工作位置附近，取用方便，不应任意堆放，以免损坏。工具、夹具、量具用后应及时清理、维护和保养，并且妥善放置。

2. 安全文明生产一般要求

1）工作前按要求穿戴好防护用品。

2）不准擅自使用不熟悉的机床、工具和量具。

3）右手取用的工具放在右边，左手取用的工具放在左边，严禁乱堆乱放。

4）毛坯、成品应按规定堆放整齐，并随时清除油污、异物等。

5）清除切屑要用刷子，不要直接用手清除或用嘴吹。

6）使用电动工具时，要有绝缘防护和安全接地措施。

任务实施

图 1-3a 中，两位同学在利用台钻加工排孔，为后续加工减少加工量。图 1-3b 中，同学们使用台虎钳完成书立的固定。固定书立的步骤如下。

1）逆时针方向转动手柄，使钳口松开，将书立放入钳口；再顺时针方向转动手柄，通过丝杠、螺母带动活动钳身将书立夹紧。

2）松开左右两个锁紧螺钉，台虎钳在底盘上即可转位，以便在不同方向上加工书立；拧紧左、右两个锁紧螺钉，台虎钳即可固定在底盘上。

知识拓展

5S 现场管理法

1. 5S 现场管理法的含义

5S 现场管理法的理念源于日本，因为日语的罗马拼音均以“S”开头，5S 即整理（SEIRI）、整顿（SEITON）、清扫（SEISO）、清洁（SEIKETSU）、素养（SHITSUKE），所以简称 5S。它是指在生产现场中对人员、机器、材料、方法等生产要素进行有效的管理，使企业的生产环境得到极大的改善，在国内企业中得到广泛应用。

2. 5S 现场管理法的内容

（1）整理　区分要与不要的物品，现场只保留必需的物品，如图 1-10 所示。

1）目的：①改善和增加作业面积；②现场无杂物，行道通畅，提高工作效率；③减少磕碰的机会，保障安全，提高质量；④消除管理上的混放、混料等差错事故；⑤有利于减少库存量，节约资金；⑥改变作风，提高工作情绪。

2）意义：把要与不要的人、事、物分开，再将不需要的人、事、物加以处理，对生产现场的现实摆放和停滞的各种物品进行分类，区分什么是现场需要的，什么是现场不需要的；其次，对于车间里各个工位或设备前后、通道左右、厂房上下、工具箱内外，以及车间的各个死角，都要彻底搜寻和清理，达到现场无不用之物的要求。

（2）整顿　必需品依规定定位、定方法，摆放整齐有序，明确标示，如图1-11所示。

1）目的：不浪费时间寻找物品，提高工作效率和产品质量，保障生产安全。

2）意义：把需要的人、事、物加以定量、定位。通过前一步整理后，对生产现场需要留下的物品进行科学合理的布置和摆放，以便用最快的速度取得所需之物，在最有效的规章制度和最简洁的流程下完成作业。

3）要点：①物品摆放要有固定的地点和区域，以便于寻找，消除因混放而造成的差错；②物品摆放地点要科学合理，根据物品使用的频率，经常使用的东西应放得近些（如放在作业区内），偶尔使用或不常使用的东西则应放得远些（如集中放在车间某处）；③物品摆放目视化，使定量装载的物品做到过目知数，摆放不同物品的区域采用不同的色彩和标记加以区别。

图1-10　整理

图1-11　整顿

（3）清扫　清除现场内的“脏污”、清除作业区域的物料垃圾，如图1-12所示。

1）目的：清除“脏污”，保持现场干净、明亮。

2）意义：将工作场所的污垢去除，使异常的发生源很容易发现，是实施自主保养的第一步。

3）要点：①自己使用的物品，如设备、工具等，要自己清扫，而不要依赖他人，不增加专门的清扫工；②对设备的清扫，着眼于对设备的维护保养，清扫设备的同设备的点检结合起来，清扫即点检；清扫设备的同时做设备的润滑工作，清扫也是保养；③清扫也是为了改善。当清扫地面发现有废屑和油水泄漏时，要查明原因，并采取措施加以改进。

图 1-12　清扫

（4）清洁　将整理、整顿、清扫实施的做法制度化、规范化，维持其成果，如图 1-13 所示。

1）目的：认真维护并坚持整理、整顿、清扫的效果，使其保持最佳状态。

2）意义：通过对整理、整顿、清扫活动的坚持与深入，消除发生安全事故的根源，创造一个良好的工作环境，使员工能愉快地工作。

3）要点：①车间环境不仅要整齐，而且要做到清洁卫生，保证员工身体健康，提高员工的劳动热情；②不仅物品要清洁，而且员工本身也要做到清洁，如工作服要清洁，仪表要整洁，及时理发、刮须、修指甲、洗澡等；③员工不仅要做到形体上的清洁，而且要做到精神上的“清洁”，待人要讲礼貌、要尊重别人；④要使环境不受污染，进一步消除浑浊的空气、粉尘、噪声和污染源，消灭职业病。

（5）素养　人人按章操作、依规行事，养成良好的习惯，使每个人都成为有教养的人，如图 1-14 所示。

图 1-13　清洁

图 1-14　素养

1）目的：提升人的品质，培养对任何工作都讲究认真的人。

2）意义：努力提高员工的自身修养，使员工养成良好的工作、生活习惯和作风，让员工能通过实践5S获得人身境界的提升，与企业共同进步，是5S活动的核心。

任务评价

通过以上学习，根据任务实施过程，将完成任务情况记入表1-3中，完成任务评价。

表1-3 钳工入门任务评价表

项目名称		编号		姓名		日期	
序号	评价内容	评价标准				配分	备注
1	钳工的工作任务	能说出钳工具体工作内容				20	
2	工作场地	能正确摆放工、量具				20	
3	钳工的常用设备	能知道每种设备的具体用途并能正确操作				40	
4	安全文明生产	知道安全文明生产的要求				20	
教师评语							

课后评测

1）参观实习场地，写出你所看到的钳工设备。

2）某加工现场如图1-15所示，写出有哪些不遵守文明生产的现象？

图1-15 某加工现场

工匠之篇

新生代榜样

2017 年 10 月，第 44 届世界技能大赛在阿布扎比举行。年仅 19 岁的中国选手宋彪获得了工业机械装调项目的金牌，并从来自 68 个国家和地区的 1260 余名参赛选手中脱颖而出，以 779 分获得了大赛唯一的“阿尔伯特大奖”，成为首位获得“阿尔伯特大奖”的中国人。宋彪并在两年后荣获“中国青年五四奖章”，成为新生代工匠中的佼佼者。如何在技能发展的道路上崭露头角，这位 20 多岁的年轻人，从迈入职业院校校门的那一刻起，便不断努力、不断突破，最终取得了瞩目的成绩。

工业机械装调是现代智能制造的重要环节，该项比赛分四天进行，累计比赛时长为 20h，设置了多个比赛模块，主要的任务是完成一套设备的制作、装配和调试。在有“技能奥林匹克”之称的世界技能大赛中，工业机械装调被认为是对选手能力挑战最大的一个项目。选手在赛前对比赛的具体内容并不知晓。宋彪的教练杭明峰曾经这样说：“工业机械装调项目是一个考验综合能力的赛项，包括焊接和机械加工，机械加工又包括车削加工和铣削加工，而装配调试是最主要的一个方面，能参加该项目的比赛，可以说是一个全面性的技能人才。”阿尔伯特大奖是以世界技能组织创始人的名字命名的，用于奖励每一届世界技能大赛中所有参赛项目中获得最高分的选手，被誉为“世界技能的巅峰”“金牌中的金牌”。宋彪是第一位赢得这项荣誉的中国选手，专业分量可想而知。

回顾精彩的比赛过程，前三天的比赛，宋彪完成得很顺利。最后一天，比赛时长为 3h，他遇到了意想不到的情况。由于裁判的计算错误，比赛开始前，宋彪被告知要扣除 30min 的比赛时间，只能坐在一旁眼睁睁看着其他选手先开始安装调试。但是宋彪并没有因此乱了阵脚，而是稳定心态，积极调整自己的比赛策略，在保证质量的前提下，提升速度。虽然比别的选手晚 30min，但宋彪凭借扎实的基本功和高超的装配技能第一个完成了比赛项目，并获得了 779 分的高分。谁也没有想到这会是所有 1260 多名选手中的最高分。“在领完奖出了闭幕式会场之后，我们团队紧紧地抱在了一起，我们的指导教师都激动得哭了。”赛后，宋彪感慨地说，“原来人生还有这样一种方式，只要拥有精湛的技能，一样可以让生命熠熠生辉。”

宋彪来自安徽蚌埠。初中时，宋彪的学习成绩并不理想，后来进入江苏省常州技师学院学习。由于自身基础知识弱，宋彪就利用课余时间请教专业课老师，把课上没听懂的专业知识内容逐一搞懂。经过一个学期的努力，宋彪的成绩有了很大的提高，人也越来越自信，并发现自己喜欢动手能力强的工作，常常课余时间守在实训车间琢磨产品设计。在一年多的备赛时间里，宋彪的勤奋不断带给指导教师惊喜。指导教师每天布置的训练任务时长为 8~10h，宋彪不但严格遵守训练时长，而且每天都给自己增加 2h 的训练量。夏天，他更是顶住 40℃ 的高温坚持在实训车间训练。每当做完一个零件拿去评分时，做到 75% 的合格率可能就算是好的，但在宋彪看来，应该把合格率提高到 95%~99%，甚至是 100% 才能使一个零件在部件的组装中更好使用。

宋彪说：“我从自己的成长和参赛经历中深深地体会到，技能改变人生，技能成就梦想意义。我将珍惜荣誉，再接再厉，坚定走技能成才之路，用自己的努力阐释新时代工匠精神。我也希望更多的有志青年能够凭借精湛的技能让人生出彩！”

项目二

钳工常用量具的使用

项目描述

在进行产品制造的过程中，钳工通常根据图样进行零件的备料、加工、装配。在备料时，需要用量具确定毛坯的尺寸；在加工时，需要用量具检测零件尺寸与图样的符合程度；在装配过程中，需要用量具来确定零件的安装位置和安装间隙等。由此可见，产品的制造过程是以测量过程为基础，而测量离不开量具。选用量具和测量方法正确与否，将直接影响产品的生产质量。因此，需要我们走进项目二的学习——钳工常用量具的使用。

任务　常用量具的基本操作

学习目标

1）能知道游标卡尺、游标万能角度尺、千分尺、百分表、塞尺、水平仪的应用场合。

2）能正确读出游标卡尺、游标万能角度尺、千分尺的读数。

3）能正确使用百分表对工件进行找正测量。

4）能正确对量具做维护与保养。

任务描述

1）图 2-1 所示零件的结构尺寸包括长度尺寸、内径尺寸、深度尺寸，请选用合适量具完成各尺寸的测量，并写出操作步骤。

2）读懂图 2-2 所示零件的图样，根据图样要求选用合适的量具完成各尺寸的测量，并写出操作步骤。

知识链接

一、游标卡尺

1. 游标卡尺的作用

游标卡尺是一种适用于中等精度（公差等级为 IT16～IT10）尺寸的测量和检验的量具，

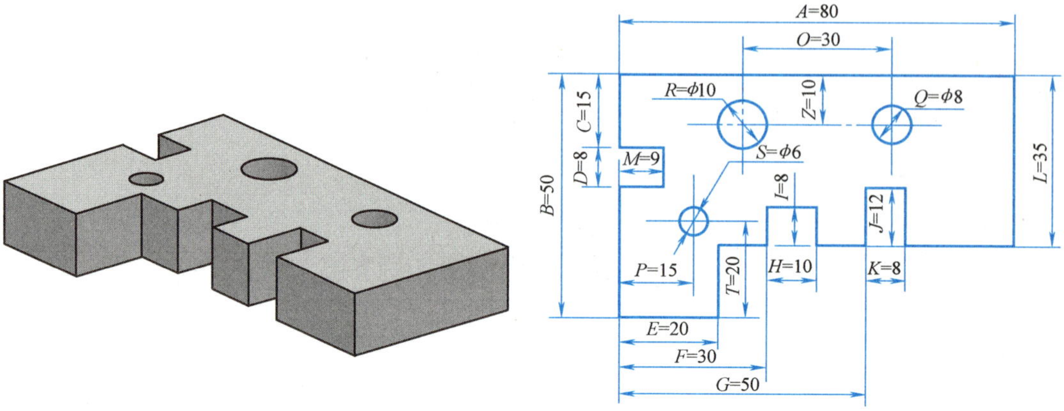

a)　　b)

图 2-1　板

a）三维模型　b）二维图样

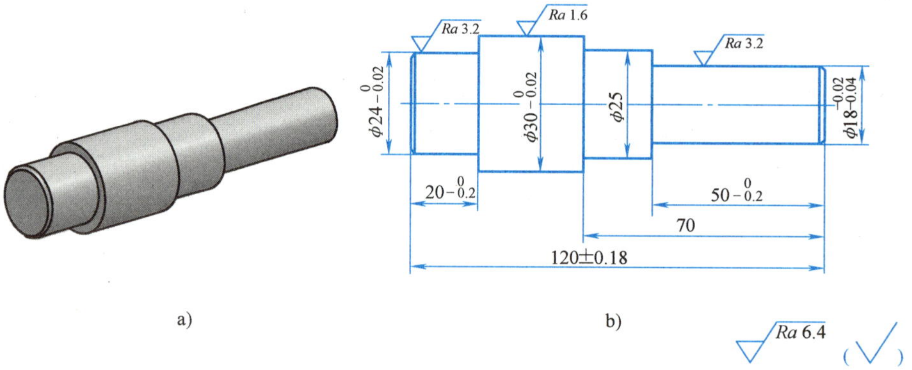

a)　　b)

图 2-2　轴

a）三维模型　b）二维图样

它可以直接量出工件的直径（内径、外径）、长度、宽度，以及内孔深度等。当制动螺钉被松开时，就可以推动游标在尺身上移动，通过内测量爪可以测量内表面，通过外测量爪可以测量外表面，通过深度尺可以测量深度尺寸，如图 2-3 所示。

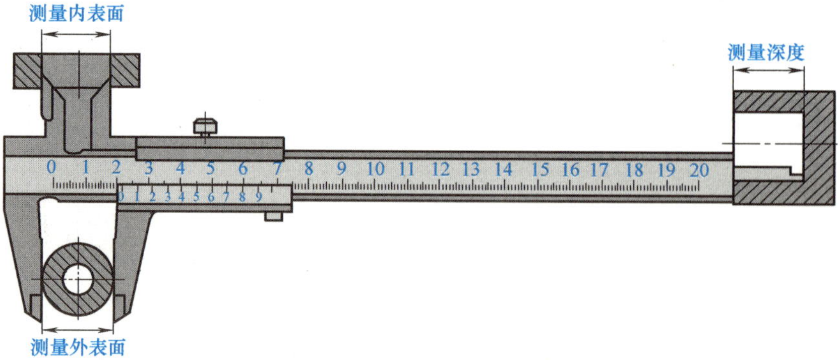

图 2-3　游标卡尺测量示意图

2. 游标卡尺的结构

如图 2-4 所示，游标卡尺由尺身、游标、内测量爪、外测量爪、深度尺、固定螺钉和制动螺钉等部分组成。

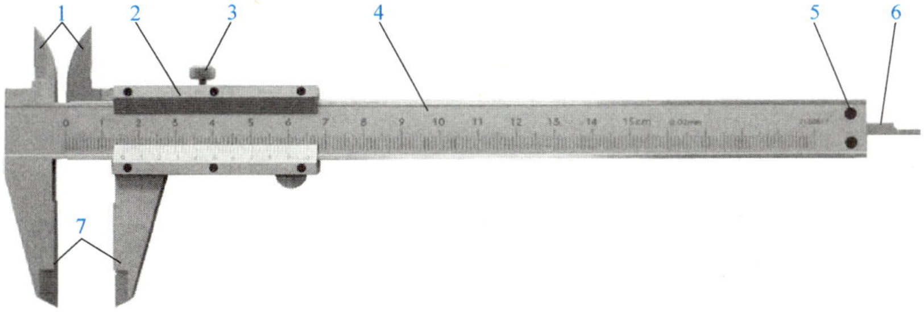

图 2-4　游标卡尺的结构

1—内测量爪　2—游标　3—制动螺钉　4—尺身

5—固定螺钉　6—深度尺　7—外测量爪

3. 读数步骤及测量要点

以 1/50（分度值为 0.02）mm 精度的游标卡尺为例，尺身和游标上都有标尺，尺身上每一小格为 1mm，当两量爪合并时，游标上的第 50 小格正好与尺身上的 49mm 标尺标记相对正，因此尺身与游标每小格之差为：1mm－49mm/50＝0.02mm，即为 1/50（分度值为 0.02mm）的游标卡尺的测量精度。游标卡尺的读数步骤及测量要点见表 2-1。

表 2-1　游标卡尺的读数步骤及测量要点

读数示例	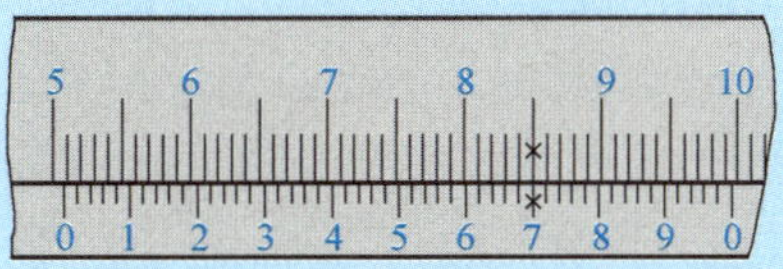		
序号	步　骤	测量要点	图　示
1	先读出毫米整数（尺身上游标零刻线左边的整数值），示例读数为 50mm	测量前，应先检查游标卡尺尺身上零刻线是否与游标上零刻线对齐，若两零刻线没有对齐，将影响测量的准确性	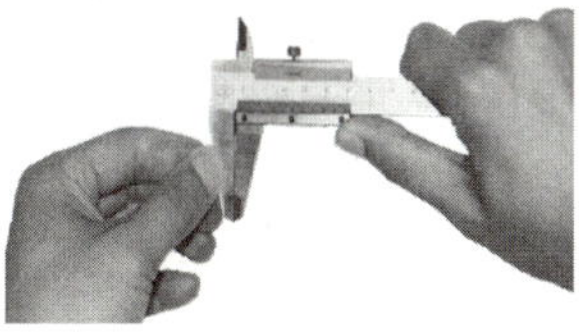
2	读出毫米整数后的小数（游标与尺身对齐的标尺间隔×0.02mm），读数为 35×0.02mm＝0.70mm	测量时，先将游标卡尺的固定量爪与工件上的被测表面完全接触，然后右手大拇指推动活动量爪向前移动至与工件另一被测表面完全接触	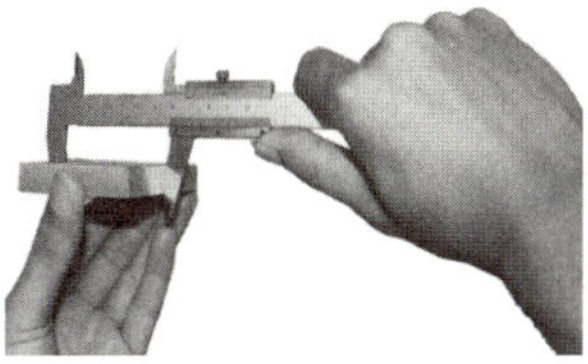

（续）

序号	步　骤	测量要点	图　示
3	把尺身和游标上的尺寸加起来即为测得的尺寸，读数为 50mm+0.70mm＝50.70mm	测量时，应避免将游标卡尺量爪倾斜，造成测量误差的增大。读数时，游标卡尺标尺标记应尽量与视线平齐，以保证读数的准确性	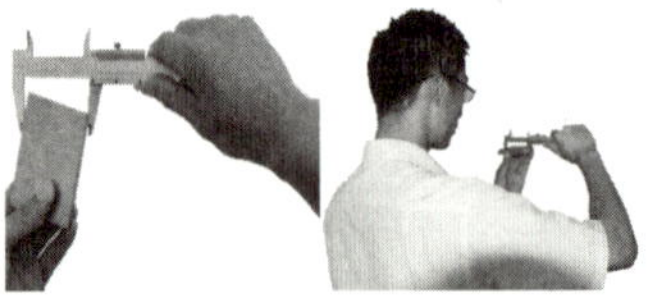

4. 使用游标卡尺的注意事项

1）不能把量爪当作划规、划针及螺钉旋具使用。

2）不要将游标卡尺放在强磁场附近。

3）不要将游标卡尺和工具堆放在一起，不要敲打。

4）游标卡尺要平放。

5）要定时计量，不得自行拆装游标卡尺。

6）游标卡尺用后擦净上油，放入专用盒内。

二、游标万能角度尺

游标万能角度尺又称为角度规、游标角度尺和万能量角器，它是利用游标读数原理来直接测量工件角度或进行划线的一种角度量具。

1. 游标万能角度尺的结构

游标万能角度尺适用于机械加工中的内、外角度测量，可测量 0°～320°的外角及 40°～130°的内角，其结构如图 2-5 所示。游标万能角度尺由刻有角度线的尺身、固定在扇形板上的游标、直尺、直角尺和支架组成。

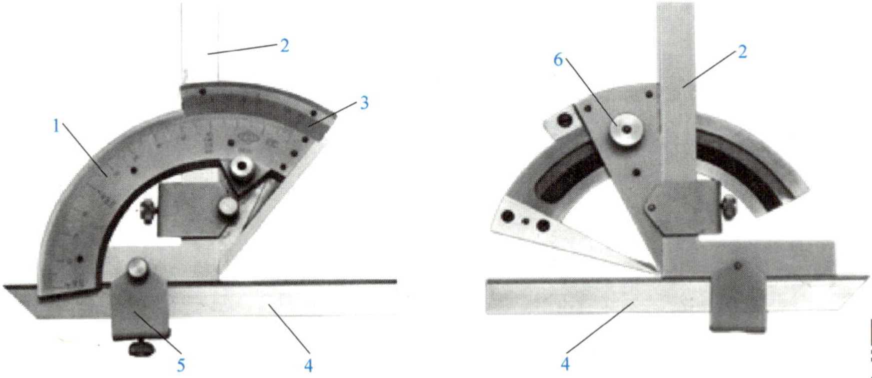

图 2-5　游标万能角度尺的结构

1—尺身　2—直角尺　3—游标　4—直尺　5—支架　6—锁紧装置

2. 游标万能角度尺的使用

测量时，可转动游标万能角度尺背面的锁紧装置，通过小齿轮转动扇形齿轮，使尺身相对扇形板产生转动，从而改变尺身与直角尺或直尺间的夹角，满足各种不同情况的测量需要。由于直角尺和直尺可以相互组合使用，因此游标万能角度尺可以测量 0°～320°间任何大小的角度，见表 2-2。

表 2-2　游标万能角度尺的测量角度

测量角度范围	工件装夹	示值读数	图　示
0°～50°	被测工件放在尺身和直尺的测量面之间	按尺身的第一排标尺示值读数	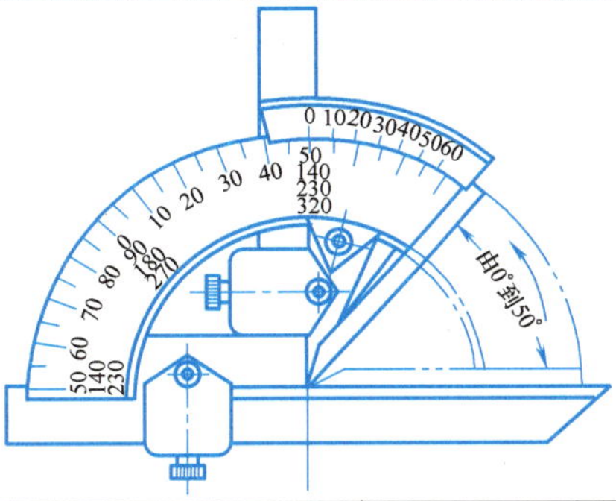
50°～140°	将直角尺取下，装上直尺，利用尺身和直尺的测量面进行测量	按尺身的第二排标尺示值读数	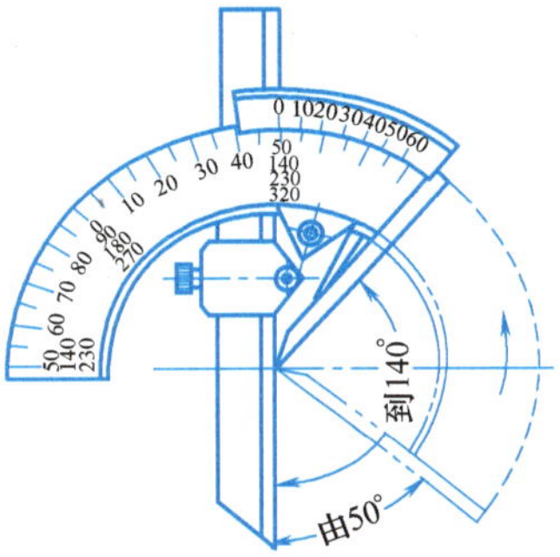
140°～230°	装上直尺及直角尺，安装时使直角尺的直角顶点与尺身的尖端对齐，被测工件在角尺的短边和尺身之间	按尺身的第三排标尺示值读数	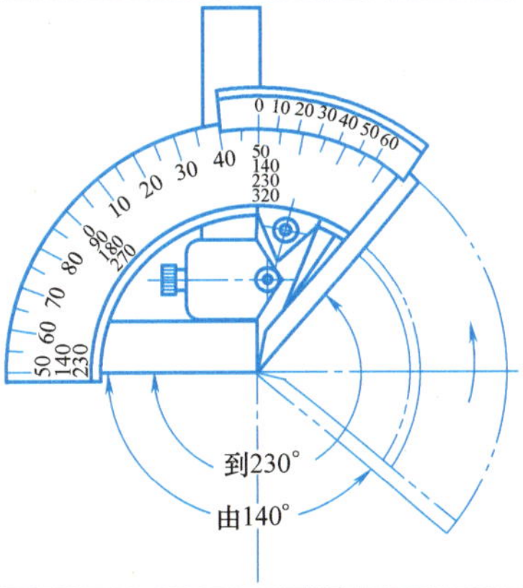
230°～320°	将直角尺和直尺全部取下，直接用尺身和扇形板对被测工件进行测量	按尺身的第四排标尺示值读数	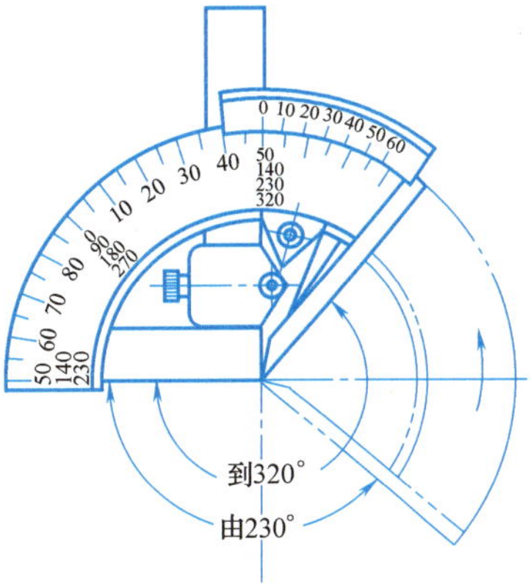

3. 游标万能角度尺的读数方法

游标万能角度尺按游标的分度值分为2′和5′两种，其示值误差分别为±2′和±5′，下面以分度值为2′的游标万能角度尺为例。游标万能角度尺尺身标尺标记每格为1°，游标上共刻有30小格，并与尺身上29°标尺标记相对齐，即游标上每格所对的角度为29°/30，因此尺身每格与游标每格相差：1°−29°/30＝2′，即该游标万能角度尺的分度值为2′。其读数步骤见表2-3。

表2-3 游标万能角度尺的读数步骤

读数示例	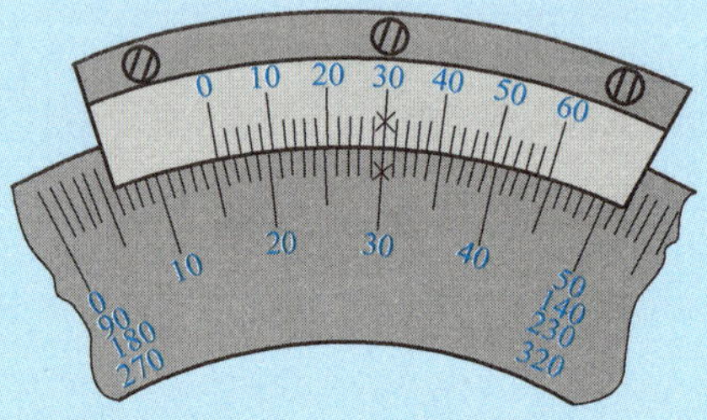	
步骤	说　明	读　数
第一步	读出尺身上游标零线前的整度数	图中尺身上的整度数为15°
第二步	看游标上哪一格标尺标记与尺身标尺标记对齐	图中游标第15格标尺标记与尺身标尺标记对齐
第三步	把两个读数加起来就是所测的角度数值	尺身读数15°，游标读数15(格)×2′，角度数值为：15°+15×2′＝15°30′

注：表中读数以游标万能角度尺第一排角度数值为例。

三、千分尺

千分尺是一种精密量具，其分度值为0.01mm，它的测量精度比游标卡尺高，而且比较灵敏。因此，千分尺应用于加工精度要求较高的工件尺寸的测量。

1. 千分尺的分类

千分尺又称为螺旋测微器，改变千分尺测量面的形状和尺架等就可以制成不同用途的千分尺，如用于测量内径、螺纹中径、深度、齿轮公法线，见表2-4。

表2-4 千分尺的分类及应用

名　称	应　用	图　示
内测千分尺	内测千分尺用于测量内孔尺寸	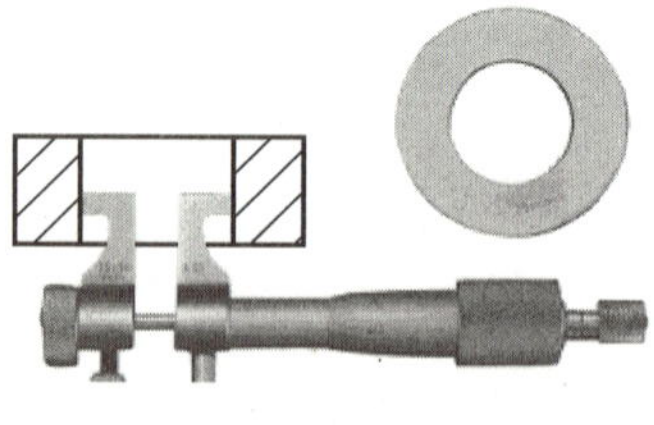
螺纹千分尺	螺纹千分尺用于测量螺纹的中径尺寸，测量时应根据不同的螺距选用相应的测量头	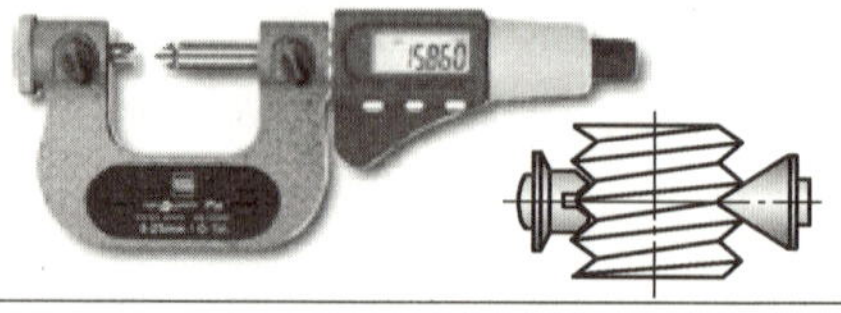

（续）

名　称	应　用	图　示
深度千分尺	深度千分尺没有尺架，主要用于测量孔和沟槽的深度及两平面间的距离	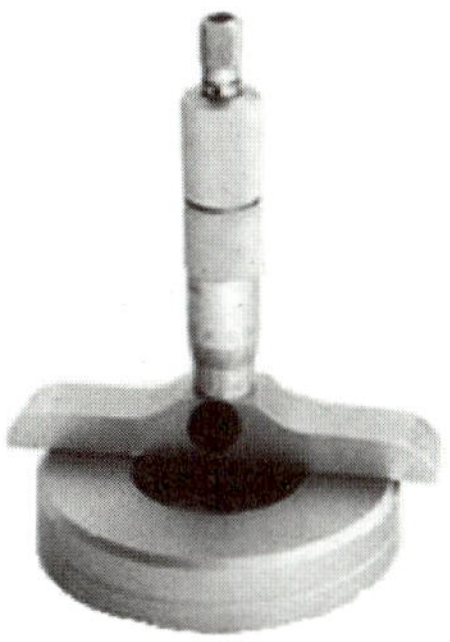
公法线千分尺	公法线千分尺用于测量齿轮的公法线长度，两个测砧的测量面做成两个互相平行的圆平面	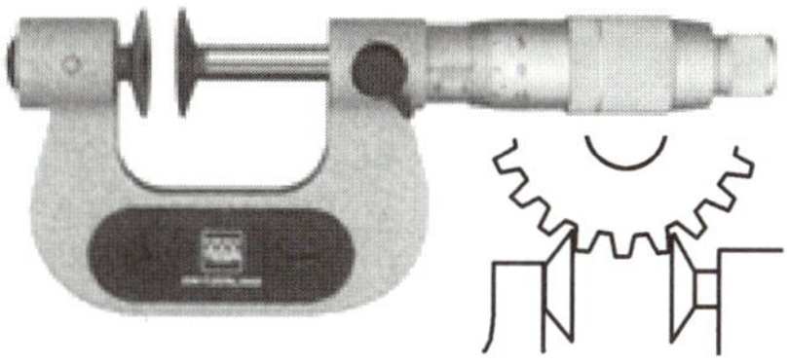

2. 外径千分尺的结构

如图 2-6 所示，外径千分尺由测砧、测微螺杆、锁紧装置、固定套管、微分筒、棘轮和尺架等部分组成。顺时针转动棘轮带动微分筒一起转动，带动测微螺杆前伸，当螺杆左端面接触工件时，棘轮就会打滑，并发出“吱吱”声，而测微螺杆停止前伸；如反转棘轮带动微分套筒转动，则测微螺杆回退。

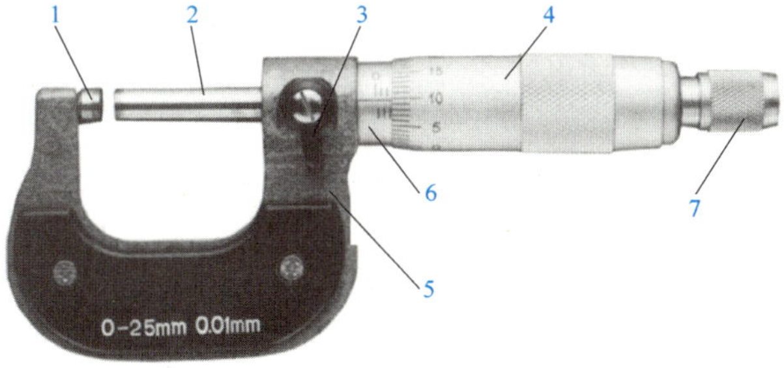

图 2-6　外径千分尺的结构

1—测砧　2—测微螺杆　3—锁紧装置　4—微分筒　5—尺架　6—固定套管　7—棘轮

3. 外径千分尺的读数

测微螺杆的螺距为 0.5mm，即微分筒转一周 50 小格，测微螺杆就移动 0.5mm，因此微分筒每转一格，测微螺杆就移动 0.5mm÷50＝0.01mm，其读数步骤见表 2-5。

4. 外径千分尺的测量要点

1）使用时，按被测工件的尺寸选用，外径千分尺的规格按测量范围分为：0～25mm、25～50mm、50～75mm、75～100mm、100～125mm 等。

表 2-5 外径千分尺的读数

读数示例	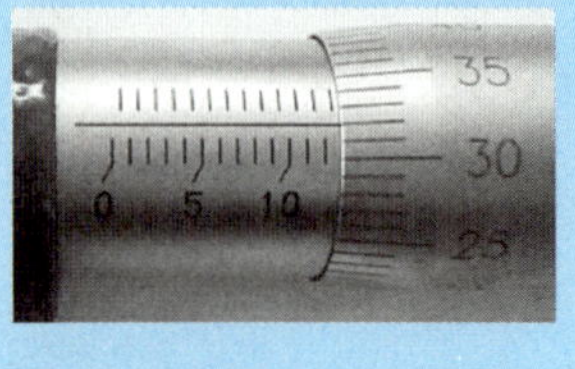 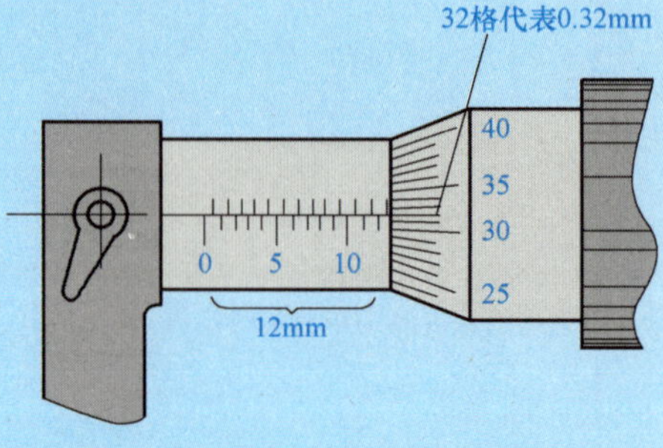	
步骤	说　明	读　数
第一步	读出微分筒边缘在固定套管的毫米数	图中固定套管上指示的毫米数为 12.5mm
第二步	用微分筒上与固定套管的基准线对齐的标尺间隔乘以千分尺的分度值，读出不足 0.5mm 的数	图中微分筒上自零线向上第 32 格标尺标记与固定套管的基准线相对齐，读数为 32×0.01mm＝0.32mm
第三步	将前两项读数相加，即为被测零件的尺寸读数	固定套管上的尺寸 12.5mm，微分筒上的尺寸：32(格)×0.01mm＝0.32mm，读数为：12.5mm+32×0.01mm＝12.82mm

2）测量前，应检查零线的准确性，测量范围 0～25mm 的千分尺直接检查零线准确性，其余测量范围的千分尺采用量规检查零线准确性，如图 2-7 所示。

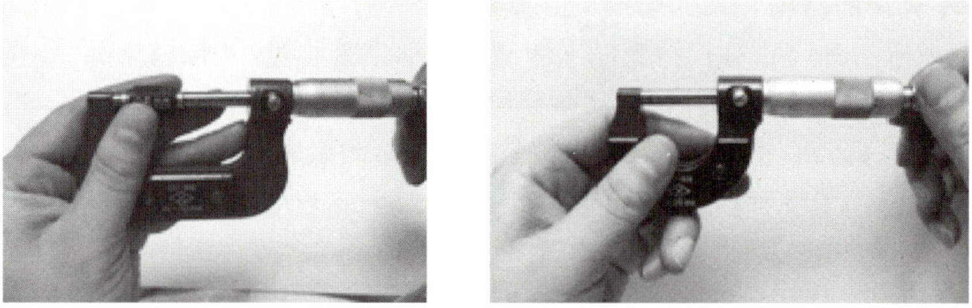

图 2-7 零线检测

3）测量时，外径千分尺的测量面和工件的被测量表面应擦拭干净，以保证测量正确。

4）外径千分尺可单手或双手握持对工件进行测量。单手测量时，旋转力要适当，以控制好测量力。双手测量时，先转动微分筒，当测量面刚接触工件表面时，再改用棘轮，如图 2-8 所示。

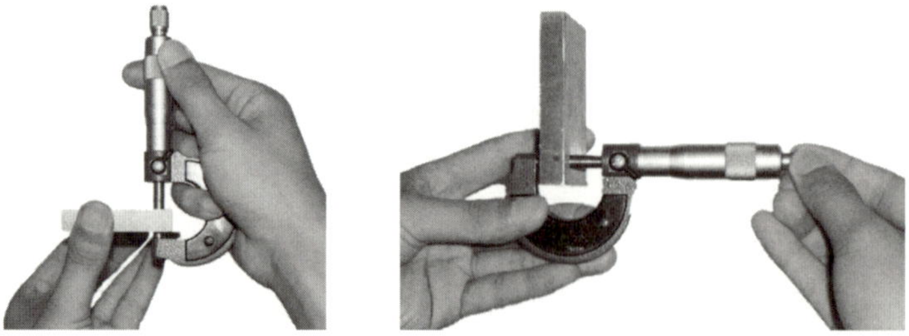

a)　　　　b)

图 2-8 千分尺测量方法

a）单手测量 b）双手测量

四、百分表

百分表是一种精度较高的比较量具，它只能测出相对数值，不能测出绝对数值，百分表有一个非常重要的应用是用来测量形状和位置误差等，如圆度、圆跳动、平面度、平行度、直线度等。百分表也可用于机床上安装工件时的精密找正。

图 2-9　百分表结构

1—指针　2—转数指针　3—度盘　4—轴套　5—测杆　6—测头

1. 百分表的结构

百分表主要由测头、测杆、轴套、度盘等部件组成，如图 2-9 所示。百分表的分度值可达 0.01mm，即长指针绕圆周方向转动一格，测杆沿轴线方向移动 0.01mm。

2. 百分表的读数

先读小指针转过的标尺示值（即毫米整数），再读大指针转过的标尺示值（即小数部分），并乘以 0.01mm，然后两者相加，即得所测量的数值。

3. 百分表的应用

使用时，百分表需要和磁性表座及测量平板配合使用。百分表主要用来测量外形面，使用时必须使测杆与工件被测表面相垂直，如图 2-10 所示。测头的压入深度不得超过百分表的测量范围；测量时，工件在测量平板上的拖动速度应适当，避免因拖动速度过快造成测量误差的加大。

a)

b)

图 2-10　百分表的安装与使用

a）正确　b）错误

4. 使用百分表的注意事项

1）使用前，应检查测杆活动的灵活性，即轻轻推动测杆时，测杆在套筒内的移动要灵活，没有任何轧卡现象，当手松开后，指针能回到原来的标尺位置。

2）使用时，必须把百分表固定在可靠的夹持架上。切不可贪图省事，随便夹在不稳固的地方，否则容易造成测量结果不准确，或摔坏百分表。

3）测量时，不要使测杆的行程超过它的测量范围，不要使表头突然撞到工件上，也不要用百分表测量表面质量差或有显著凹凸不平的工件。

4）测量平面时，百分表的测杆要与平面垂直；测量圆柱形工件时，测杆要与工件的中心线垂直。否则，将使测杆活动不灵活或测量结果不准确。

5）为方便读数，在测量前一般都让大指针指到度盘的零刻线。

五、塞尺

塞尺又称为厚薄规，它由一组不同厚度的钢片重叠，并将一端松铆在一起而成，每片上都刻有自身的厚度值，如图 2-11 所示。

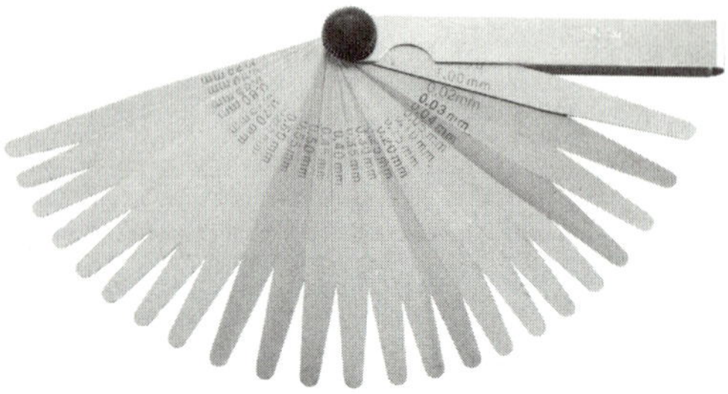

图 2-11 塞尺

单片塞尺厚度一般为 0.02mm、0.03mm、0.04mm、0.05mm、0.06mm、0.07mm、0.08mm、0.09mm、0.10mm、0.15mm、0.20mm、0.25mm、0.30mm、0.35mm、0.40mm、0.45mm、0.50mm、0.75mm、1.00mm。在设备检修中，塞尺常用来检测固定件与转动件之间的间隙，检查配合面之间的接触程度。塞尺的分度值为 0.01mm，最小分度值为 0.02mm。

1. 塞尺的使用方法

1）用干净的布将塞尺测量表面擦拭干净，不能在塞尺沾有油污或金属屑末的情况下进行测量，否则将影响测量结果的准确性。

2）将塞尺插入被测间隙中，来回拉动塞尺，感到稍有阻力，说明该间隙值接近塞尺上所标出的数值；如果拉动时阻力过大或过小，则说明该间隙值小于或大于塞尺上所标出的数值。

3）进行间隙的测量和调整时，先选择符合间隙规定的塞尺插入被测间隙中，然后一边调整，一边拉动塞尺，直到感觉稍有阻力时拧紧锁紧螺母，此时塞尺所标出的数值即为被测间隙值。

2. 使用塞尺的注意事项

1）不允许在测量过程中剧烈弯折塞尺，或用较大的力硬将塞尺插入被检测间隙，否则将损坏塞尺的测量表面或降低零件表面的精度。

2）使用完后，应将塞尺擦拭干净，并涂上一薄层工业凡士林，然后将塞尺折回夹框内，以防锈蚀、弯曲、变形而损坏。

3）存放时，不能将塞尺放在重物下，以免损坏塞尺。

六、水平仪

水平仪是一种测量小角度的常用量具。在机械行业和仪表制造中，用于测量相对于水平位置的倾斜角、机床类设备导轨的平面度和直线度、设备安装的水平位置和垂直位置等。按水平仪的外形不同可将其分为尺式水平仪和框式水平仪两种，如图 2-12 所示。

1. 气泡水平仪

气泡水平仪是检验机器安装面或平板是否水平，以及测量倾斜方向与角度大小的测量仪器，其外形用高级钢料制造架座，经精密加工后，其架座的底座必须平整。座面中央装有纵长圆曲形状的玻璃管，也有的在左端附加横向小型水平玻璃管，管内充满乙醚或酒精，并留

a)

b)

图 2-12 水平仪

a）尺式水平仪 b）框式水平仪

有一小气泡，它在管中永远位于最高点。玻璃管上在中心线两端均有标尺标记。通常，工厂安装机器时，常用气泡水平仪的灵敏度为 0.01mm/m、0.02mm/m、0.04mm/m、0.05mm/m、0.1mm/m、0.3mm/m 和 0.4mm/m 等规格，即将水平仪置于 1m 长的直规或平板之上，当其中一端点有灵敏度指示大小的差异时，如灵敏度为 0.01mm/m，即表示直规或平板的两端点有 0.01 mm 的高低差异。

2. 使用水平仪的注意事项

1）测量前，应认真清洗测量面并擦干，检查测量表面是否有划伤、锈蚀、毛刺等缺陷。

2）检查零线是否正确。如果零线不准，对可调式水平仪应进行调整，调整方法：将水平仪放在平板上，读出气泡管的标尺示值，这时在平板平面的同一位置上，再将水平仪左右旋转 180°，然后读出气泡管的标尺示值。若读数相同，则水平仪的底面和气泡管平行；若读数不一致，则使用备用的调整针，插入调整孔进行上下调整。

3）测量时，应尽量避免温度的影响，水平仪内的液体对温度变化较敏感，因此，应注意手的温度、阳光直射、哈气等因素对水平仪的影响。

4）使用中，应在垂直水平仪的位置上进行读数，以减少视差对测量结果的影响。

七、量具的维护与保养

为了保持量具的精度，延长其使用寿命，对量具的维护保养必须十分注意，应做到以下几点。

1）测量前，应将量具的测量面和工件的被测量面擦净，以免脏污影响测量精度和加快量具的磨损。

2）量具在使用过程中，不要和工具、刀具等堆放在一起，以免碰坏。

3）机床起动时，不要用量具测量工件，否则会加快量具的磨损，而且容易发生事故。

4）温度对量具精度影响很大，因此，量具不应放在热源（电炉、暖气片等）附近，以免受热变形。

5）量具用完后，应及时擦净、涂油，放在专用盒中，保存在干燥处，以免生锈。

6）精密量具应实行定期鉴定和保养，发现精密量具有不正常现象时，应及时送交计量室维修。

任务实施

1）根据图 2-1 所示板的零件结构特征选用游标卡尺测量该零件的各尺寸，具体测量步骤见表 2-6。

表 2-6　板的测量步骤

步骤	说　明	图　示
第一步	检查游标卡尺，校对零线	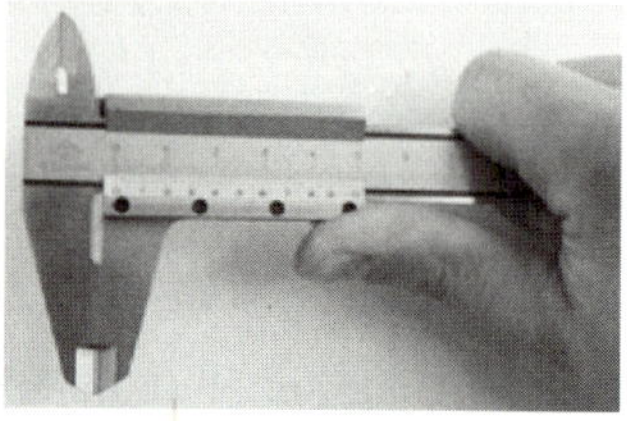
第二步	去除工件毛刺，擦拭干净	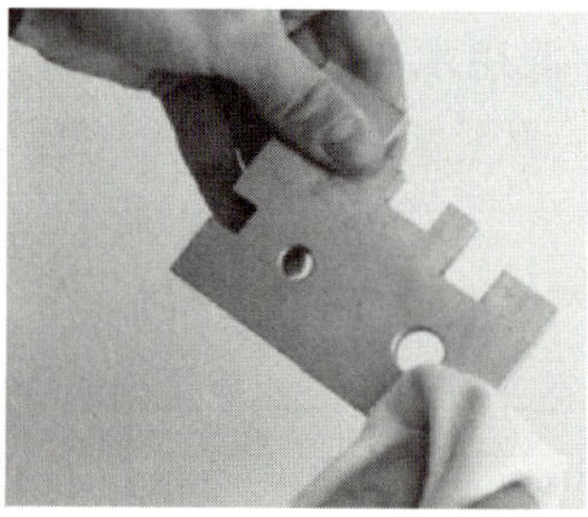
第三步	利用两外测量爪，测量外尺寸 *A*、*B*、*C*、*D*、*E*、*F*、*G* 和 *L*，保持外测量爪和测量面平行且精密接触，即可读数	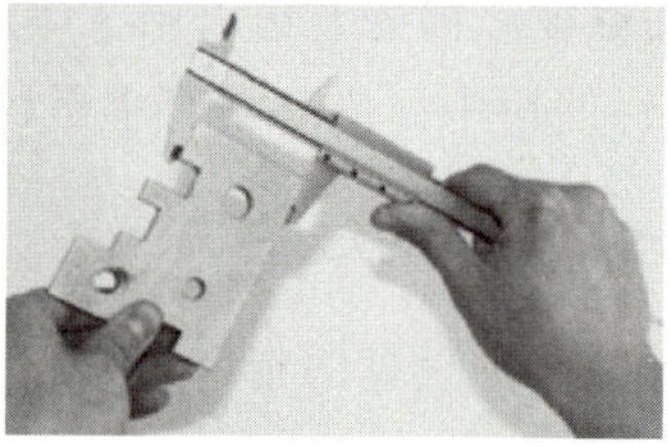
第四步	利用两内测量爪，测量内尺寸 *D*、*H*、*K*、*R* 和 *Q*，保持内测量爪和测量面平行且精密接触，即可读数	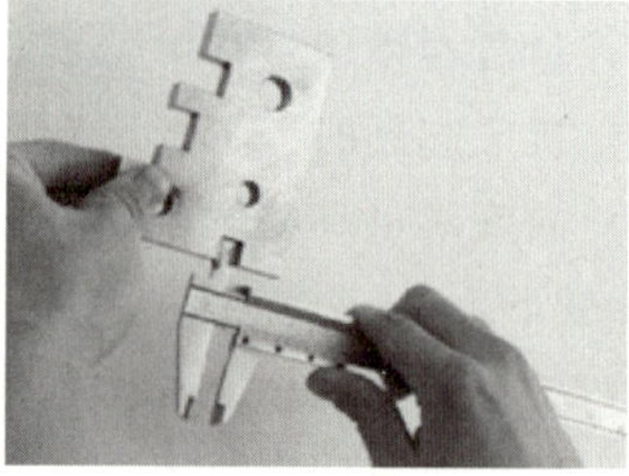

（续）

步骤	说　明	图　示
第五步	测量孔的中心距 O，先分别测出两孔的直径 Q 和 R，然后再利用内测量爪测出两孔间最大距离 W，带入公式 $O=W-\frac{1}{2}(Q+R)$ 即可算出中心距	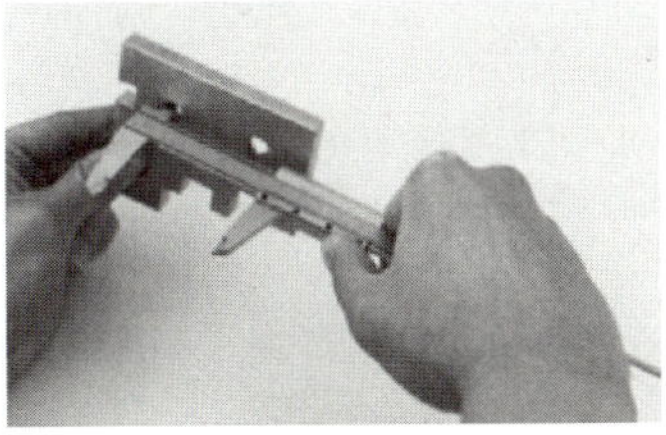
第六步	使用深度尺测量深度尺寸 I、J、M，保持深度尺垂直且端面和被测工件贴平	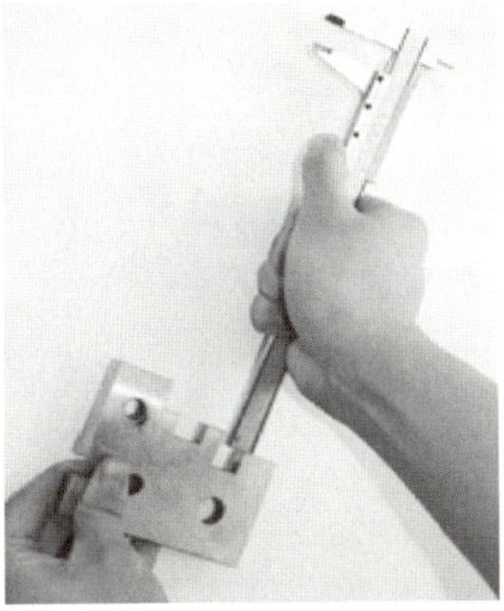

2）图 2-2 所示轴零件的尺寸精度为 0.01mm，因此选用千分尺测量该零件的各尺寸，具体测量步骤见表 2-7。

表 2-7　轴的测量步骤

步骤	说　明	图　示
第一步	检查千分尺，校对零线	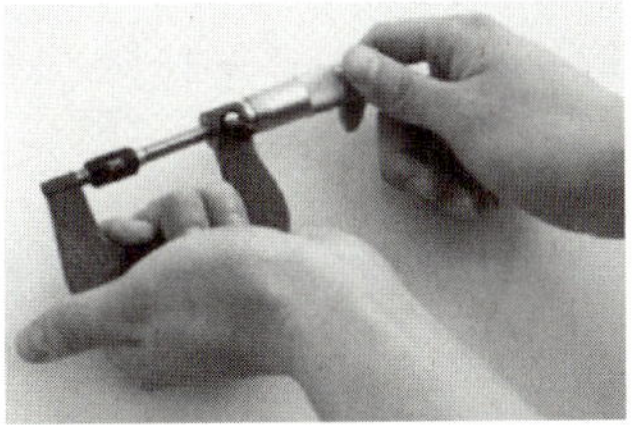 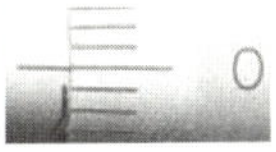
第二步	调整零线：使用专门扳手旋转固定套管，使千分尺零线对准	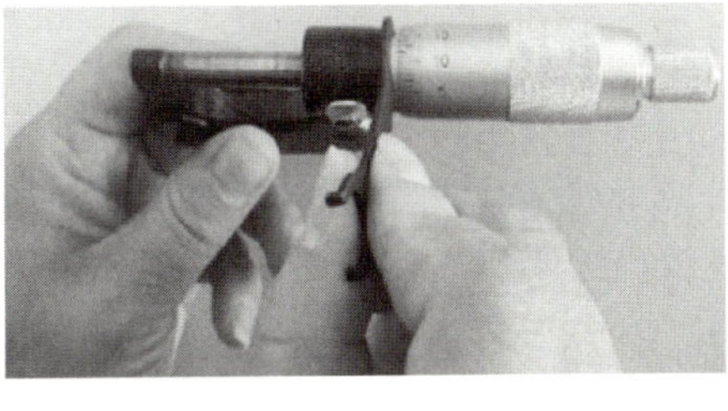

（续）

步骤	说　明	图　示
第三步	顺时针方向转动棘轮带动测微螺杆前伸，当螺杆左端面接触工件时，棘轮就会打滑，并发出“吱吱”声，即可读数	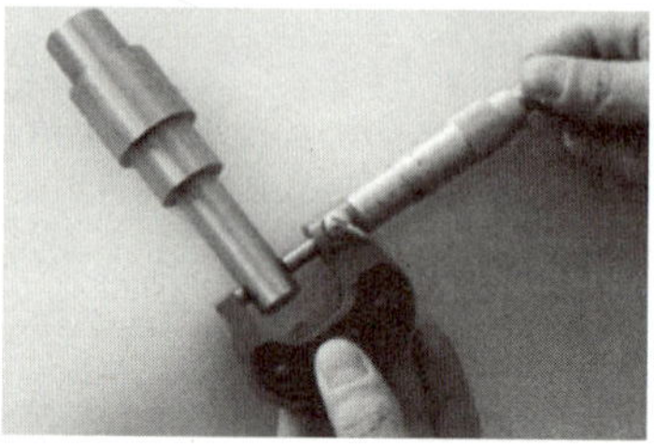

知识拓展

数显游标卡尺与表盘游标卡尺

除了普通游标卡尺外，为了方便读数，还有数显游标卡尺与表盘游标卡尺。

1. 数显游标卡尺

数显游标卡尺如图 2-13 所示，是以数字显示测量示值的长度测量工具，是一种测量内径、外径、深度和台阶的仪器。

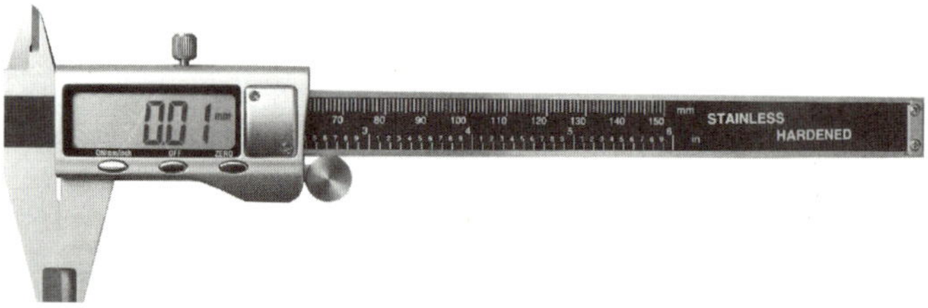

图 2-13　数显游标卡尺

使用游标卡尺前，先用干净的小纸片或碎布对测量面进行清洁。使用时，将测量面合起来，当外测量爪靠拢时，按“ZERO”键归零，如图 2-14 所示。测量值可以直接在 LCD 显示窗读取。

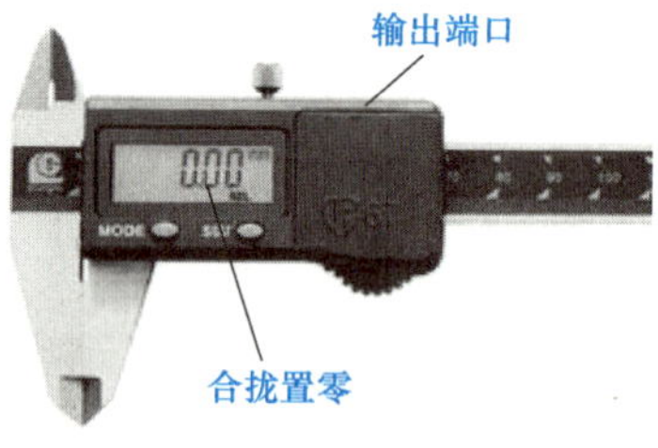

图 2-14　游标卡尺归零

2. 表盘游标卡尺

表盘游标卡尺也称为附表卡尺，如图 2-15 所示。它运用齿条传动齿轮带动指针显示数值，尺身上有大致的标尺标记，结合指示表读数，比普通游标卡尺读数更快捷、准确，具有测量内径、外径、深度、台阶四种测量功能，能进行直接测量和比较测量。

使用前，应将游标卡尺擦干净，然后拉动尺框，尺框沿尺身滑动应灵活、平稳，不得时紧时松或出现卡住现象。检查零线：轻轻推动尺框，使两测量爪的测量面合拢，检查两测量面接触情况，不得有明显的漏光现象，并且表盘指针指向“0”；同时，检查尺身与尺框是否在零线对齐。读数时，表盘游标卡尺应水平拿持，使视线正对标尺标记面，然后按读数方法仔细辨认指示位置，以便读数，避免因视线不正造成读数误差。

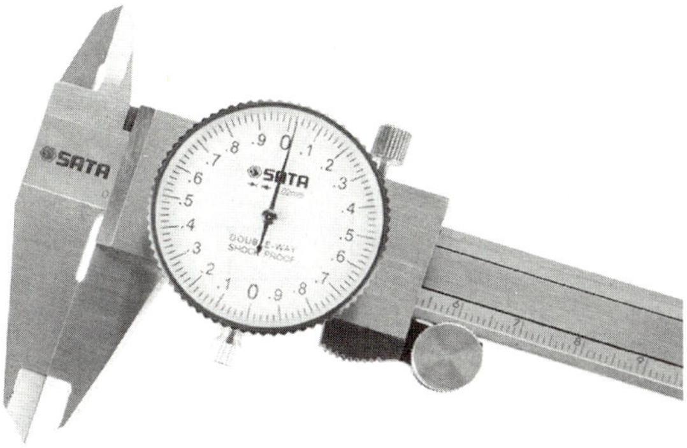

图 2-15 表盘游标卡尺

任务评价

通过以上学习，根据任务实施过程，将完成任务情况记入表 2-8 中，完成任务评价。

表 2-8 钳工常用量具的使用任务评价表

项目名称		编号		姓名		日期	
序号	评价内容	评价标准				配分	备注
1	常用量具的选用	能根据测量对象和精度要求选择合适的量具				20	
2	游标卡尺的读数	能读出读数且误差在给定的范围内				20	
3	游标万能角度尺的读数	能读出读数且误差在给定的范围内				20	
4	千分尺的读数	能读出读数且误差在给定的范围内				20	
5	量具的维护与保养	能正确维护和保养量具				20	
教师评语							

课后评测

1）完成对图 2-16 所示角件进行测量的工作，并把主要尺寸填入表 2-9。

表 2-9 数据表

尺寸	L	l_1	h_1	R_2	ϕd	h_2	b	R_1
实测值								
允许误差	±0. 02mm							

2）实习生小王在生产过程中利用游标卡尺检测加工的零件是否达到图样要求，游标卡尺读数为 12. 34mm，该零件的精度要求为 0. 01mm，师傅老王告诉小王，用游标卡尺测量是不能满足精度要求的，应该选用千分尺进行检测。小王根据工件厚度选择了合适的千分尺进

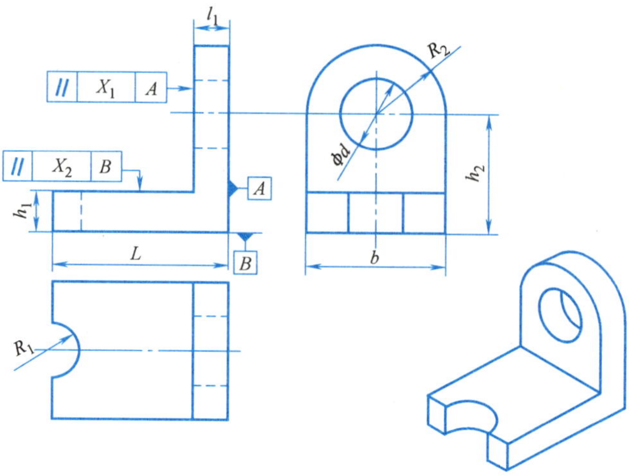

图 2-16 角件

行测量，如图 2-17a 所示，千分尺的标尺示值如图 2-17b 所示，但此时小王不知如何读数。你能告诉小王该零件的厚度吗？

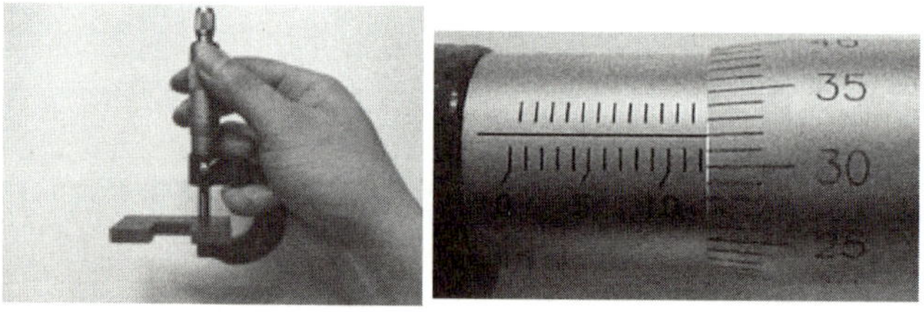

a) b)

图 2-17 工件的测量

a）测量厚度 b）千分尺的标尺示值

工匠之篇

制万件量具，为炮弹“立规矩”

张新停，中国兵器西北工业集团的钳工高级技师。他的工作就是制作量具，用来检测弹药在生产过程中的各个零部件的精度。从职业院校毕业到高级技师，张新停用 28 年时间成就了自己“大国工匠”的职业高度，他的操作精度是千分之一毫米，相当于一根头发丝的 1/60。

从 1992 年参加工作至今，张新停做出了近万件构思精巧、形状各异的测量工具，保证了弹药在生产过程中的各个零部件的绝对精度。张新停说：“我的工作通俗点讲，就是给炮弹‘立规矩’。弹药在制作过程中，如果量具出现问题，后果将不堪设想，甚至会导致炸膛，危及他人生命安全。因此，作为一名军工企业的钳工，我对自己的要求并不是产品‘合格’那么简单，必须全力以赴，能做多好就做多好。”从“陕西首席技师”到“全国技术能手”，从“三秦工匠”到“大国工匠”，从省市劳模到全国劳模……48 岁的张新停，在钳工岗位上几十年如一日，用务实、严谨和求真的态度，在自己热爱的事业上钻研、打拼。

张新停曾在2016年参加《挑战不可能》节目时，在钻床上用电钻将一枚鹌鹑蛋的蛋壳钻出一个小孔而蛋膜却没有丝毫破损，而他的名字也因此被观众们记住。

在中国兵器西北工业集团803厂，几乎每一名钳工都掌握着一门绝活儿，他们能在厚度仅为0.3mm的鸡蛋蛋壳上，用转速为2000r/min的钻头打出一个小洞，并确保蛋膜不会破，蛋清不会溢出。这门绝活最初是张新停在制作一件量具时，为了掌握手感和稳定度而反复练习的基本功。俗话说："车工怕车杆，钳工怕打眼儿"。当初张新停在鸡蛋上练钻孔这门绝活，就是为了在普通的钻床上给高硬度钨合金构件钻出比绣花针还细0.4mm的平底深孔，以保证这种材料的试样任务。当时全厂没有一个人能掌握这门技术。为了啃下这块硬骨头，张新停开始在纸和鸡蛋上练习钻孔，以掌握手感和稳定度。张新停工作之余，凝神聚力地反复练习，努力寻求位置、角度和力度地完美结合，终于他的钻头精准止于蛋膜。为了练就这门技术，他用了3000多个鸡蛋。

从3/1000mm到1/1000mm，这缩短的0.002mm的距离，张新停整整用了五年的时间。他付出这些努力，是为了制作一种称为合膛规的量具。张新停说，合膛规是一种非常精密的测量工具，用来对每发弹药进行最后的把关，只要从合膛规中通过的弹药，就能适用于所有同类型的火炮，一旦合膛规的尺寸出现偏差，没有检测出不合格的弹药，后果将不堪设想。为了装配最精确的合膛规，张新停为自己提出了更高的要求。他买来了100多把钥匙坯，开始练习盲配钥匙，锻炼手感和心感，并一次次地重复。这项技能与蛋壳打孔一样，都是用来锻炼基本功的，需要心、眼、手的极致配合。如今，只要张新停的目光在一把钥匙上停留15s，他就能凭借记忆，手工打磨出一把相同的钥匙，打开锁头。这个绝活对于内部造型复杂、精度要求高的合膛规的装配有很大帮助。张新停凭借过硬的技术，带领攻关小组想方设法减少各工序加工精度对装配生产的影响。通过不断摸索和实践，反复调试装配，并不断改进和完善，最终攻克了合膛规装配加工中出现的一道道难关。

张新停说："钳工是军工厂不可或缺的一个技术工种。在加工高精度量具、样板、形状复杂的工夹量具时，一名技术精湛的钳工，可以比现代化机床的工艺更加精密和实用"。但一名优秀的钳工很难培养出来，在初学阶段，张新停不断翻看课本，研读划线、锯削、刮研等基础钳工作业口诀，并时常向有经验的老师傅请教。连续五六年，他每天第一个进入工房，最后一个离开。从业多年来，他以前对自己要求高，现在对自己的徒弟也是以同样的标准来要求，不能以"合格"为目标，要尽最大努力把工件做得更好，要以高精度成就军工装备制造的新高度。在张新停的心里，干活儿标准只有一个——能干多好就干多好。他说："这是一名合格钳工的责任和担当。精湛的技艺，不仅保证了弹药质量的一致性和可靠性，也是生产率的有效保障。"

项目三

划　线

项目描述

在零件加工过程中，通常都需要预先确定尺寸界线，检查毛坯的形状和尺寸是否满足加工要求，明确加工余量，这都属于划线的工作范畴。在钻孔或加工螺纹底孔前，需要确定孔的中心位置，而孔中心位置的确定也是通过划线操作来完成的。加工前，通过划线可以把加工图形合理布置在板料上，进而节约材料。由此可见，划线是钳工操作中最基本的操作技能，划线水平的高低直接影响零件的后续加工。因此，需要我们走进项目三的学习——划线。

任务一　平面划线

学习目标

1）熟练使用各种常用的平面划线工具。

2）能够按照图样要求对各类平面零件进行正确划线。

任务描述

图 3-1 所示为简易钻床夹具的钻模板，该零件在加工前需划出轮廓加工边界线，以及所有孔的中心位置。想一想：如何正确划出符合图样的加工界线呢？

知识链接

一、划线入门

根据图样要求，用划线工具在毛坯或工件上划出待加工部位的轮廓线或作为基准的点、线的操作称为划线。

1. 划线的分类

根据划线对象不同，划线可分为平面划线和立体划线两种。只需在工件一个表面上划线

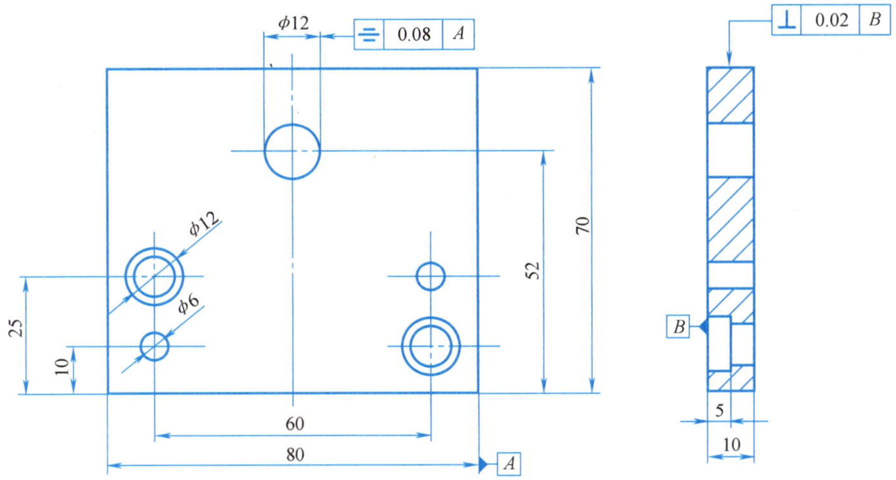

图 3-1　钻模板

就能明确表示工件加工界线的方法称为平面划线，如图 3-2a 所示，如在板料、条料上划线。需要在工件的两个以上表面划线才能明确表示加工界线的方法称为立体划线，如图 3-2b 所示，划出矩形块各表面的加工线，以及机床床身、箱体等表面的加工线都属于立体划线。

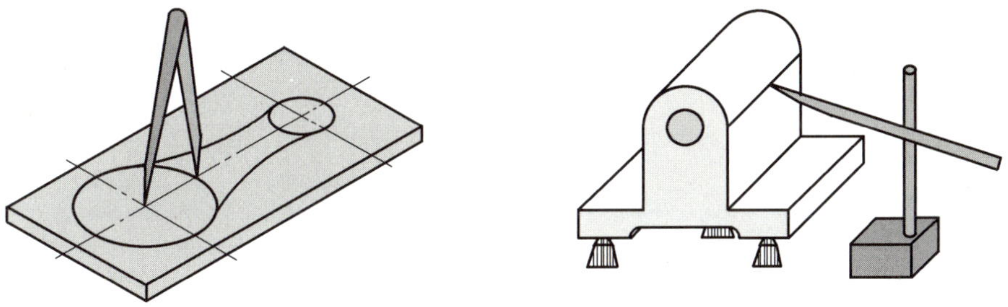

a)　　　　b)

图 3-2　划线的分类

a）平面划线　b）立体划线

2. 划线的要求

1）划线时，工件的定位一定要稳固，特别是不规则的工件更应注意。

2）划线时，要保证尺寸正确，在立体划线中还应注意使长、宽、高 3 个方向的划线相互垂直。

3）划出的线条要清晰均匀，不得画出双层重复线，也不要有多余线条。

由于划出的线条总有一定的宽度，以及在使用划线工具和测量调整尺寸时难免产生误差，所以不可能绝对准确，一般划线精度能达到 0.25~0.5mm。因此，通常不能依靠划线直接确定加工时的最后尺寸，而必须在加工过程中，通过测量来保证。

二、划线工具

1. 划线平板

（1）划线平板的作用　划线平板用来安放工件和划线工具，并在其工作表面上完成划线过程的基准工具，它的工作表面经精刨或刮削加工，具有较高的精度，是划线的基准平面，如图 3-3 所示。

（2）使用划线平板的注意事项

1）安装时，应使工作表面保持水平位置，以免日久变形。

2）要经常保持工作面清洁，防止铁屑、沙粒等划伤划线平板表面。

3）划线平板工作面要均匀使用，以免局部磨损。

图 3-3 划线平板

4）在使用划线平板时严禁撞击和用锤敲。

5）划线结束后，要把划线平板表面擦净，上油防锈。

2. 钢直尺

钢直尺是一种简单的尺寸量具，在其尺面上的最小标尺间距为 0.5mm，它的标称长度有 150mm、300mm、500mm、1000mm 等多种，如图 3-4 所示。

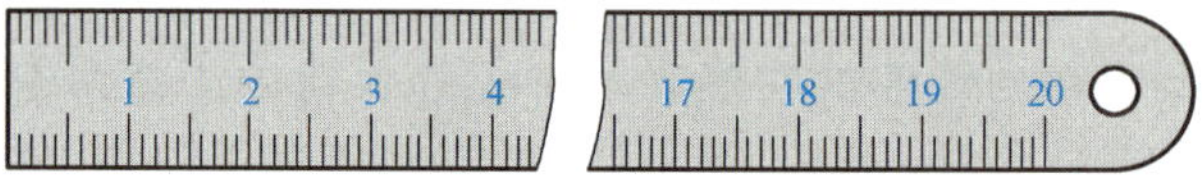

图 3-4 钢直尺

钢直尺主要用来量取尺寸、测量工件，也可以作为划直线的导向工具，如图 3-5 所示。

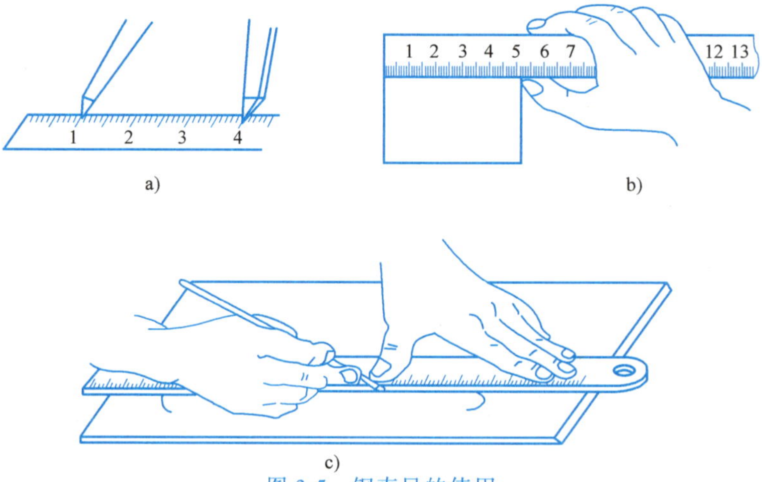

图 3-5 钢直尺的使用

a）量取尺寸 b）测量工件 c）划直线

3. 划针

划针一般用工具钢或弹簧钢制成，如图 3-6 所示，其端部磨尖成 15°~20°的夹角，直径一般为 3~5mm，并经淬火处理，有的划针在尖端部焊有硬质合金，耐磨性更好。

划针使用要点。

1）划线时，针尖要紧靠在导向工具的边缘，上部向外侧倾斜 10°~20°，向划线移动方向倾斜 45°~75°，如图 3-7 所示。

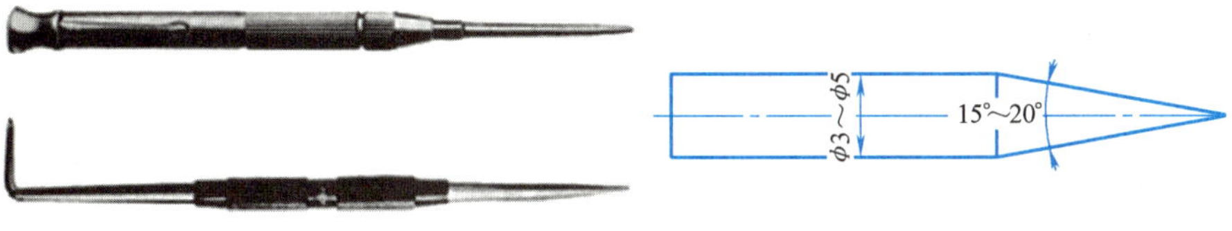

a)　　　　b)

图 3-6　划针

a）划针　b）划针端部

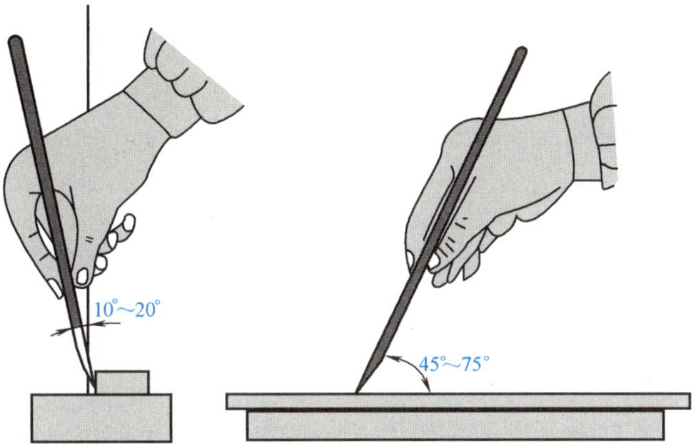

图 3-7　划针的使用

2）针尖要保持尖锐，划线要尽量一次划成，并使划出的线条清晰准确。

3）不用时，划针不能插在衣袋中，最好套上塑料管，不使针尖外露。

4. 划规

（1）常用划规　划规采用中碳钢或工具钢制成，主要用来划出圆和圆弧轮廓线，也可用来等分线段、角度及量取尺寸等。钳工常用的划规见表 3-1。

表 3-1　常用的划规

普通划规	弹簧划规	滑杆划规
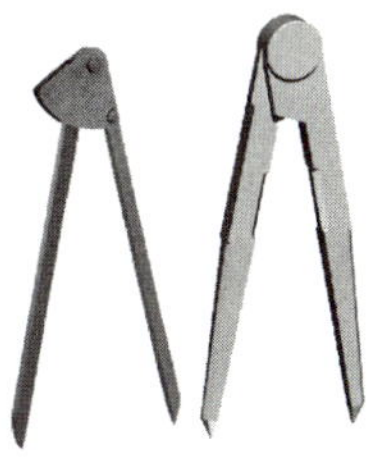	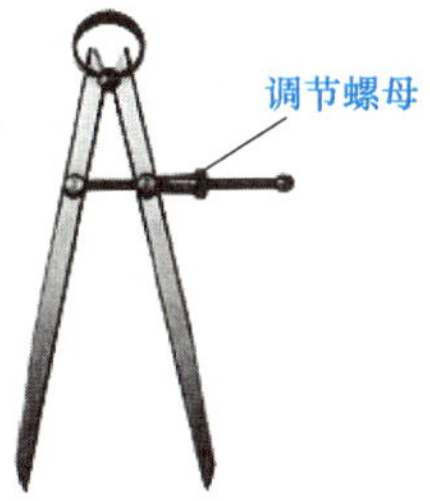	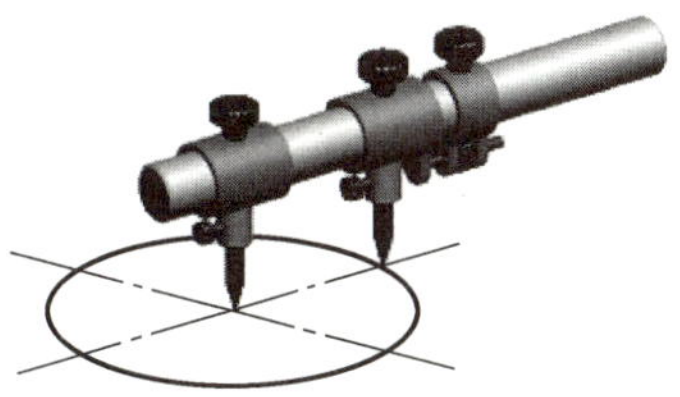
该划规结构简单，制造方便，应用较为广泛	使用时，通过旋转调节螺母，可以方便地调节尺寸，但该划规结构刚性较差，一般用于在光滑表面上划线	用来划大尺寸的圆，又称为大尺寸划规

如图 3-8a 所示为量取尺寸；图 3-8b 所示为划圆弧的方法，图 3-8c 所示为用划规划出平行于边且有一定距离要求的平行线的方法。

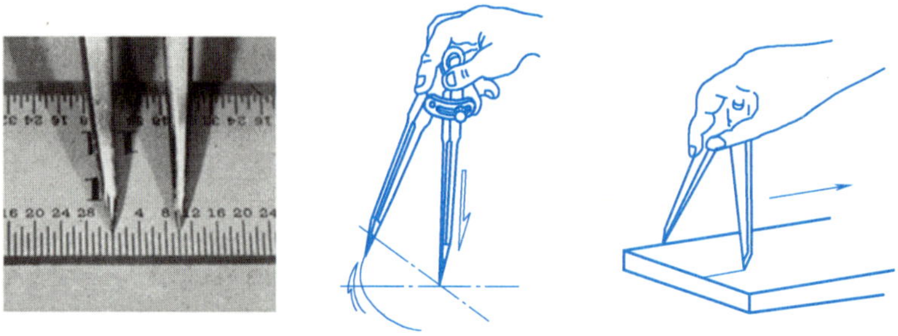

a)　　b)　　c)

图 3-8　划规的使用

（2）使用划规注意事项

1）用划规划圆时，作为旋转中心的一脚应施加较大的压力，而施加较轻的压力于另一脚在工件表面划线，如图 3-8b 所示。

2）划规两脚的长短应磨得稍有不同，并且两脚合拢时脚尖应能靠紧，这样才能划出较小的圆。

3）为保证划出的线条清晰，划规的脚尖应保持尖锐。

5. 样冲

样冲分为普通样冲和自冲式样冲，如图 3-9 所示。样冲用于在工件所划加工线条上打样冲眼（冲点），作为加强界限标志和作为圆弧或钻孔时的定位中心。它一般用工具钢制成，尖端处淬硬，冲尖顶角磨成 40°~60°，用于钻孔定中心时，尖角取大值。

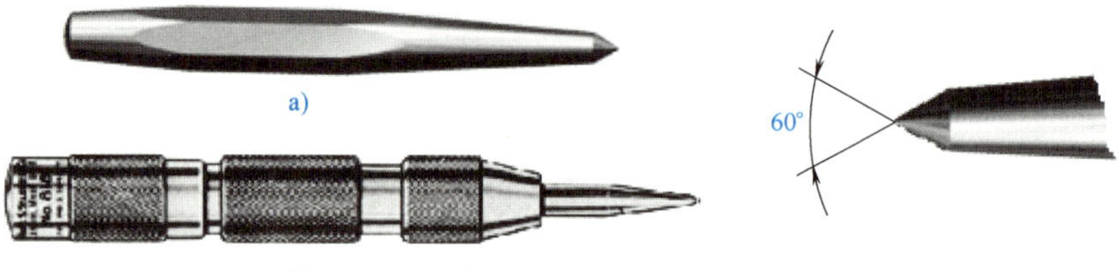

a)

b)

图 3-9　样冲

a）普通样冲　b）自冲式样冲

使用样冲注意事项如下。

1）样冲刃磨时应防止过热退火。

2）用普通样冲打样冲眼时，要先找正，再打样冲眼。找正时，将样冲外倾 30°使尖端对准线的正中，如图 3-10a 所示；然后再将样冲直立冲眼，如图 3-10b 所示。打样冲眼时，先轻打一个印痕，检查无误后再重打样冲眼，以保证样冲眼在线的正中。

3）样冲眼间距视线条长短曲直而定。线条长而直时，间距可大些；线条短而曲时，间距应小些。交叉和转折处必须打上样冲眼。例如，直线上的样冲眼距离可大些，但在短直线上至少要有 3 个样冲眼，如图 3-11a 所示；在曲线上样冲眼距离要小些，直径小于 20mm 的圆周上应有 4 个样冲眼，而直径大于 20mm 的圆周线上应有 8 个样冲眼，如图 3-11a、b 所示；在线条的相交处和拐角处必须打上样冲眼，如图 3-11c 所示。

4）样冲眼的深浅视工件表面粗糙程度而定，表面光滑或薄壁工件样冲眼打得浅些，粗

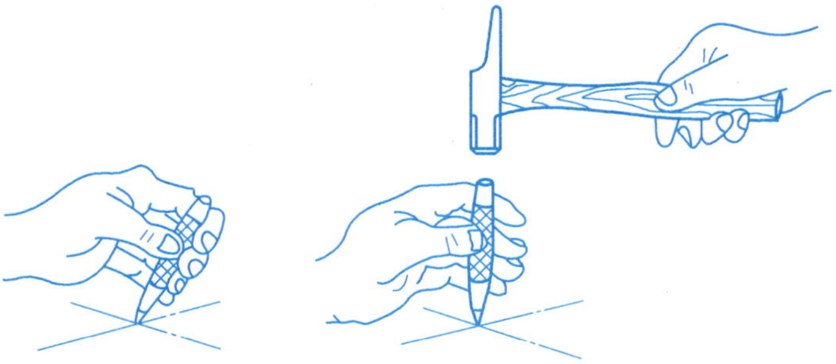

图 3-10 样冲的使用

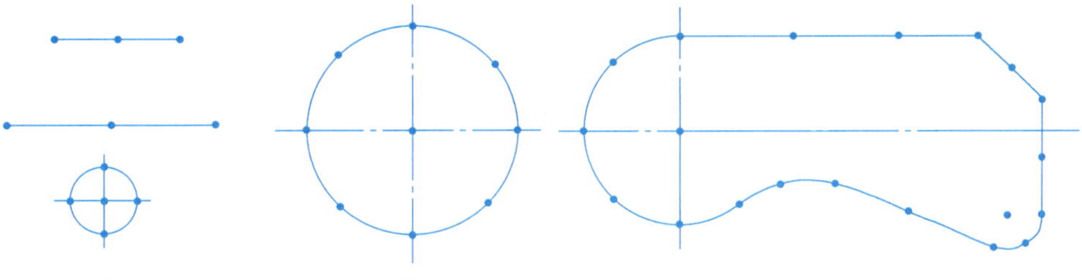

图 3-11 样冲眼的布置

糙表面打得深些，精加工表面禁止打样冲眼。

6. 其他常用平面划线工具

除了上述划线工具外，还有直角尺、游标万能角度尺、游标高度尺等可以用于量取尺寸和角度，检查划出线条的正确性。

（1）直角尺 直角尺在划线时用作划垂直线或水平线的导向工具，也可用来找正工件表面在划线平板上的垂直位置，如图 3-12 所示。在立体划线中，也可用来找正工件某一平面与划线平板的垂直度。

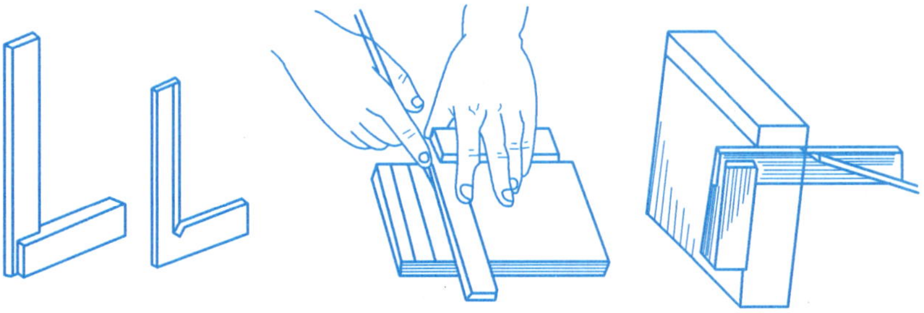

图 3-12 直角尺

（2）游标高度尺 游标高度尺附有用硬质合金做成的划线脚，如图 3-13 所示，它是一种既可测量零件高度又可进行精密划线的量具，读数的方法与常用游标卡尺读数方法类似。使用时，应先将划线脚降至与划线平板贴合的位置，检查游标尺零线与主标尺零线是否正确，如有误差，则要及时调整。划线时，划线脚要垂直于工件表面一次划出，不要用划线脚两侧尖划线，以免侧尖磨损而增大划线误差。

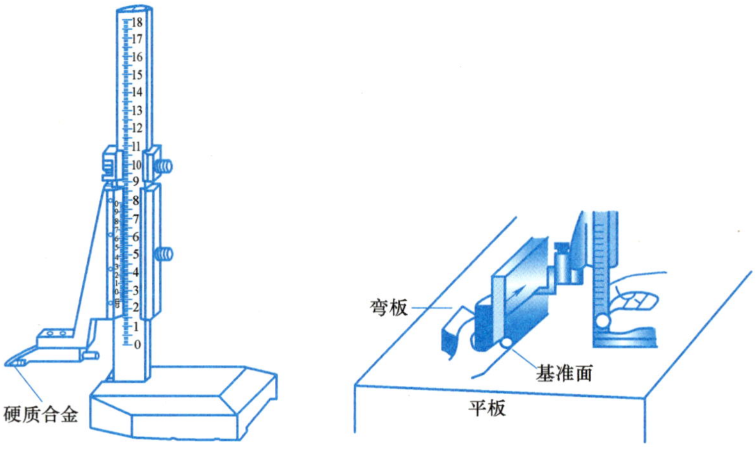

图 3-13 游标高度尺

a）游标高度尺 b）使用游标高度尺划线

三、划线前的准备与划线基准

1. 划线前的准备

划线前，首先要看懂图样和工艺文件，明确划线的任务，其次是检查工件的形状和尺寸是否符合图样要求，然后选择划线工具，最后对划线部位进行清理和涂色等。

（1）工件的清理 工件的清理就是除去工件表面的氧化层、毛边、毛刺、残留污垢等，为涂色和划线作准备。

（2）工件的涂色 工件的涂色是在工件需划线的表面涂上一层涂料，使划出的线条更清晰。常用涂料配制比例及应用场合见表 3-2。

表 3-2 常用涂料配制比例及应用场合

名称	配制比例	应用场合
石灰水	稀糊状熟石灰水加适量骨胶或桃胶	铸件、锻件毛坯
蓝油	由质量分数 2%～4%的甲紫（龙胆紫）、3%～5%的紫胶（虫胶）和91%～95%的酒精配制而成	已加工表面
硫酸铜溶液	100g 水中加 1～1.5g 硫酸铜和少许硫酸溶液	形状复杂的工件

（3）在工件的孔中装中心塞块 当在有孔的工件上划圆或等分圆周时，为了在求圆心和划线时能固定划规的一脚，需在孔中塞入塞块。常用的塞块有铅条、木块或可调塞块。铅条用于较小的孔，木块和可调塞块用于较大的孔。

2. 划线基准

划线基准是指在划线时选择工件上的某个点、线、面作为依据，用它来确定工件的各部分尺寸、几何形状及工件上各要素的相对位置。划线基准一般可根据以下三种类型来选择，见表 3-3。

表 3-3 划线基准的类型

以两个互相垂直的平面为基准	以两条中心线为基准	以一个平面和一条中心线为基准
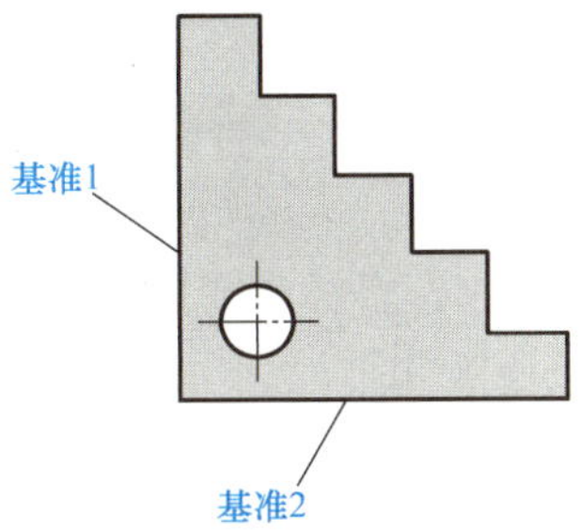	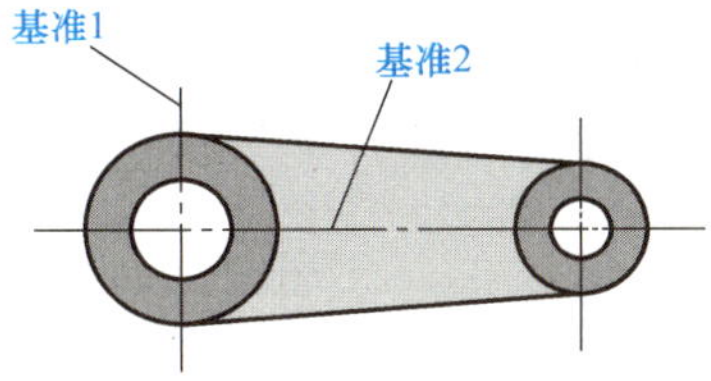	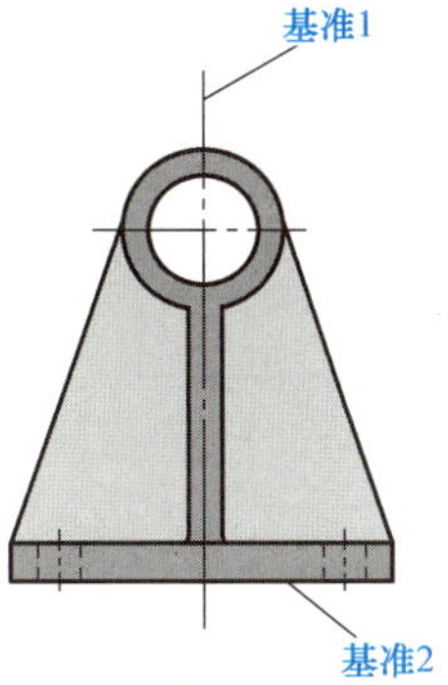

3. 划线基准的选择

划线时通常要遵守一个规则，即从基准开始划起。另外，选择正确的划线基准也可简化尺寸换算、提高效率和质量，一般选择划线基准应遵循以下原则。

1）划线基准应与设计基准一致，并且划线时必须先从基准线开始。

2）若工件上有已加工表面，则应以已加工表面为划线基准。

3）若工件为毛坯，则应选重要孔的中心线等为划线基准。

4）若毛坯上无重要孔，则应选较平整的大平面为划线基准。

4. 划线的一般步骤

1）看清并分析图样与实物，确定划线基准，检查毛坯质量。

2）清理毛坯上的氧化皮、粘砂、飞边、油污，去除已加工工件上的毛刺等。

3）在需要划线的表面涂上适当的涂料。一般铸锻件毛坯涂石灰水，钢和铸件的半成品涂蓝油、绿油或硫酸铜溶液，非铁金属工件涂蓝油或墨汁。

4）确定孔的圆心时，预先在孔中安装塞块。

5）划线顺序为：基准线→水平线→垂直线→斜线→圆→圆弧线。

6）划线完毕，经检验后在所需位置打样冲眼。

四、平面划线方法

1. 平行线的划法

在划平行线时，应根据不同的条件选用不同的划线工具及方法来划出平行线，如图 3-14 所示。其中，图 3-14a 所示是利用划规找出两个等高点来划出平行线；图 3-14b 所示是直接利用游标高度尺划出平行线；图 3-14c 所示是利用直角尺划出平行线；图 3-14d 所示是利用钢直尺保证所划出的直线到边缘的距离相等划出平行线。

2. 垂直线的划法

图 3-15a 所示为利用直角尺直接作垂直线；图 3-15b 所示是利用划规和钢直尺采用几何作图法作出垂线。

3. 角度线的划法

角度线的划法如图 3-16 所示，利用量角器直接划出所要角度，也可用几何法或用计算法来作出所需的角度。

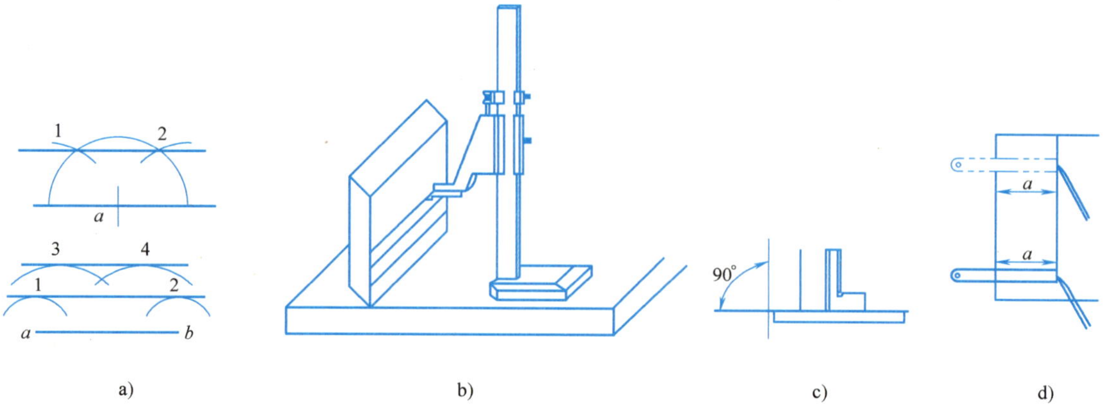

图 3-14 平行线的划法

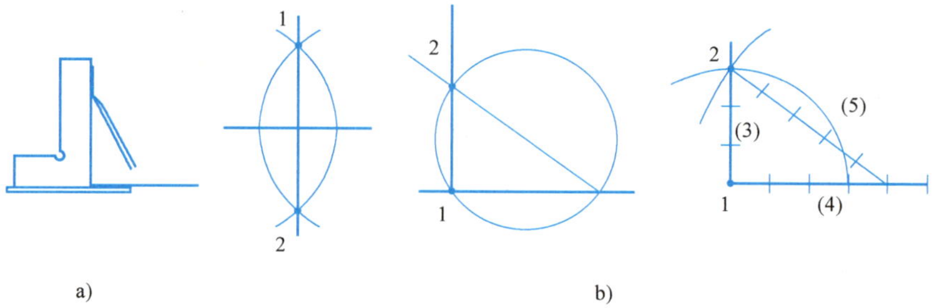

图 3-15 垂直线的划法

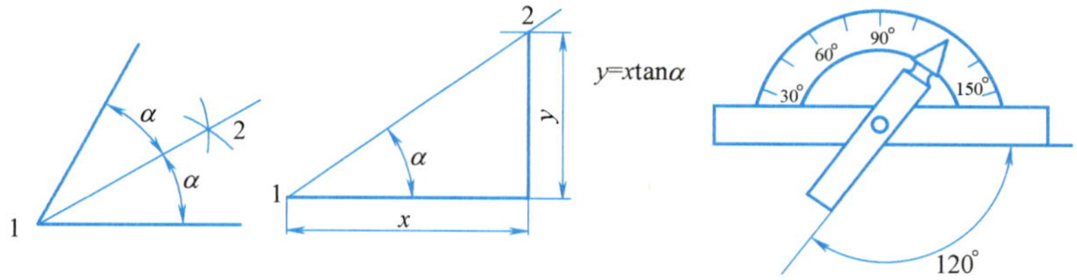

图 3-16 角度线的划法

4. 圆弧连接划法

圆弧连接主要有圆弧与直线相切，以及圆弧与圆弧相切两种形式。圆弧连接的划法如图 3-17 所示，作图过程中，主要是先找连接圆弧的圆心。如图 3-17a 所示为圆弧与直线连接，分别作它们的平行线，平行线的间距为连接圆弧半径 R，两平行线的交点即为圆心。其他四种情况各有不同，如图 3-17b、c、d、e 所示。然后以找出的圆心点作为圆心作半径，与圆弧半径 R 的圆弧进行连接。作图方法与几何作图法基本相同，其中要注意的是当圆弧与直线相切时尽量先划圆弧，后划直线。

5. 多边形的划法

（1）正多边形的划法　常见正多边形的划法都是利用等分圆周的原理。如图 3-18 所示，分别把圆周进行三等分、四等分、五等分、六等分，相应作正三边形、正四边形、正五边形、正六边形。

（2）等分圆周画法　正多边形都有一个外接圆，而且正多边形的边长都一样长，这样

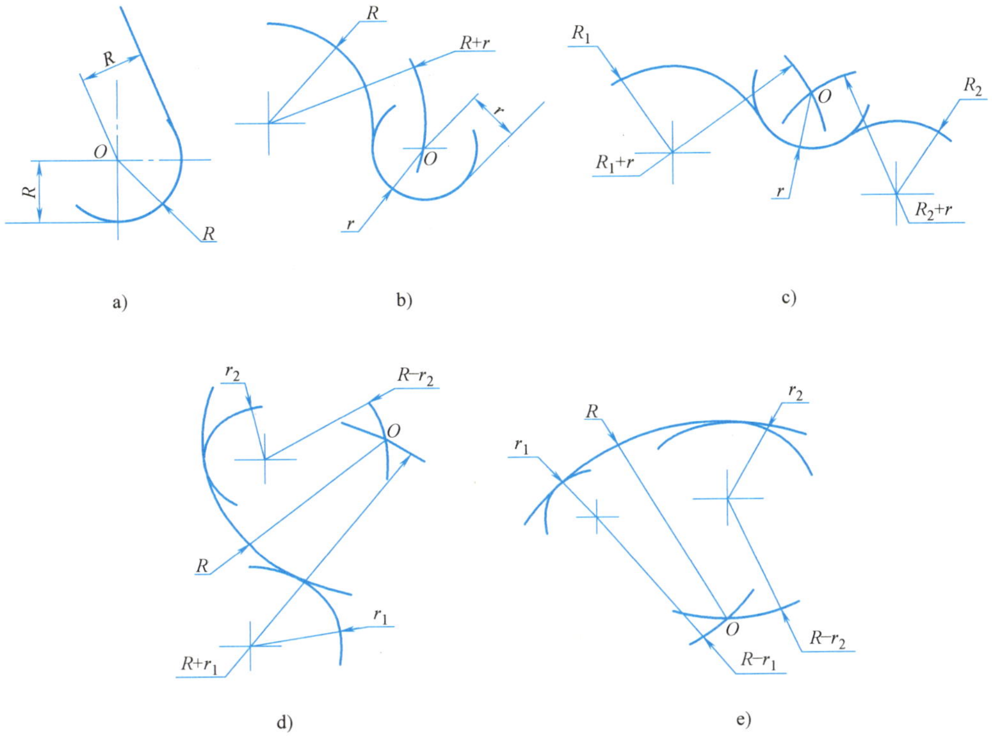

图 3-17 圆弧连接线的划法

a）圆弧和直线连接 b）圆弧和圆弧连接 c）两圆弧都外切连接

d）两圆弧一处外切一处内切连接 e）两圆弧都内切连接

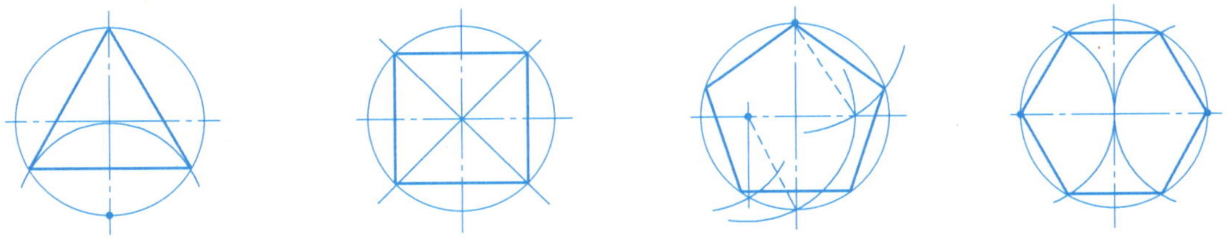

图 3-18 正多边形的划法

就可以把每个正多边形的顶点都看成其外接圆的 n 等分点，那么正多边形的划法也就是等分某个圆周。等分圆周的方法有按同一弦长等分和按不同弦长等分两种。

1）按同一弦长等分圆周。按同一弦长等分圆周是根据在同一圆周上，每一等分弧长所对应的弦长相等的原理划线的。其关键是如何确定每段圆弧所对应的弦长，如图 3-19 所示。假设把圆周作 n 等分，每一弧长所对应的圆心角为 α，则 $\alpha=360°/n$。由三角关系可求得 $AB=R\sin\frac{\alpha}{2}$，所以弦长

$$L=2R\sin\frac{\alpha}{2}=D\sin\frac{\alpha}{2} \tag{3-1}$$

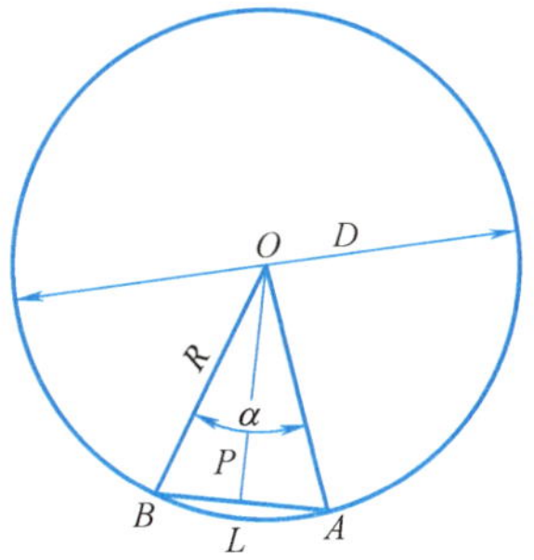

图 3-19 按同一弦长等分圆周

当求出弦长后，可用划规截取弦长尺寸在圆周上等分。在实际操作中，由于等分相同份数的圆周时，所对应的圆心角 α 是不变的，变化的是半径的大小。把式（3-1）中的 $\sin\frac{\alpha}{2}$ 设为系数 K，系数 K 可按各种等分数预先算出，制成表 3-4，这样求弦长更为方便。

弦长为

$$L=KR \tag{3-2}$$

式中 K——弦长系数，由表 3-4 查得。

R——等分圆周的半径。

表 3-4 弦长系数

等分数	系数 K	等分数	系数 K	等分数	系数 K	等分数	系数 K
3	1.731	10	0.618	17	0.3675	24	0.2611
4	1.4142	11	0.5635	18	0.3473	25	0.2507
5	1.1756	12	0.5176	19	0.3292	26	0.2411
6	1.0	13	0.4786	20	0.3129	27	0.2321
7	0.8678	14	0.445	21	0.2980	28	0.224
8	0.7654	15	0.4158	22	0.2845	29	0.2162
9	0.684	16	0.3902	23	0.2723	30	0.2091

2）按不同弦长等分圆周。

图 3-20a 所示为按不等弦长来等分圆周的。这种方法主要是确定各等分段的不等弦长 Aa_1，Aa_2，Aa_3，…，Aa_n。设欲将圆周作 n 等分，若按不等弦长等分，其相应的不等弦长所对应的圆心角分别为 α，2α，3α，…，$n\alpha$，其中 $\alpha=360°/n$。同理，由三角函数关系可求得

$$Aa_1=D\sin\frac{\alpha}{2},Aa_2=D\sin\frac{2\alpha}{2},Aa_3=D\sin\frac{3\alpha}{2},\cdots,Aa_n=D\sin\frac{n\alpha}{2} \tag{3-3}$$

当圆周需作偶数等分时，可先将圆周两等分，然后按求得的各不等弦长，用划规分别以 A、B 两点为圆心，依次在圆周上划出等分点，如图 3-20b 所示，$Aa_1=Aa_2=Bb_1=Bb_2$，$Aa_3=Aa_4=Bb_3=Bb_4$，$Aa_5=Aa_6=Bb_5=Bb_6$。

当圆周需作奇数等分时，可先设法在圆周上划出一个等分段，如图 3-20c 所示中的 $A'A''$，余下的等分数即为偶数，便可按上述偶数等分法划线。

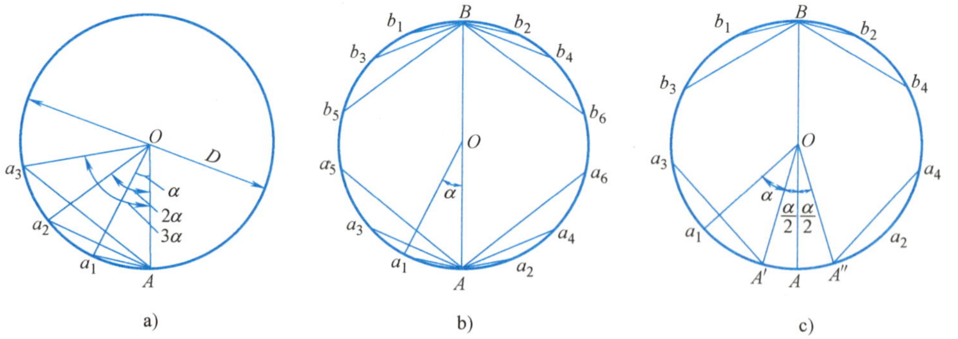

图 3-20 按不同弦长等分圆周

a）等分原理 b）偶数等分 c）奇数等分

3）用分度头等分圆周。

分度头是一种较准确的等分角度的工具，是铣床上等分圆周用的附件，钳工在划线中也常用它对工件进行分度和划线，分度头的外形如图 3-21 所示。

在分度头的主轴上装有自定心卡盘，把分度头放在划线平板上，配合使用划线盘或游标高度尺，便可进行分度划线。还可在工件上划出水平线、垂直线、倾斜线和等分线或不等分线。分度头的规格是以顶尖（主轴）中心线到底面的高度（mm）表示的，一般常用规格有 100mm、125mm、160mm 等。

图 3-21 分度头的外形

1—插销 2—自定心卡盘

3—分度盘 4—手柄

工件装夹在分度头的自定心卡盘上，拔出手柄插销，转动分度手柄绕分度头心轴转一周，即工件转 1/40 周。分度盘上有几圈不同数目的等分小孔，根据工件等分数的要求，选择合适的等分数的小孔，将手柄依次转过一定的转数和孔数，使工件转过相应的角度，就可对工件进行分度与划线。若工件在圆周上的等分数目 Z 已知，则工件每转过一个等分，分度头主轴转过 $1/Z$ 圈。因此，工件转过每一个等分时，分度头手柄应转过的圈数用下式确定

$$n=\frac{40}{Z} \tag{3-4}$$

式中 n——在工件转过每一等分时，分度头手柄应转过的圈数；

Z——工件等分数。

【例 3-1】 要在工件的某圆周上划出均匀分布的 10 个孔，试求出每划完一个孔的位置后，手柄转过的圈数。

解： 根据公式 $n=\frac{40}{Z}$，则 $n=\frac{40}{10}=4$，即每划完一个孔的位置后，手柄应转过 4 圈再划另一个孔，以此类推。

【例 3-2】 在一圆盘端面上划六边形，先划一条线后，求手柄应转几圈后再划第二条线？

解： 已知 $Z=6$，则 $n=\frac{40}{Z}=\frac{40}{6}=6\frac{2}{3}$，由于计算结果不是整数，需利用分度盘上现有的各种孔眼的数目进行划线。将整数部分保留不动，分数部分的分子、分母同时扩大相应的倍数，并使扩大后的分母数等于分度盘上某一圈孔数，分度盘的孔数见表 3-5。将“2/3”的分子、分母同时扩大 10 倍，即 20/30，可在分度盘上找到与分母相同的孔数，则分度手柄在分度盘中有 30 个孔的孔圈上转过 6 圈后，再转过 20 个孔即可。

表 3-5 分度盘的孔数

分度头形式	分度头的孔数	
带一块分度盘	正面：24、25、28、30、34、37、38、39、41、42、43 反面：46、47、49、51、53、54、57、58、59、62、66	
带两块分度盘	第一块	正面：24、25、28、30、34、37 反面：38、39、41、42、43
	第二块	正面：46、47、49、51、53、54 反面：57、58、59、62、66

分度时的注意事项如下。

① 为了保证分度准确，分度手柄每次必须按同一方向转动。

② 当分度手柄将到预定孔位时，注意不要让它转过了头，定位销要刚好插入孔内。如发现已转过了头，则必须反向转过半圈左右，再重新转到预定的孔位。

③ 在使用分度头时，每次分度前必须先松开分度头侧面的主轴紧固手柄，分度头主轴才能自由转动。分度完毕后仍要紧固主轴，以防主轴在划线过程中松动。

任务实施

平面划线的步骤一般按准备工作、确定基准、涂色、划线、打样冲眼的顺序进行，图3-1所示为钻床夹具中钻模板的划线过程，其步骤如下。

1）准备工作：去除薄板料边缘上的毛刺，分析图样，了解所需划线的部位和有关加工工艺，准备划线工具。

2）选择薄板料底面作为高度方向的基准，对称线作为宽度方向的基准，如图3-22所示。

3）选用蓝油对工件进行涂色。

4）划水平线，以底面为基准分别画出图3-23所示的3条水平线。

5）划竖直线，以中心线为基准分别画出图3-24所示的2条竖直线。

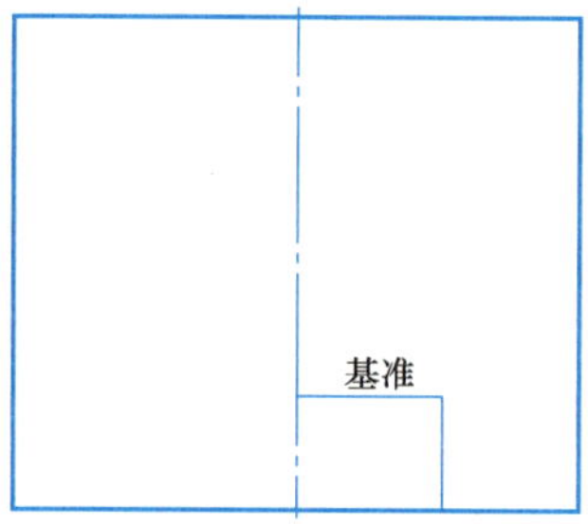

图3-22　划基准线

图3-23　划水平线

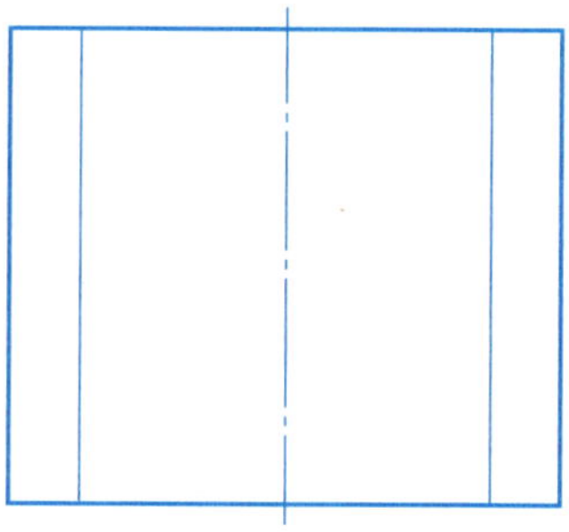
图3-24　划竖直线

6）对图形、尺寸复检校对，确认无误后，在划线交点及所划线上按一定间隔打上样冲眼，使加工界线清晰可靠，如图3-25所示。

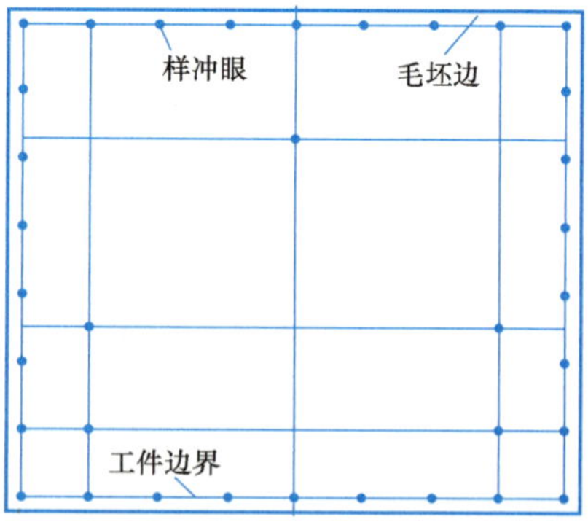

图3-25　打样冲眼

知识拓展

常用平面划线方法

零件的轮廓形状基本上都是由直线、圆弧和一些曲线组成。在进行平面划线时，经常涉及直线、圆弧的划线方法，现归纳如下，见表3-6。

任务评价

通过以上学习，根据任务实施过程，将完成任务情况记入表3-7中，完成任务评价。

课后评测

写出图3-26所示的钻床夹具中底板的划线步骤，要求线条清晰、粗细均匀，样冲眼分布合理。

表 3-6　常用平面划线方法

划线要求	图示	划线方法
将线段 AB 进行五等分(或若干等分)	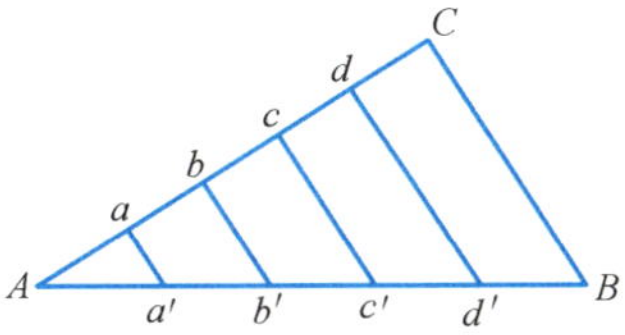	1. 由 A 点作一射线并与已知线段 AB 成某一角度 2. 从 A 点在射线上任意截取五等分点 a、b、c、d、C 3. 连接 BC,并过 a、b、c、d 分别作 BC 线段的平行线,在 AB 线上的交点即为 AB 线段的五等分点
作与线段 AB 距离为 R 的平行线	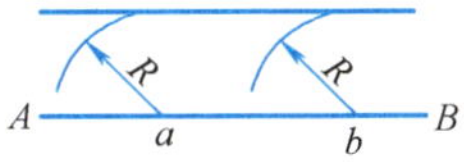	1. 在已知线段上任取两点 a、b 2. 分别以 a、b 为圆心,R 为半径,在同侧作圆弧 3. 作两圆弧的公切线,即为所求的平行线
过线外一点 P,作线段 AB 的平行线	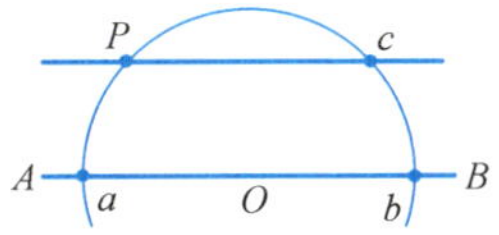	1. 在 AB 线段上取一点 O 2. 以 O 为圆心,OP 为半径作圆弧,交 AB 于 a、b 3. 以 b 为圆心,aP 为半径作圆弧,交圆弧 ab 于 c 4. 连接 Pc,即为所求平行线
过已知线段 AB 的端点 B 作垂直线段	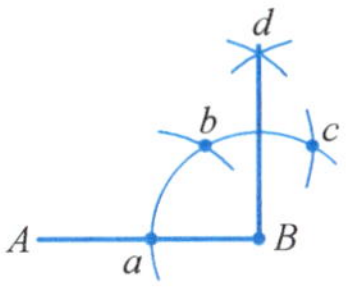	1. 以 B 为圆心,取 Ba 为半径作圆弧交线段 AB 于 a 2. 以 Ba 为半径,在圆弧上截取圆弧段 ab 和 bc 3. 分别以 b、c 为圆心,Ba 为半径作圆弧,交点于 d 4. 连接 Bd,即为所求垂直线段
作与两相交直线相切的圆弧线	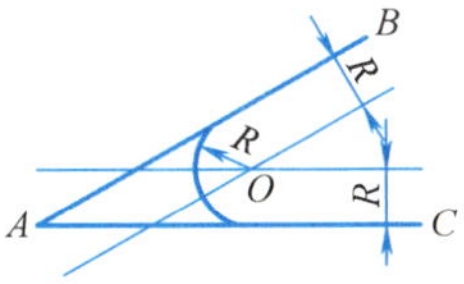	1. 在两相交直线的角度内,作与两直线相距为 R 的两条平行线,交点于 O 2. 以 O 为圆心,R 为半径作圆弧

表 3-7　平面划线任务评价表

<table>
<tr><td>项目名称</td><td></td><td>编号</td><td></td><td>姓名</td><td></td><td>日期</td><td></td></tr>
<tr><td>序号</td><td>评价内容</td><td colspan="4">评价标准</td><td>配分</td><td>备注</td></tr>
<tr><td>1</td><td>能正确涂色</td><td colspan="4">薄而均匀</td><td>10</td><td></td></tr>
<tr><td>2</td><td>能正确划线</td><td colspan="4">线条清晰、粗细均匀且无重线</td><td>30</td><td></td></tr>
<tr><td>3</td><td>能正确连接圆弧</td><td colspan="4">连接处过渡圆滑</td><td>20</td><td></td></tr>
<tr><td>4</td><td>能使用样冲正确打样冲眼</td><td colspan="4">样冲眼分布合理,样冲眼位置公差要求为 R0.3mm</td><td>20</td><td></td></tr>
<tr><td>5</td><td>安全文明生产</td><td colspan="4">遵守 5S 规则</td><td>20</td><td></td></tr>
<tr><td>教师评语</td><td colspan="7"></td></tr>
</table>

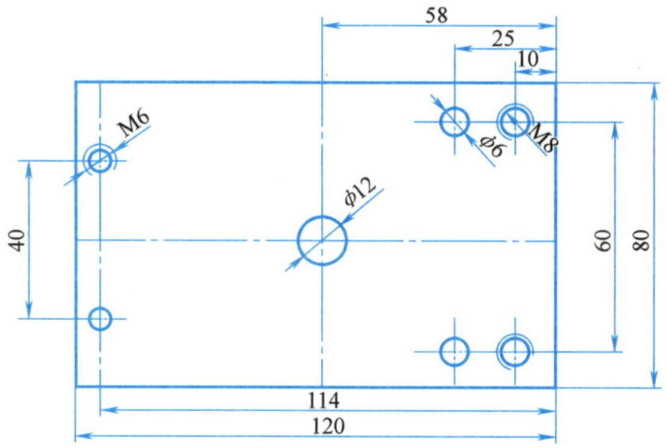

图 3-26　底板

任务二　立体划线

学习目标

1）会使用常见的立体划线工具。

2）能完成简单立体划线的操作。

任务描述

图 3-27 所示零件为轴承座，用于安放轴承并固定于设备上面，需要加工的部位有底面、轴承座内孔、两个螺纹孔及上平面、两个大端面。想一想：根据以前所学知识能完成轴承座的划线吗？如若不能，此类划线属于哪类划线？请写出划线步骤，要求线条清晰，样冲眼正确。

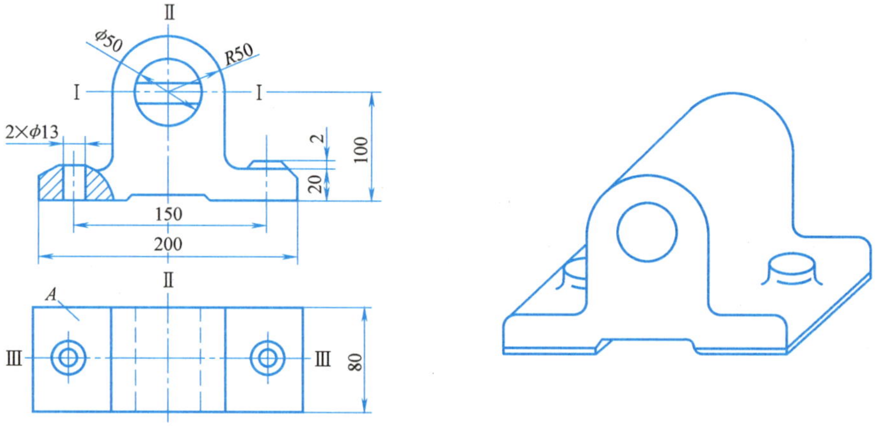

图 3-27　轴承座

知识链接

一、立体划线工具

常用的立体划线工具有划线平板、方箱、V 形铁、直角铁、划线盘、游标高度卡尺，以及调节支承工具等，见表 3-8。

表 3-8 常用立体划线工具

名称	图例	使用方法
方箱	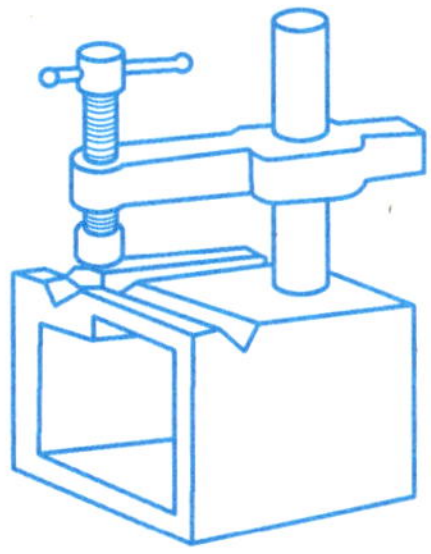	方箱通常带有 V 形槽并附有夹持装置，用于夹持尺寸较小而加工面较多的工件。通过翻转方箱，能实现一次安装后在几个表面的划线工作
V 形铁	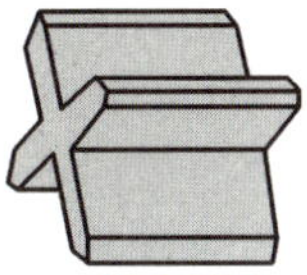 普通V形铁 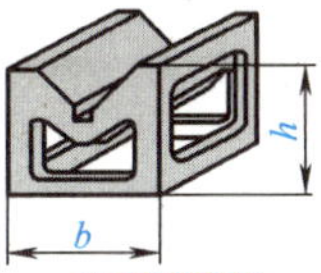 精密V形铁 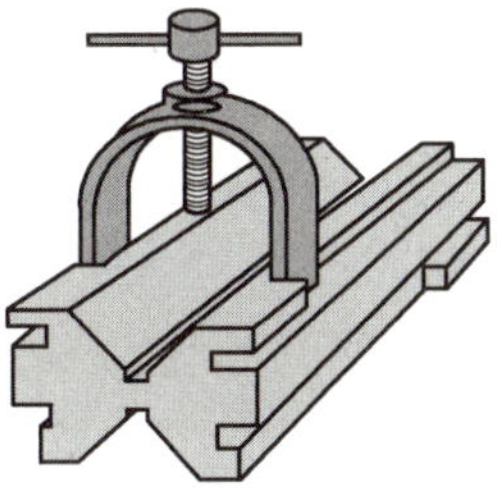 带夹持弓架的V形铁	V 形铁通常是两个一起使用，主要用于安放轴、套筒等圆形工件，以确定中心并划出中心线
直角铁	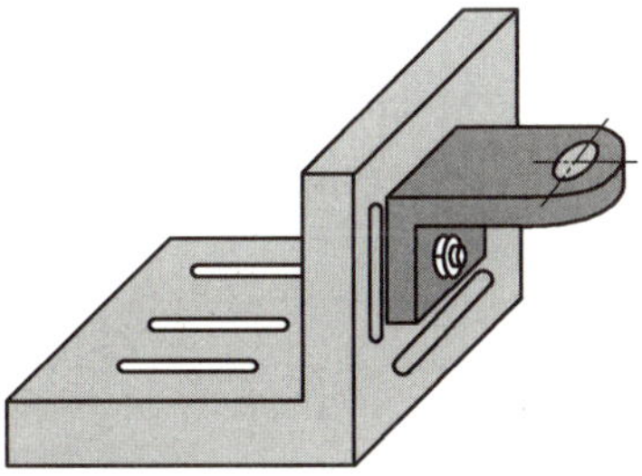	直角铁有两个经过精加工的互相垂直平面，其上的孔或槽用于固定工件时穿压板螺钉
划线盘	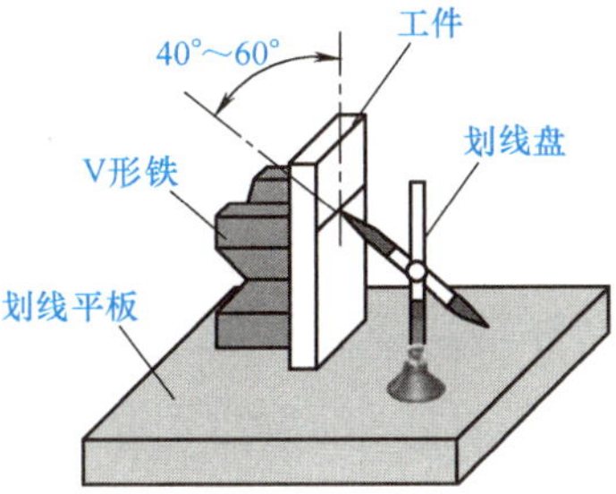	划线盘用于在划线平台上对工件进行划线或找正工件位置。使用时，一般用划针的直头端划线，弯头端用于对工件的找正

（续）

名称	图例	使用方法
游标高度卡尺	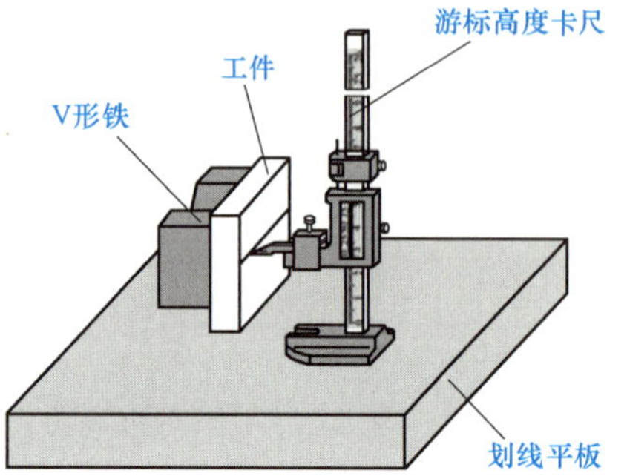	游标高度卡尺是精密的量具及划线工具，可用来测量高度尺寸，其划线脚可直接划线
千斤顶	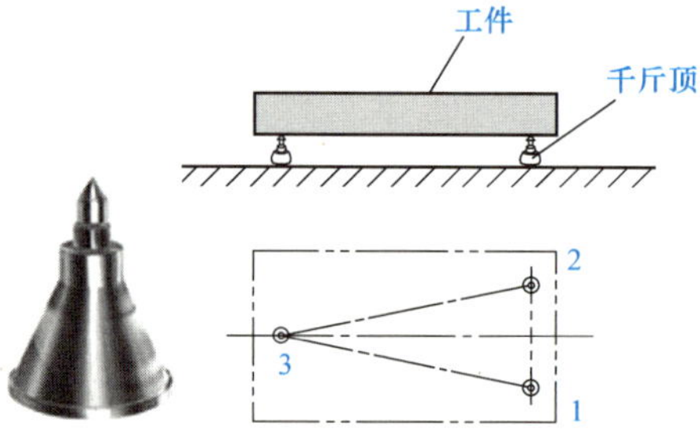	千斤顶可用以支承形状不规则或平面未经加工过的毛坯平面作为基准平面的工件。使用时以三个为一组，三个千斤顶绝不能在一条直线上

二、找正与借料

1. 找正

找正就是利用划线工具（如划规、划线盘等）使工件上有关的表面处于合适的位置。铸、锻等毛坯件由于各种原因往往存在较多的缺陷，因而在对铸、锻件立体划线时，要对工件进行找正。

（1）找正的原则

1）毛坯上有不加工的表面时，通过找正后再划线，可保证加工表面与不加工表面之间尺寸均匀。如图 3-28 所示的工件，平面 A 与底面不平行，平面 A 不需加工，而底面待加工。此时应选择平面 A 作为找正基准，划出加工界线，从而使底面处于最合适的位置。

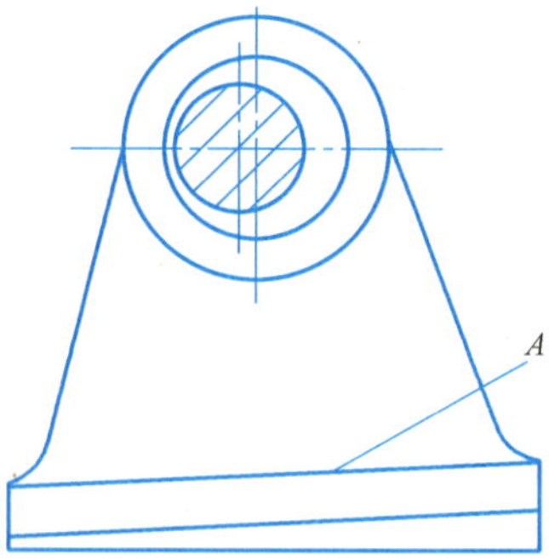

图 3-28 找正的原则

2）当毛坯工件上有两个以上的不加工表面时，应选择其中面积较大、较重要的或外观质量要求较高的表面为主要找正依据。

3）当毛坯上没有不需要加工的表面时，通过对各加工表面自身位置找正后再划线，可使各加工表面的加工余量得到合理和均匀地分布，不至于出现过于悬殊的情况。

（2）找正的方法

1）划线盘水平方向找正。如图 3-29a 所示，在用划线盘找正水平方向时，应先找正方向 1，分别调节 1、2 两个千斤顶；然后找正方向 2，调节千斤顶 3，重复几次，直到两个方向都水平为止。

2）划线盘垂直方向找正。如图 3-29b 所示，在用直角尺找正时，也应先找正方向 1，调节 1、2 两个千斤顶，使找正基准线与直角尺重合。然后找正方向 2，调节千斤顶 3，使基准线与直角尺重合，重复几次使得两个方向都重合。

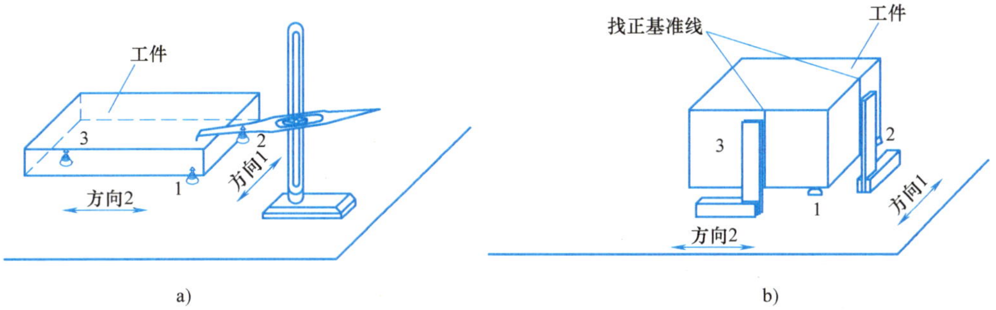

图 3-29 找正的方法

a）水平找正 b）垂直找正

2. 借料

当毛坯工件存在尺寸和形状误差或缺陷，使某些待加工面的加工余量不足，用找正的方法也不能补救时，就可通过试划和调整，重新分配各个待加工面的加工余量，使各个待加工面都能顺利加工，这种补救性的划线方法称为借料。

图 3-30a 所示的圆环，如果毛坯精度高，内孔与外圆柱面无偏心，则可直接按图样划线，图 3-30b 所示的划线方法不需借料。

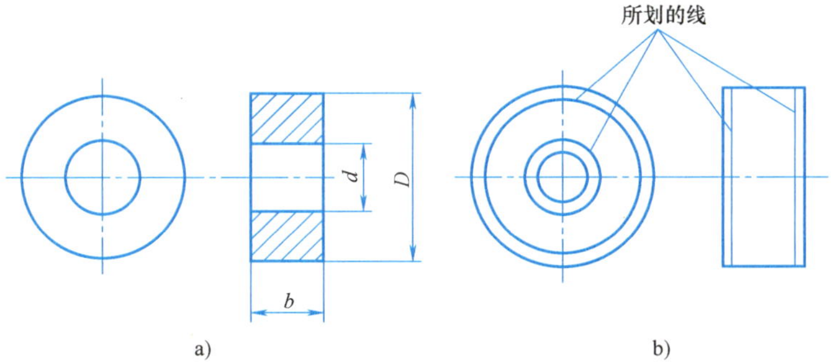

图 3-30 圆环图样及其划线

借料划线时，要仔细地研究工件图样各加工部位的位置、毛坯加工余量及非加工面的偏差情况，并认真检查，而后确定借料的尺寸方向，合理地选择好的尺寸基准。接着根据工件主要部位的尺寸试划线，并经此线条检查其他的面，当确认各加工面都有一定的加工余量，而非加工面误差都在允许范围内时，方可将加工线全部划好。

如图 3-31 所示的圆环，其毛坯是一锻造件，其内孔需从 ϕ18mm 加工至 ϕ24mm，外圆需从 ϕ56mm 加工至 ϕ50mm。现由于种种原因，使得毛坯的内外圆偏心了 5mm，这时传统的划线方法就不行了。

若按正常的找正方法进行划线，将出现图 3-32a、b 所示的两种情况。按外圆找正划内

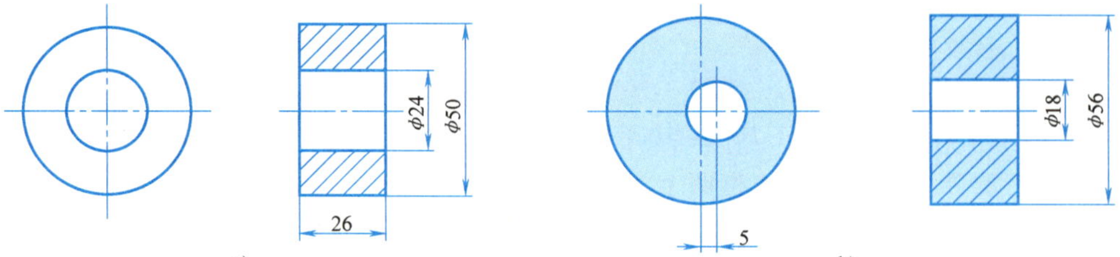

图 3-31 圆环

a）零件图 b）毛坯图

孔的加工线，则内孔有一部分加工余量就不能保证；按内圆找正划外圆的加工线，则外圆有一部分就加工不出来。这时只能采用借料的划线方法，在内孔和外圆都兼顾的情况下，适当地将圆心选在锻件内孔和外圆圆心之间的一个适当的位置上划线，才能使内孔和外圆都有足够的加工余量。如图 3-32c 所示，内孔和外圆都偏移了 2.5mm，而内孔和外圆在最薄处都有 0.5mm 的加工余量，误差和缺陷则可以在加工后消除。

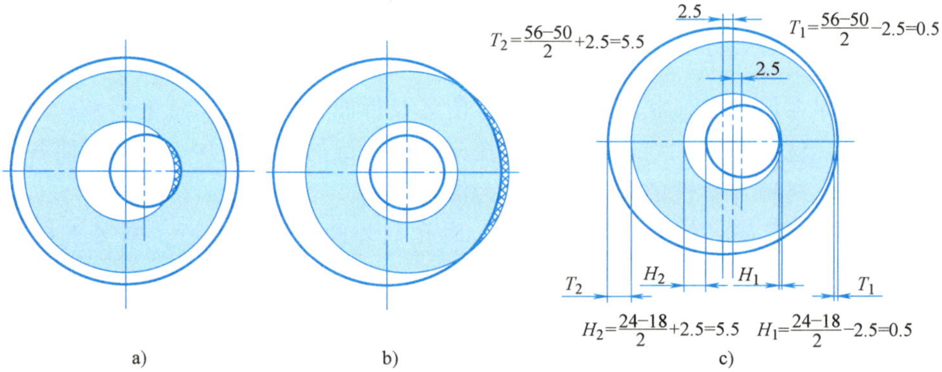

图 3-32 圆环的借料划线

a）外圆找正 b）内孔找正 c）借料划线

任务实施

图 3-27 所示轴承座需要加工的部位有底面、轴承座内孔、两个螺纹孔及其上平面、两个大端面。需要划线的尺寸共有三个方向，工件需要三次安放才能完成全部划线。划线基准选定为 φ50mm 孔的中心平面Ⅰ—Ⅰ、Ⅱ—Ⅱ和两个螺纹孔的中心平面Ⅲ—Ⅲ。具体的划线步骤如下。

1）分析图样确定划线基准：由于轴承座内孔是主要加工面，划线基准确定为轴承座内孔的两个中心平面，以及两个螺纹孔的中心平面，轴承座毛坯上已铸有 φ50mm 毛坯孔，需先安装塞块并做好其他划线准备，如图 3-33 所示。

2）初步确定轴承内孔的中心：以 *R*50mm 外轮廓为依据，用单脚规分别求出两端中心，然后试划 φ50mm 圆周线。如果余量不够，需借料确定出内孔中心位置。

3）先划底面加工线：用三个千斤顶支持轴承座底面，调整千斤顶高度并用划线盘找正，使两端孔中心初步调整到同一高度。由于 *A* 面不加工，为了保证在底面加工后厚度尺寸 20mm 在各处都均匀一致，还要用划线盘找平 *A* 面。两端孔中心既要保持同一高度，又要保持 *A* 面水平位置。两者发生矛盾时，要兼顾两方面进行调整，待两端孔中心确定后，在孔中心打上样冲眼，划出基线Ⅰ—Ⅰ、底面加工线和两个螺纹孔的上平面加工线，如图3-33所示。

4）划两螺纹孔的中心线：将工件侧翻90°用千斤顶支持，通过千斤顶的调整和划线盘的找正，使轴承座内孔两端的中心处于同一高度，同时用直角尺按已划出的底面加工线找正垂直位置，划出Ⅱ—Ⅱ基准线、两个螺纹孔的中心线，如图3-34所示。

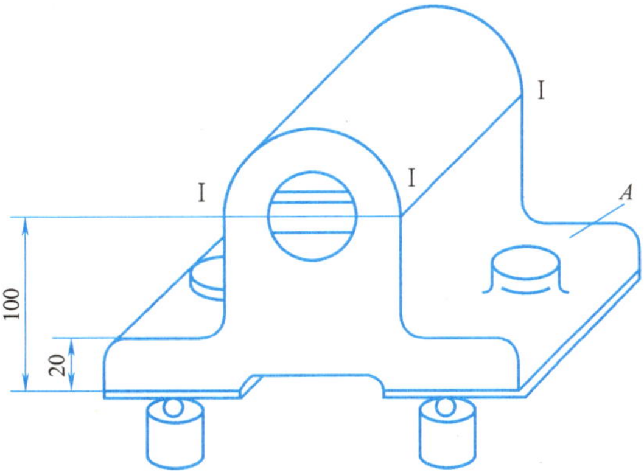

图3-33 划底面加工线

5）划两个大端面的加工线：将工件翻转至图3-35所示位置，用千斤顶支持工件，通过千斤顶的调整和直角尺的找正，分别使底面加工线和Ⅱ—Ⅱ中心线处于垂直位置。以两个螺纹孔的中心为依据，试划两大端面的加工线。若有两面加工余量相差过多的情况，可通过上下调整螺纹孔的中心来借料。调整满意后，即可划出Ⅲ—Ⅲ基准线和两个大端面的加工线，如图3-35所示。

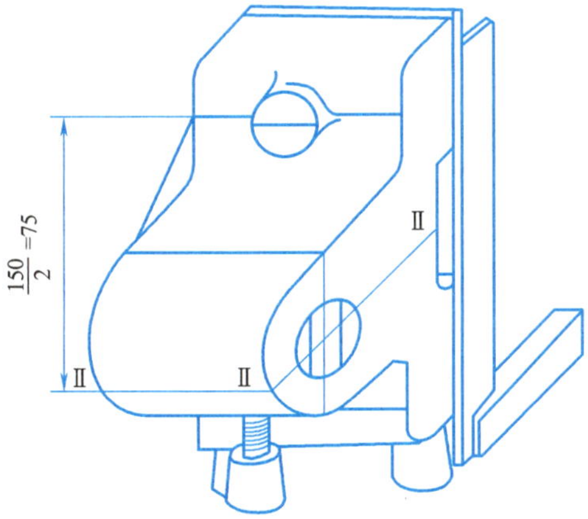

图3-34 划两螺纹孔的中心线

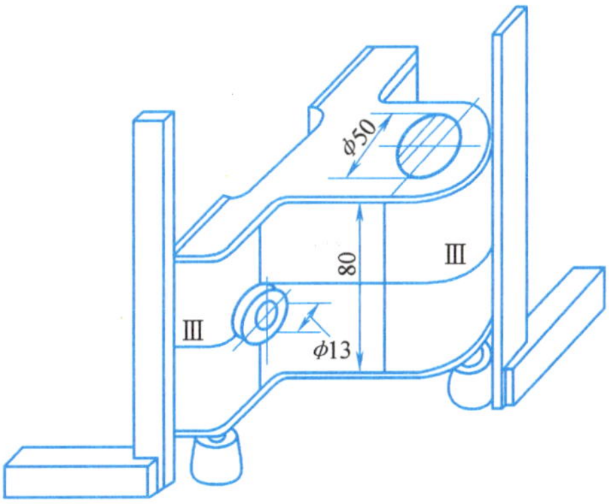

图3-35 划两个大端面的加工线

6）划圆周尺寸线：用划规划出轴承座内孔和两个螺纹孔的圆周尺寸线。

7）打上样冲眼：确认检查无误后，在所划线条上打上样冲眼。

知识拓展

孔中心线的划线方法

划孔中心线是指在铸、锻件毛坯或已加工孔的半成品上划出中心十字线，以求出圆心划圆，确定加工孔的位置和其他加工线。常用的划孔中心线的方法有填料法和不填料法两种。

1. 填料法

如图3-36a所示，将竹片或较硬的木块紧固地安置在被划工件的孔中，并与孔的端面基本平齐。为了使圆心定位正确，在竹片或木块的中心处镶嵌一块薄铁皮，使划出的中心十字线和冲上的样冲眼都在薄铁皮上，即可依此划出孔的位置线及其他加工线。

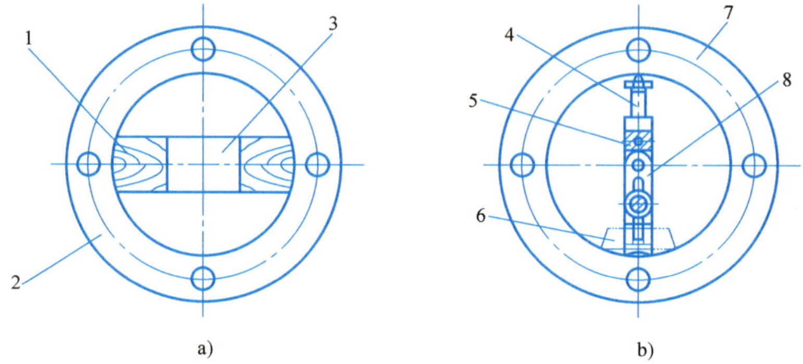

图 3-36 填料法划孔中心线

a）木块填料 b）可调定心器填料

1—木块 2、7—工件 3—铁皮 4—调整螺钉 5—支柱 6—加固垫铁 8—调整块

如图 3-36b 所示，用可调定心器进行填料。这种划线方法更为简便和可靠，适用于较大孔的定中心划线。可调定心器备有几套不同长度的调整螺钉，针对不同的孔径，可以自由更换，用作填料。

另外，在找正划线时还可以调整块的中心孔进行找正。找正时，用划规的一个划脚顶住调整块中心样孔，另一个划脚则对着校正基准（毛坯件为凸台外缘，半成品件为已加工孔）转动，根据误差方向和大小，调节调整块可划出孔的位置线和其他加工线。

2. 不填料法

当毛坯件上有铸造孔或预加工孔需要划出孔的加工线时，除填料法外，也可以采用不填料法划出孔的加工界线。这种方法特别适用于孔径较大而孔数又较多的工件，其划法如下。

1）如图 3-37a 所示，将工件放在平台上找正，按图样尺寸先划出各孔的中心线 $x_1—x_1$、$x_2—x_2$。然后在孔的上、下端，以中心线为基准，孔半径为距离，分别划出平行直线 $a_1—a_1$、$a_2—a_2$、…、$a_6—a_6$。这些线就是各孔的上、下加工界线。

2）如图 3-37b 所示，将工件翻转 90°，找正中心线 $x_1—x_1$ 与平台垂直，照上述方法划出垂直方向的中心线 $y_1—y_1$、$y_2—y_2$、$y_3—y_3$ 和加工界线 $b_1—b_1$、$b_2—b_2$…。所划的加工界线不宜太长，以免因孔多而引起线条混乱，最好划成一个正方形。

3）如图 3-37c 所示，在中心线的交点处以及加工界线上打上样冲眼。

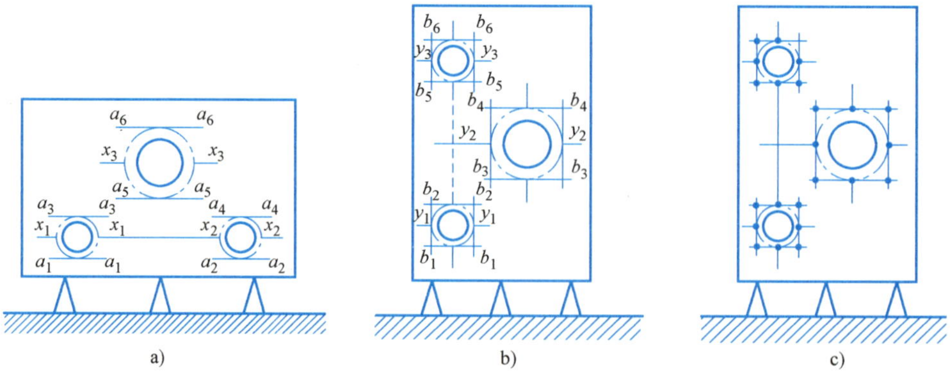

图 3-37 不填料法划孔中心线

任务评价

通过以上学习，根据任务实施过程，将完成任务情况记入表 3-9 中，完成任务评价。

表 3-9　立体划线任务评价表

项目名称		编号		姓名		日期	
序号	评价内容	评价标准				配分	备注
1	能正确涂色	薄而均匀				10	
2	找正	能用划线工具正确找正工件				20	
3	划线基准	三个位置尺寸基准的位置误差小于 0.6mm				20	
4	能正确划线	线条清晰、粗细均匀且无重线，划线尺寸误差小于 0.3mm				20	
5	能使用样冲正确打样冲眼	样冲眼分布合理，位置公差要求为 R0.3mm				20	
6	安全文明生产	遵守 5S 规则				10	
教师评语							

课后评测

完成图 3-38 所示 V 形铁的划线，并写出划线步骤。

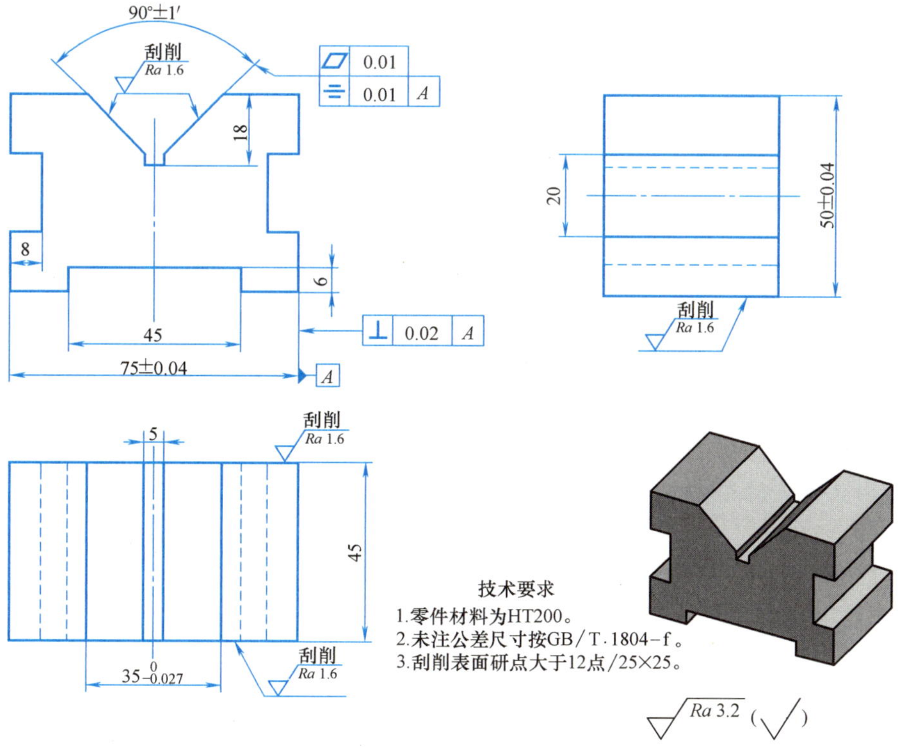

图 3-38　V 形铁

工匠之篇

无差错的秘诀

胡双钱，中国商用飞机有限责任公司上海飞机制造有限公司高级技师、数控机加车间钳工组组长，主要负责 ARJ21-700 飞机项目零件生产、C919 大型客机项目技术攻关及青年员工的培养，并且先后获得“上海市质量金奖”“全国五一劳动奖章”“全国劳动模范”等荣誉。

参加工作 35 年来，胡双钱加工的零部件中，最大的尺寸将近 5m，最小的比曲别针还小。有一次，在加工某定位圈时，由于零件的直径小，零件定位直口的孔径更小，而孔径深度尺寸又较长，孔径的公差要求高，通常加工完孔径的内圆尺寸后，内径无法进行打表测量，也没有专用量具。胡双钱反复琢磨，找出了一种测量内壁尺寸的方法：用块规加上标准的圆柱销进行辅助测量，通过一次次打表测量，直到符合图样的加工要求。

胡双钱在工作中养成了一种习惯：工作前，先看懂图样，了解工艺要求和技术规范；在接收零件时，先按照图样检查上道工序是否存在不当之处，再动手加工零件。为保证产品质量，在几十年的工作实践中，胡双钱总结了一套方法。这些方法的原理都很简单，却是保持产品质量优质交付的“诀窍”。

钳工工作的第一步就是划线，在划线的过程中，胡双钱总结出了“对比复查法”，把涂淡金水当成是零件的初次划线，根据图样画零件，好比在一张纸上先用毛笔写一个字，然后用钢笔再在这张纸上同一个地方写同样一个字，这样就可以多增加一次复查的机会，减少事故的发生。

“反向验证法”则是胡双钱的又一个巧思。这也是与最基础的划线有关：钳工在划线零件角度时，通常采用游标万能角度尺划线，那么如何验证划线是否正确？如果采用同样方法复查，很难找出差错。胡双钱就会采用三角函数算出划线长度进行验证。结果一致，就继续下面的操作；结果不相符，那么就说明有问题。这也是他能够保证 35 年来没有次品的无差错记录的秘诀：把前期划线的准备工作做到极致。

这么多年来，胡双钱带出的徒弟很多。他说：“制造企业文化需要传承，技术也同样需要传承。技术是自己的，更是企业的，企业造就了我们，为我们的成长营造了良好的氛围，为我们展示技能创造了机会。我会毫无保留地把我的经验传授给更多的年轻人，希望他们早日成为企业的顶梁柱。”胡双钱带徒弟，不是简单地手把手教怎么干活，而是点出关键点，让徒弟们自己想办法解决问题。他说：“只有这样，才能让他们记住操作的关键点，快速掌握关键技术。”回望走过的路，胡双钱感慨地说：“勤奋刻苦为我赢得尊严，技艺精湛让我收获荣誉，我为自己是一名航空技术工人而感到自豪。”

项目四

锯削与锉削

项目描述

钳工加工零件时，零件的外形可通过锯削获得，零件的尺寸通常是由锉削来保证的。锯削质量的好坏直接影响后续锉削的加工量，若锯削后加工余量过小，该零件可能报废；若锯削后加工余量过大，那么锉削的余量较大，加工效率较低。锉削质量的好坏直接影响零件的加工精度（平行度、垂直度、表面粗糙度等）。由此可见，锯削与锉削是钳工基本操作技能，在机械制造及机械维修中有着重要作用。因此，掌握锯削与锉削的操作要领，加工出合格的零件，需要我们走进项目四的学习——锯削与锉削。

任务一　锯削

学习目标

1）能对不同型材进行正确的锯削，并达到一定的锯削精度。

2）能根据不同材料正确选用锯条，并能正确装夹。

3）会分析锯条损坏和产生废品的原因。

任务描述

图 4-1 所示为钻床夹具中的挡板，该挡板的宽度为 14mm，母料宽度尺寸为 60mm。想一想：采用何种加工方法从母料上割出所需坯料？并写出加工步骤。

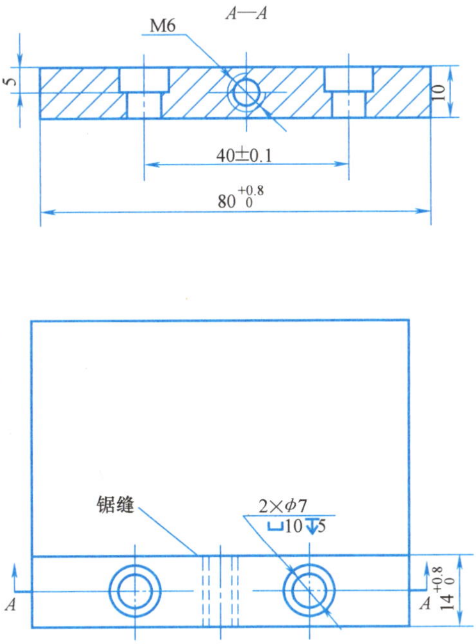

图 4-1　挡板

知识链接

一、锯削及应用

用钢锯对材料或工件进行分割或锯槽的加工方

法称为锯削。它适用于较小材料或工件的加工，其主要应用场合见表 4-1。

表 4-1　锯削的应用

锯削的应用	图　例
切断	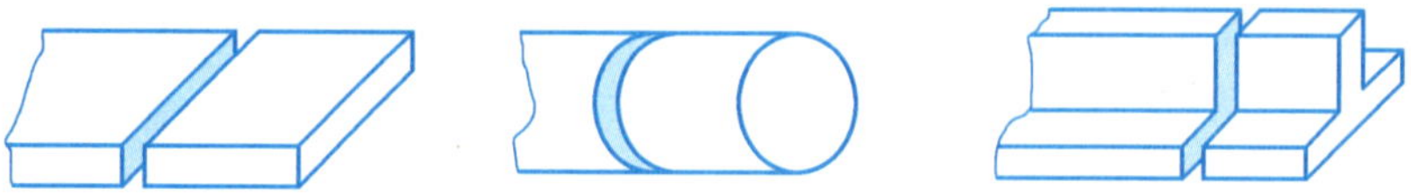
去除材料	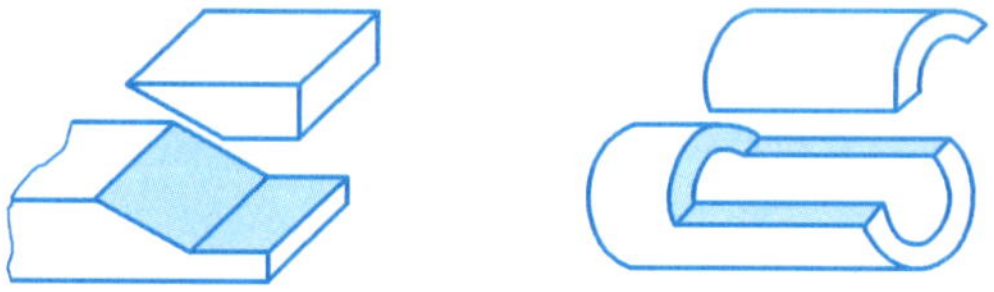
切槽	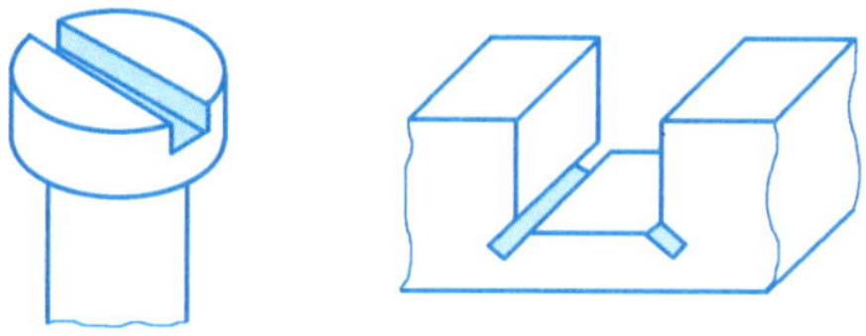

二、锯削工具

锯削工具可以锯断各种原料或半成品、工件多余部分，在工件上锯槽等，主要有锯弓（钢锯架）与锯条（手用钢锯条）。

1. 锯弓

锯弓用于安装和张紧锯条，有可调式锯弓和固定式锯弓两种（见表 4-2）。

表 4-2　锯弓的种类

种　类	图　例	说　明
可调式锯弓	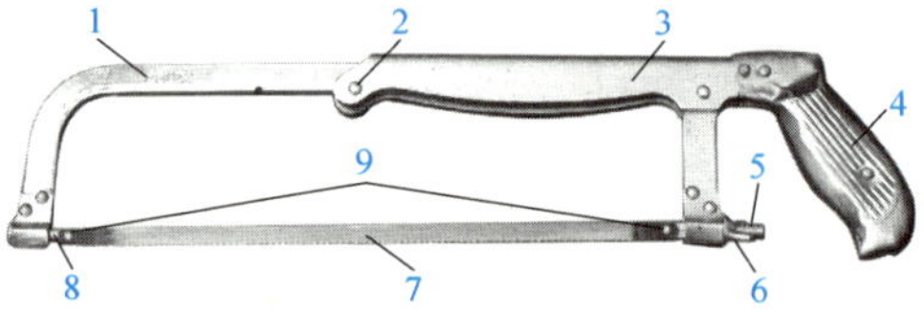 1—活动锯身　2—定位销　3—固定锯身　4—锯弓握把　5—活动拉杆　6—蝶形螺母　7—锯条　8—固定拉杆　9—安装销	可调式锯弓分前、后两段，前段可在后段中伸缩，通过调整可以安装不同长度的锯条，灵活性好，应用广泛
固定式锯弓	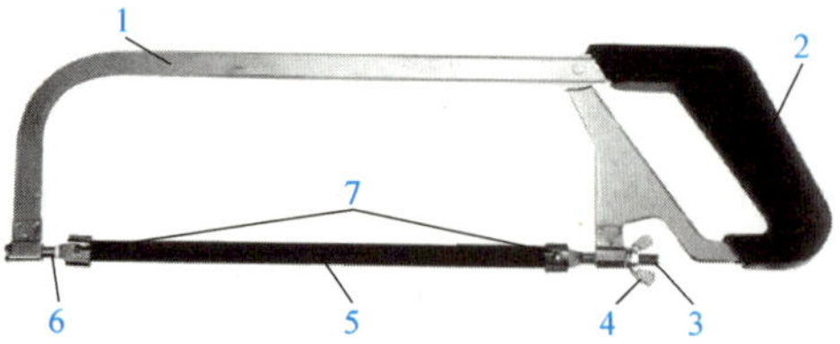 1—锯身　2—锯弓握把　3—活动拉杆　4—蝶形螺母　5—锯条　6—固定拉杆　7—安装销	固定式锯弓只能安装一种长度的锯条，其端部有一个夹头，夹头上的销插入锯条的安装孔后，可通过旋转蝶形螺母来调节锯条的张紧程度

2. 锯条

锯条用来直接锯削材料或工件，一般用渗碳钢冷轧而成，也可用碳素工具钢（如 T10

或 T12）或合金钢制成，并经热处理淬硬。锯条两端有安装孔，用于在使用中固定。锯条的长度以两端安装孔的中心距（L）来表示，其规格有 200mm、250mm、300mm。钳工常用的锯条规格为 300mm，如图 4-2 所示。

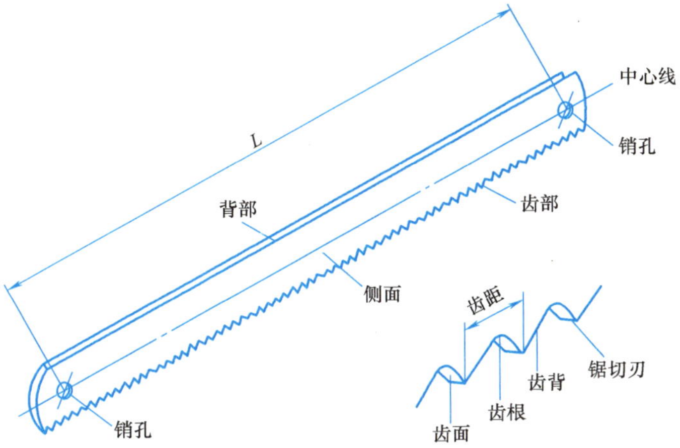

图 4-2　锯条

（1）锯齿的切削角度　锯条的一边有交叉形或波浪形排列的锯齿，它的切削角度如图 4-3 所示，前角 $\gamma_o=0$，后角 $\alpha_o=40°$，楔角 $\beta_o=50°$。

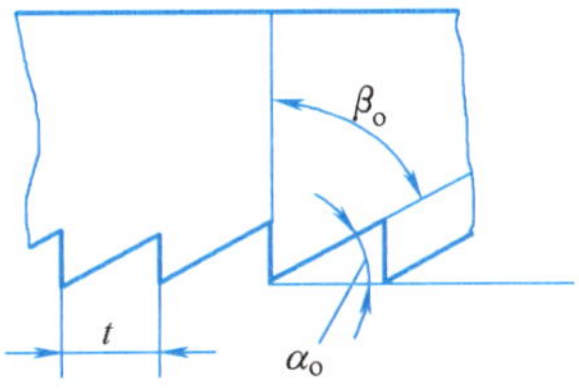

图 4-3　锯齿的切削角度

（2）锯路　为了减少锯缝两侧面对锯条的摩擦阻力，避免锯条被夹住或折断，在制造锯条时，使锯齿按一定的规律左右错开，排列成一定形状，称为锯路。锯路有交叉形（图 4-4a）和波浪形等（图 4-4b）。锯条有了锯路后，工件上的锯缝宽度大于锯条背部的厚度，从而防止“夹锯”和锯条过热，减少锯条的磨损。

a)　　b)

图 4-4　锯路

a）交叉形　b）波浪形

（3）锯条的规格　锯条的规格是以锯条每 25mm 长度内的齿数来表示的，粗齿锯条每 25mm 长度内的齿数小于 14 齿，中齿锯条每 25mm 长度内的齿数为 14～22 齿，细齿锯条每 25mm 长度内的齿数大于 24 齿。锯条的规格也可按齿距 t 的大小来划分：粗齿锯条的齿距 $t>1.8$mm，中齿锯条的齿距 $t=1.1\sim1.8$mm，细齿锯条的齿距 $t<1.1$mm。锯条的选择应根据材料的软硬和厚薄来选用，锯条的规格及应用范围见表 4-3。

表 4-3　锯条的规格及应用范围

锯　齿	每 25mm 长度内齿数	齿　距 t/mm	适用场合	
粗齿	14～18	1.4～1.8	粗齿锯条的容屑槽较大，适用于锯削软材料和较大的表面，如软钢、黄铜、铝、铸铁、纯铜、人造胶质材料	
中齿	22～24	1.0～1.2	适用于锯削硬材料	锯削中等硬度钢、厚壁钢管、铜管
细齿	32	0.8		锯削薄片金属、薄壁管子、硬金属

三、锯削方法

1. 锯削前的准备

（1）锯条的安装　由于钢锯在向前推时起切削作用，所以锯条的安装应使齿尖的方向朝前，如图 4-5a 所示；如果装反了，如图 4-5b 所示，则锯齿前角为负值，不能正常锯削。在调节锯条松紧程度时，蝶形螺母不宜旋得太紧或太松：太紧时，锯条受力太大，在锯削中用力稍有不当，就会折断；太松则会使锯条在锯削时容易扭曲，也易折断，而且锯出的锯缝容易歪斜。其松紧程度以用手扳动锯条感觉硬实即可。

锯条安装后，要保证锯条平面与锯弓中心平面平行，不得倾斜和扭曲，否则，锯削时锯缝极易歪斜。

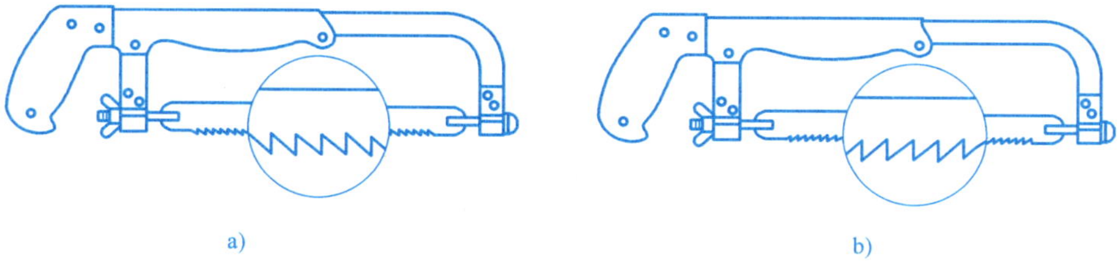

图 4-5　锯条的安装

a）正确　b）错误

（2）工件的夹持　工件一般应夹在台虎钳的左侧，以便操作，如图 4-6 所示；工件伸出钳口不应过长，应使锯缝离开钳口侧面约 20mm，防止工件在锯削时产生振动；锯缝线要与锯口侧面保持平行（使锯缝线与铅垂线方向一致），以便于控制锯缝不偏离划线线条；夹紧要牢靠，同时要避免将工件夹变形和夹坏已加工面。

2. 锯削姿势及要领

（1）钢锯的握法　钢锯的握法如图 4-7 所示，右手满握锯柄，左手拇指压在锯弓背上，其余四指轻扶在锯弓前端，易将锯弓扶正。

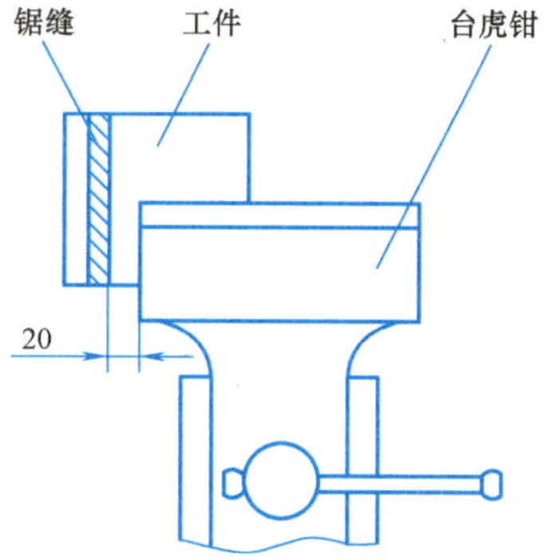

图 4-6　工件的夹持

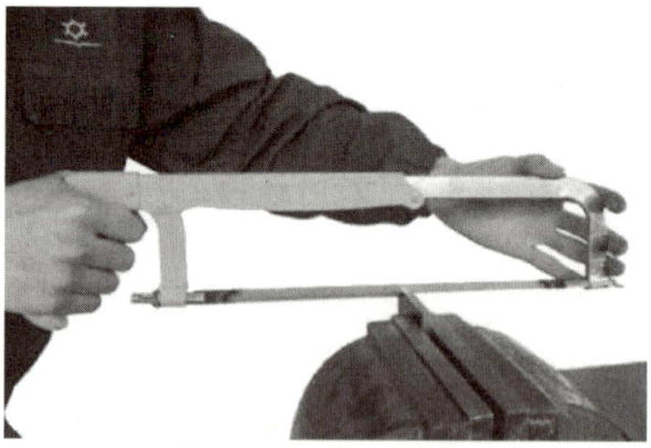

图 4-7　钢锯的握法

（2）站立位置和姿势　如图 4-8 所示，人站在台虎钳的左斜侧，左脚跨前半步，左膝处略有弯曲，右脚在后，整个身体保持自然。

（3）锯削运动　锯削运动一般采用小幅度的上下摆动式运动，即钢锯推进时，身体略向前倾，双手在压向钢锯的同时，左手上翘，右手下压；回程时，右手上抬，左手自然跟

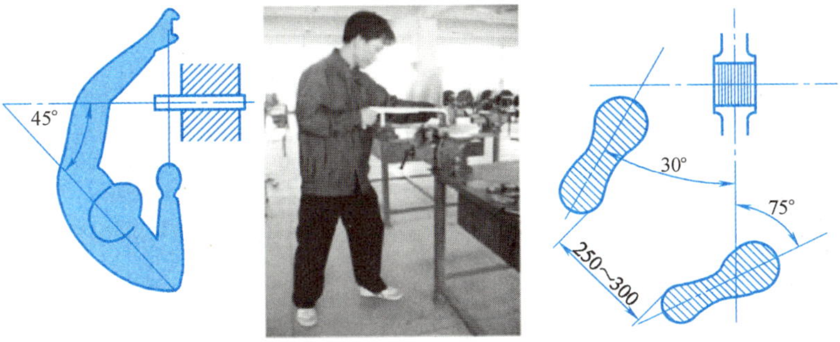

图 4-8 站立位置和姿势

回。对锯缝底面要求平直的锯削，必须采用直线运动。锯削运动的速度一般为 40 次/min 左右，锯削硬材料时慢些，锯削软材料时快些；同时，锯削行程应保持均匀，返回行程的速度应相对快些，动作过程如图 4-9 所示。锯削时，推力和压力由右手控制，左手主要配合右手扶正锯弓，压力不要过大。钢锯推出为切削行程，应施加压力，返回行程不切削，不加压力作自然拉回。工件将切断时要适当减小压力。

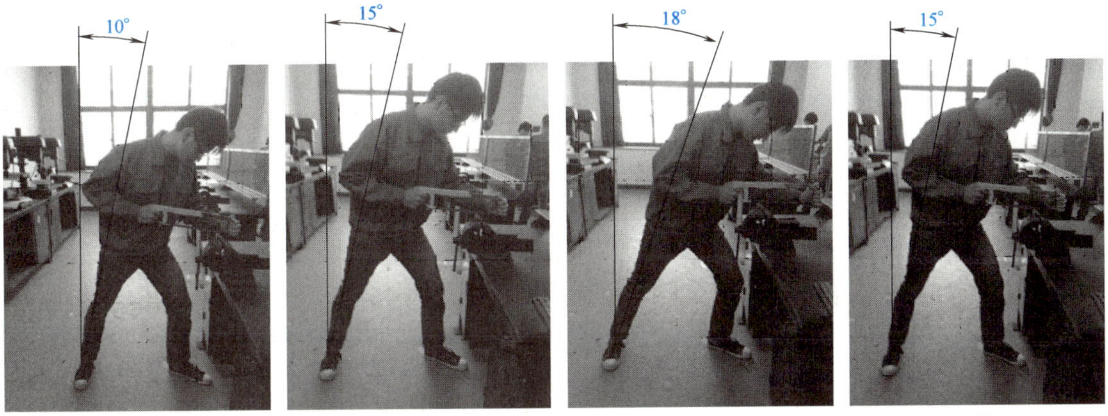

a) b) c) d)

图 4-9 锯削动作

（4）起锯方法　起锯是锯削运动的开始，起锯质量的好坏直接影响锯削质量。如图 4-10 所示，起锯有远起锯和近起锯两种。如果起锯不当，一是常出现锯条跳出锯缝将工件拉毛或者引起锯齿崩裂，二是起锯后的锯缝与划线位置不一致，将使锯削尺寸出现较大偏差。起锯方式有远起锯（图 4-10a）和近起锯（图 4-10b）两种。起锯时，用左手拇指靠住锯条，使锯条能正确地锯在所需位置上，起锯行程要短，压力要小，速度要慢。

远起锯是指从工件远离操作者的一端起锯，锯齿逐步切入材料，不易被卡住，起锯较方便。近起锯是指从工件靠近操作者的一端起锯，这种方法如果掌握不好，锯齿容易被工件的棱边卡住，造成锯条崩齿，此时，可采用向后拉钢锯作倒向起锯的方法，使起锯时接触的齿数增加，再作推进起锯就不会被棱边卡住而崩齿。一般情况下，采用远起锯的方法。当起锯锯到槽深 2~3mm，锯条已不会滑出槽外，左手拇指可离开锯条，扶正锯弓逐渐使锯痕向后（向前）成水平，然后往下正常锯削。

如图 4-11 所示，无论采用哪种起锯方法，起锯角度要适合，一般情况下 $\theta=15°$。如果起锯角度太大，则起锯不易平稳，锯齿容易被棱边卡住而引起崩齿，尤其是近起锯时。但起

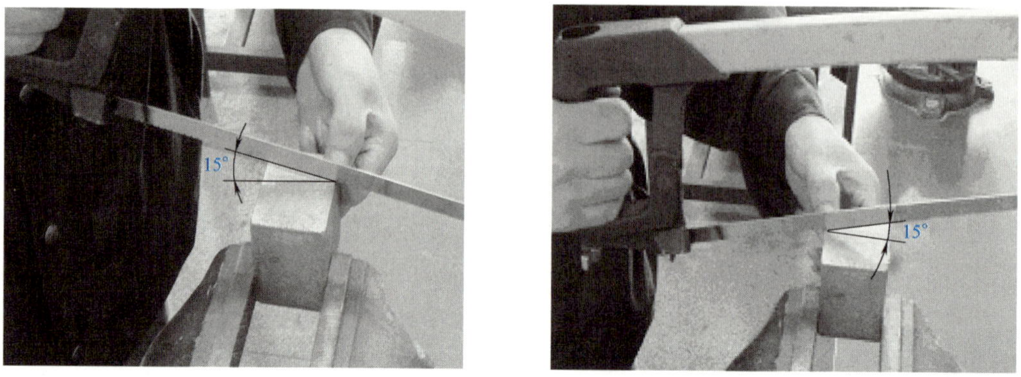

a)　　　　b)

图 4-10　起锯方法

a）远起锯　b）近起锯

锯角度也不易太小，否则，由于同时与工件接触的齿数多而不易切入材料，锯条还可能打滑而使锯缝发生偏离，在工件表面锯出许多锯痕，影响表面质量。

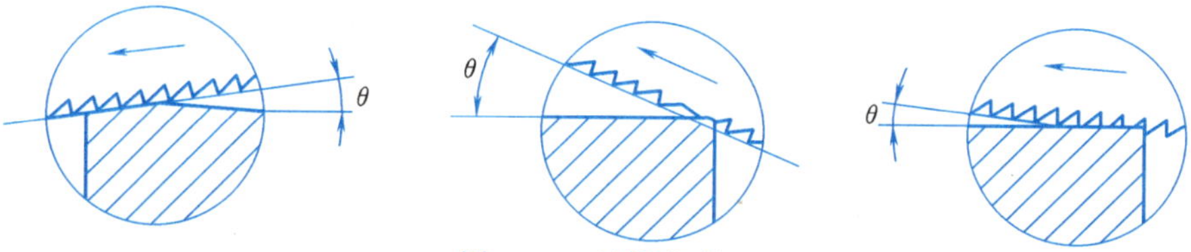

图 4-11　起锯角度

四、各种材料的锯削

1. 管子的锯削

锯削薄壁管子和精加工管子的方法如图 4-12 所示，为了防止夹扁或夹坏管子表面，管子的安装必须正确，一般管子应夹在有 V 形或弧形槽的木块之间。锯削时，锯条应选用细齿锯条，不能在一个方向从开始一直锯到结束，否则锯齿容易被管壁钩住而崩裂。正确的锯削方法是从锯削处起锯到管子内壁处，再顺着推锯方向转动一个角度，仍然锯到管子内壁处，如此不断改变方向，直到锯断管子为止。

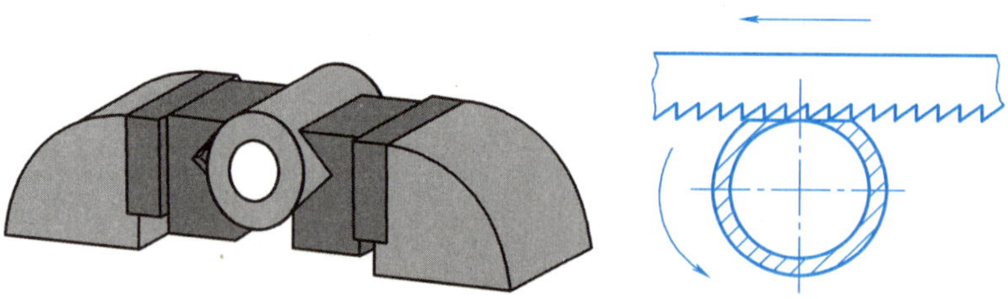

a)　　　　b)

图 4-12　管子的夹持和锯削

2. 薄板的锯削

薄板料由于截面小，锯齿容易被勾住而崩齿，除选用细齿锯条外，还要尽可能从宽面上锯削，这样锯齿就不易被勾住。常用的薄板料锯削方法有两种：一种是将薄板料夹在两木块或金属块之间，连同木块或金属块一起锯下去，如图 4-13a 所示，这样既避免了锯齿被勾住，又增加了薄板的刚性，锯削不会出现弹动；另一种方法是将薄板料夹在台虎钳上，如图 4-13b 所示，钢锯沿着钳口做横向斜推，这样使锯齿与薄板料接触的截面增大、齿数增加，避免锯齿被勾住。

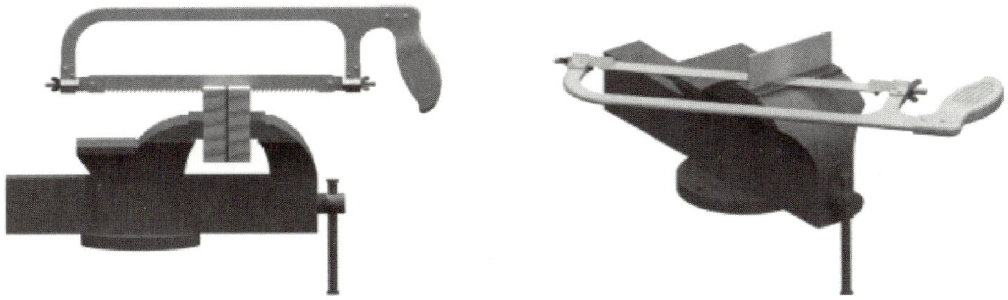

a)　　b)

图 4-13　薄板的锯削

3. 深缝的锯削

深缝是指锯缝的深度超过了锯弓的高度，如图 4-14a 所示。深缝锯削时，应将锯条转过 90°安装，使锯弓转到工件的侧面，如图 4-14b 所示；也可将锯弓转过 180°进行锯削，如图 4-14c 所示。

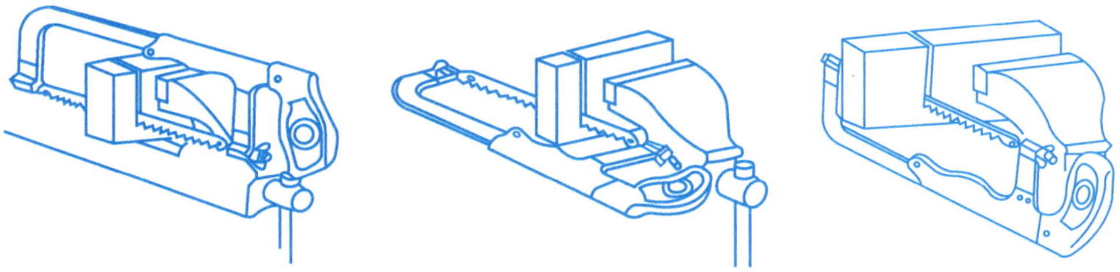

a)　　b)　　c)

图 4-14　深缝锯削

五、锯削的安全文明生产

1）工件装夹要牢固，即将被锯断时，要防止断料掉下，同时防止用力过猛，将手撞到工件或台虎钳上而受伤。

2）注意工件的安装、锯条的安装，起锯方法和起锯角度要正确，以免一开始锯削就造成废品和锯条的损坏。

3）要适时注意锯缝的平直情况，及时纠正。

4）在锯削钢件时，可加些机油，以减少锯条与锯削断面的摩擦并冷却锯条，提高锯条的使用寿命。

5）要防止锯条折断后弹出锯弓伤人，磨损的锯条不应乱扔，应收集后放在统一的废物箱中。

6）锯削完毕，应将锯弓上的张紧螺母适当放松，并将其妥善放好。

任务实施

试写出图 4-1 所示钻床夹具中挡板的备料步骤。

解析：具体加工步骤见表 4-4。

表 4-4 挡板的备料步骤

序号	操作步骤	图例	说明
1	检查坯料	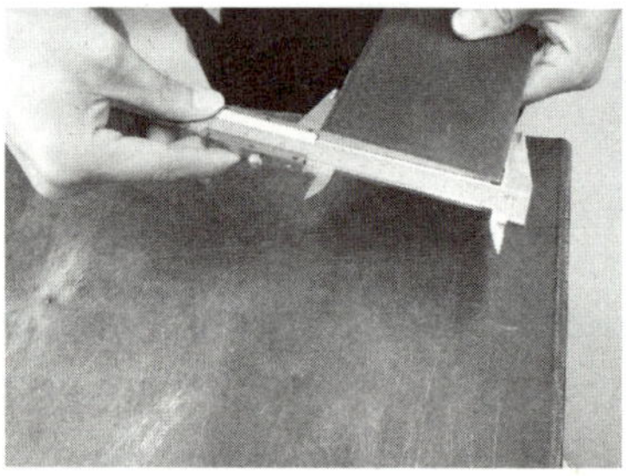	检查坯料尺寸，并修正垂直基准
2	划线	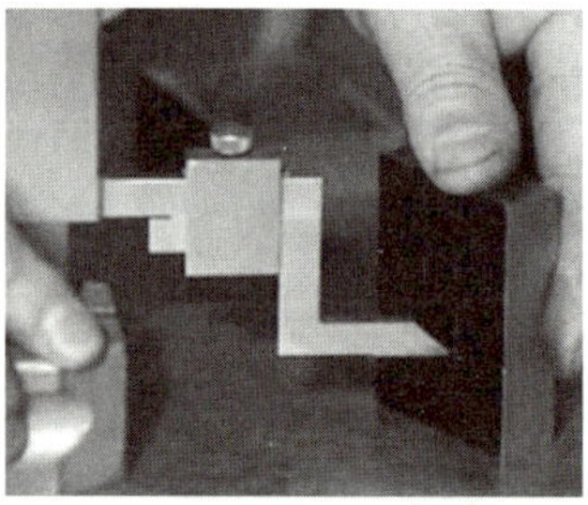	用游标高度卡尺在划线平台上划出工件 14mm 的尺寸加工线
3	安装锯条	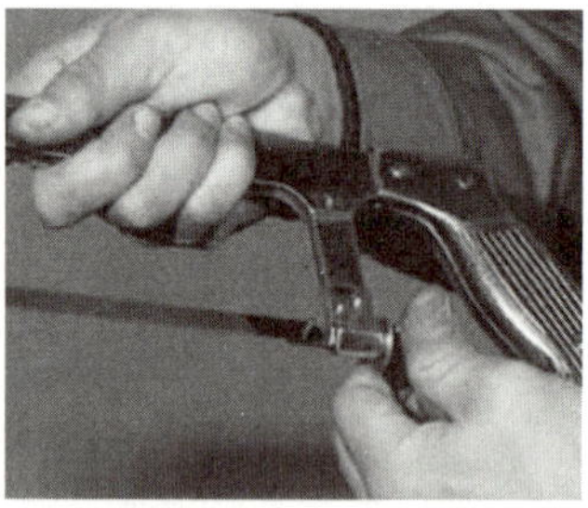	安装锯条时，锯齿要朝前，蝶形螺母的旋合应松紧得当
4	起锯	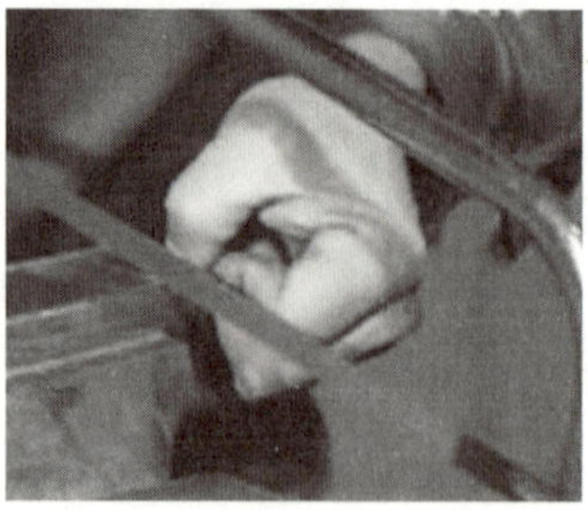	起锯角为 15°左右，采用远起锯较好，行程要短，压力要小，速度要慢

（续）

序　号	操作步骤	图　例	说　明
5	锯削工件		起锯 2~3mm 后，左手拇指离开锯条，扶正锯弓，使锯条全部有效齿在每次行程中全部参加锯削，锯缝线要与钳口侧面保持平行，锯缝不偏离划线线条
6	去毛刺，检验		去除零件毛刺，并按加工要求检测零件各项精度
7	零件表面涂防锈油		

知识拓展

锯削的质量问题及产生原因

在实际锯削时，常常遇到很多质量问题，这些质量问题会直接影响加工效率、加工质量和操作安全。为避免质量问题，现把锯削常见的质量问题及产生的原因归纳于表 4-5。

表 4-5　锯削常见的质量问题及产生原因

锯齿损坏及质量问题	产生原因
锯齿折断	1. 锯条装得过紧或过松 2. 锯削时压力太大或锯削用力偏离锯缝方向 3. 工件未夹紧，锯削时有松动 4. 锯缝歪斜后强行纠正 5. 新锯条在旧锯缝中卡住而折断 6. 工件锯断时，用力过猛使钢锯与台虎钳等物相撞而折断 7. 中途停止使用时，锯条未从工件中取出而碰断
锯齿崩裂	1. 锯齿的粗细选择不当，如锯管子、薄板时用粗齿锯条 2. 起锯角度太大，锯齿被卡住后仍用力推锯 3. 锯削速度过快或锯削摆动突然过大，使锯齿受到猛烈撞击
锯齿过早磨损	1. 锯削速度太快，使锯条发热过度而加剧锯齿磨损 2. 锯削硬材料时，未加切削液 3. 锯削过硬材料
锯缝歪斜	1. 工件装夹时，锯缝线未与铅垂线方向一致 2. 锯条安装太松或与锯弓平面产生扭曲 3. 使用两面磨损不均匀的锯条 4. 锯削时压力太大而使锯条左右偏摆 5. 锯弓未扶正或用力歪斜，使锯条偏离锯缝中心平面
尺寸超差	1. 划线不正确 2. 锯缝歪斜过多，偏离划线范围
工件表面拉毛	起锯方法不对，工件表面被锯坏

任务评价

通过以上学习，根据任务实施过程，将完成任务情况记入表 4-6 中，完成任务评价。

表 4-6 锯削任务评价表

项目名称		编号		姓名		日期	
序号	评价内容	评价标准				配分	备注
1	锯削姿势	正确				20	
2	尺寸合格	$(14^{+0.8}_{0})$mm $(80^{+0.8}_{0})$mm				20	
3	几何公差	平面度公差要求为 0.8mm				20	
4	表面粗糙度值	Ra50μm				20	
5	安全文明生产	遵守 5S 规则				20	
教师评语							

课后评测

完成图 4-15 所示零件的锯削练习。要求：

1） 保持正确的站立姿势。

2） 说出自己选用的起锯方法及注意要点。

3） 锯削完成后，检查加工质量并分析产生质量问题的原因。

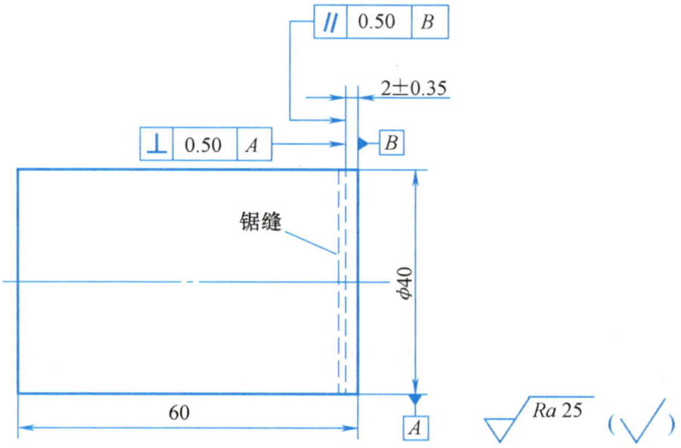

图 4-15 圆棒的锯削

任务二 锉削

学习目标

1） 平面锉削时，能保持正确的站立姿势和锉削动作。

2） 锉削时，知道两手用力的方法。

3） 能正确把握锉削的速度。

任务描述

图 4-16 所示为简易钻床夹具的钻模板，该零件在项目三划线中已划出轮廓加工边界线

条，以及所有孔的中心位置。想一想：如何通过锉削加工出符合图样要求的工件？写出加工步骤。

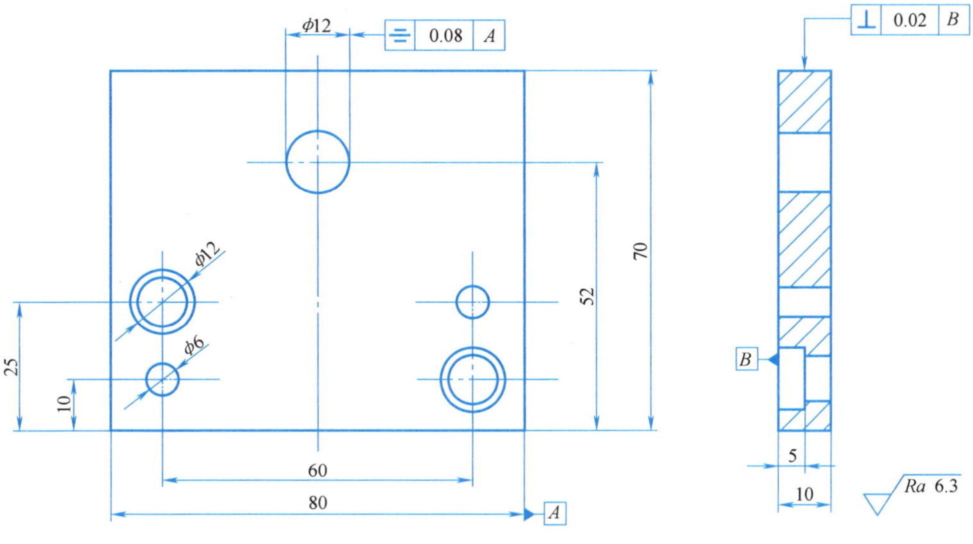

图 4-16 钻模板

知识链接

一、锉削及其应用

利用锉刀对工件表面进行切削加工的方法称为锉削。锉削一般是在锯削之后对工件进行的精度较高的加工，其精度可达 0.01mm，表面粗糙度值可达 $Ra0.8\mu m$。锉削的应用范围见表 4-7。

表 4-7 锉削的应用范围

应用范围	图例
表面加工	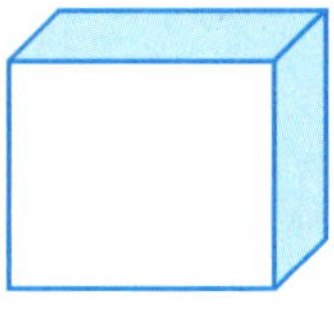 锉削平面 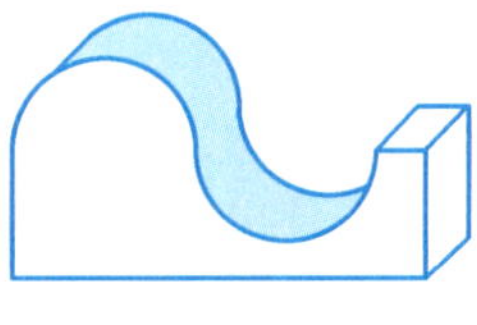 锉削曲面
沟槽加工	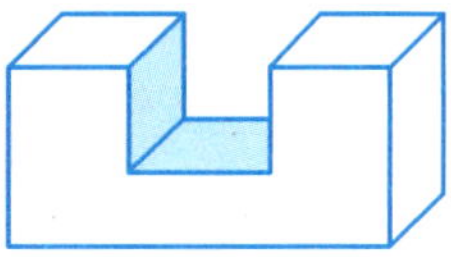 锉削沟槽 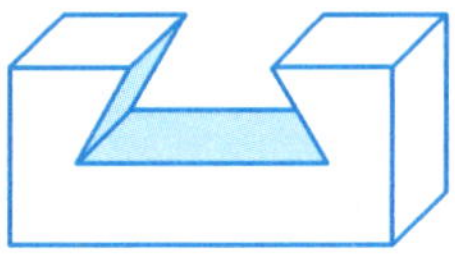 锉削燕尾槽

（续）

应用范围	图　　例
修配	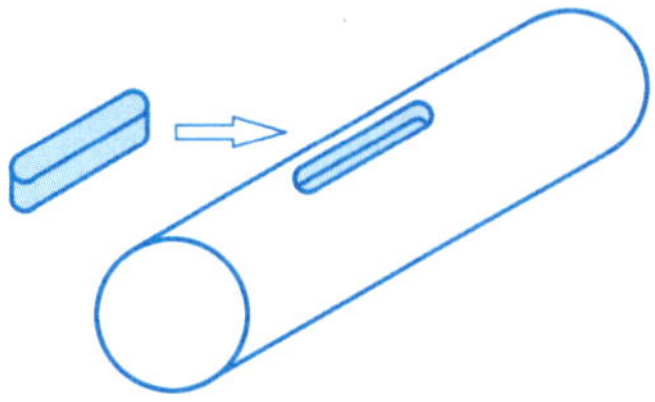 修配平键 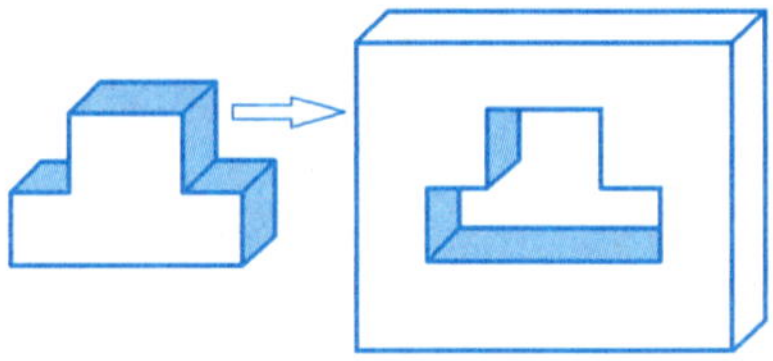 修配零件
制作样板	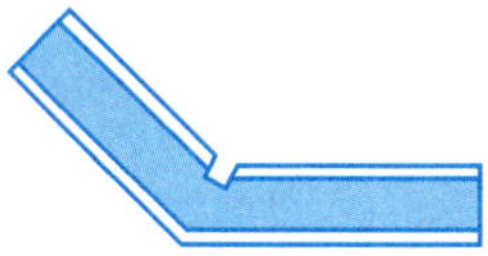  制作角度样板

二、锉削工具

锉刀是锉削的主要工具，用高碳工具钢 T12、T13 制成，经淬火热处理，硬度可达 62HRC 以上。

1. 锉刀的结构

目前锉刀已经标准化，锉刀各部分名称如图 4-17 所示。

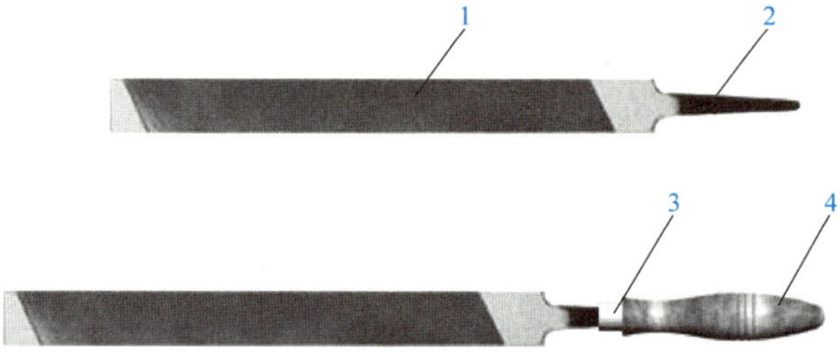

图 4-17　锉刀的结构

1—锉刀面　2—锉刀舌　3—铁箍　4—木制锉刀柄

2. 锉纹

锉刀的锉纹主要有单齿锉纹和双齿锉纹两种，见表 4-8。

表 4-8　锉纹的类型

锉纹	图例	说明
单齿锉纹		锉刀上只有一个方向的齿纹，锉齿之间留有较大的空隙，使得锉齿的强度下降，切削时全齿宽同时参与，需要较大的切削力。因此，单齿锉纹的锉刀适用于锉削软材料，如铝、铜等非铁金属材料
双齿锉纹		锉刀上有两个方向排列的齿纹，锉削时，每个齿的锉痕交错而不重叠，锉面比较光滑，锉削产生的切屑为碎断状，切削比较省力，锉齿之间留有的空隙较小，有利于提高锉齿强度。因此，双齿锉纹的锉刀适用于锉削硬材料，如钢

3. 锉刀的种类

钳工所用的锉刀按其用途不同，可分为普通锉、异形锉和整形锉三类。

（1）普通锉　普通锉按其断面形状不同，分为扁锉（齐头扁锉和方头扁锉）、三角锉、半圆锉、圆锉和方锉五种，见表 4-9。

表 4-9　普通钳工锉

分　类	图　例	断面形状	说　明
扁锉		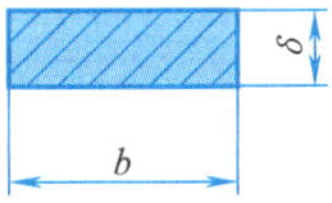	扁锉主要用于锉削零件的平面或外曲面 
三角锉		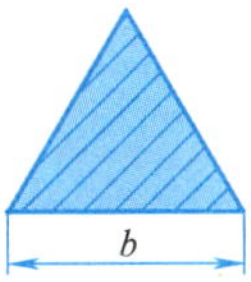	三角锉主要用于锉削燕尾槽 
半圆锉		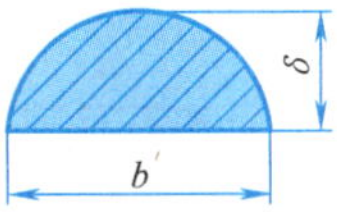	半圆锉和圆锉主要用于锉削零件的内曲面 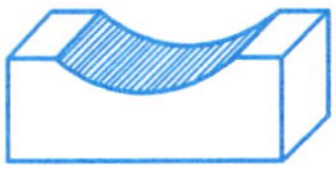 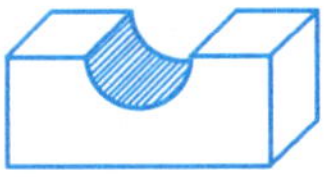
圆锉		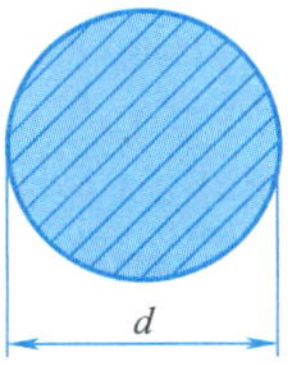	
方锉		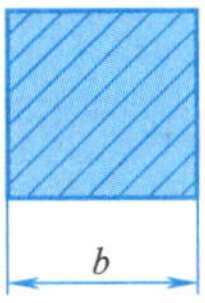	方锉用于锉削零件上的沟槽 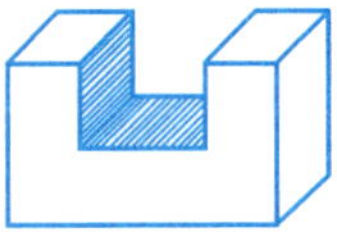

（2）异形锉　异形锉用于锉削工件的特殊表面，如图 4-18 所示。

（3）整形锉　整形锉又称为什锦锉或组锉，因分组配备各种断面形状的小锉而得名，主要用于修整工件上的细小部分。通常以 5 把、6 把、8 把、10 把或 12 把为一组，如图 4-19 所示。

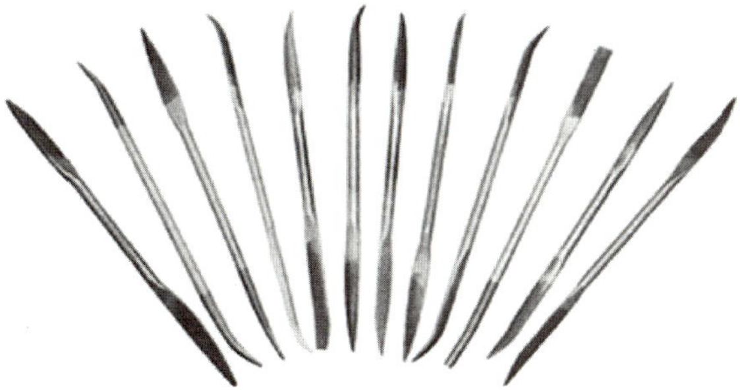

图 4-18　异形锉

图 4-19　整形锉

4. 锉刀的规格

锉刀的规格分为尺寸规格和锉齿的粗细规格。

锉刀的尺寸规格除圆锉刀用直径表示、方锉刀用方形尺寸来表示外，其他锉刀都是用锉身的长度来表示尺寸规格的。常用的锉刀规格有 100mm、125mm、150mm、200mm、250mm、300mm、350mm 和 400mm。异形锉和整形锉的尺寸规格是指锉刀全长。

锉纹号是锉齿粗细的参数，以每 10mm 轴向长度内主锉纹的条数来划分。锉纹号有五种，分别为 1~5 号，锉纹号越小，锉齿越粗，见表 4-10。

表 4-10 锉刀齿纹粗细的规定

规格/mm	主锉纹条数(10mm 内)				
	锉纹号				
	1	2	3	4	5
100	14	20	28	40	56
125	12	18	25	36	50
150	11	16	22	32	45
200	10	14	20	28	40
250	9	12	18	25	36
300	8	11	16	22	32
350	7	10	14	20	—

其中，1 号锉纹为粗齿锉刀；2 号锉纹为中齿锉刀；3 号锉纹为细齿锉刀；4 号锉纹为双细齿锉刀；5 号锉纹为油光锉。

5. 锉刀的选择

1）根据被锉削零件表面形状和大小选用锉刀的断面形状和长度。锉刀形状应适应工件加工表面的形状：锉内圆弧面选用圆锉或半圆锉；锉内角表面选用三角锉；锉内直角表面选用扁锉或方锉。

2）锉刀粗细规格的选择，取决于工件材料的性质、加工余量的大小、加工精度和表面质量要求的高低。例如，粗锉刀由于齿距较大不易堵塞，一般用于锉削铜、铝等软金属及加工余量大、精度低和表面质量要求不高的零件；而细锉刀则用于锉削钢、铸铁，以及加工余量小、精度要求高和表面质量要求高的工件；油光锉用于最后修光工件表面。

各种粗细规格的锉刀适宜的加工余量和所能达到的加工精度及表面粗糙度值见表 4-11，供选择锉刀粗细规格时参考。

表 4-11 锉刀齿纹粗细规格的选用方法

锉刀粗细	适用场合		
	锉削余量/mm	尺寸精度/mm	表面粗糙度值/μm
1 号(粗齿锉刀)	0.5~1	0.2~0.5	*Ra*100~25
2 号(中齿锉刀)	0.2~0.5	0.0~0.2	*Ra*25~6.3
3 号(细齿锉刀)	0.1~0.3	0.02~0.05	*Ra*12.5~3.2
4 号(双细齿锉刀)	0.1~0.2	0.01~0.02	*Ra*6.3~1.6
5 号(油光锉)	0.1 以下	0.01	*Ra*1.6~0.8

3）锉刀的尺寸规格　根据加工面的大小和加工余量的多少来选择。加工面较大、余量

多时，选择较长的锉刀，反之，则选用较短的锉刀。

4）锉刀锉纹的选择。锉削非铁金属等软材料，应选用单齿纹锉刀或粗齿锉刀，防止切屑堵塞；锉削钢铁等硬材料时，应选用双齿纹锉刀或细齿锉刀。

6. 锉刀柄的拆装

装锉刀柄前，应先检查木柄头上的铁箍是否脱落，防止锉刀舌插入后松动或裂开；检查木柄孔的深度和直径是否过大或过小，一般以锉刀舌的 3/4 插入木柄孔内为宜。手柄表面不能有裂纹或毛刺，防止锉削时伤手。锉刀柄的安装如图 4-20a 所示，先将锉刀舌放入木柄孔中，再用左手轻握木柄，右手将锉刀扶正，逐步镦紧，或用锤子轻轻击打，直到锉刀舌插入木柄长度约 3/4 为止。拆卸手柄的方法如图 4-20b 所示，在平板或台虎钳钳口上轻轻将木柄敲松后取下。

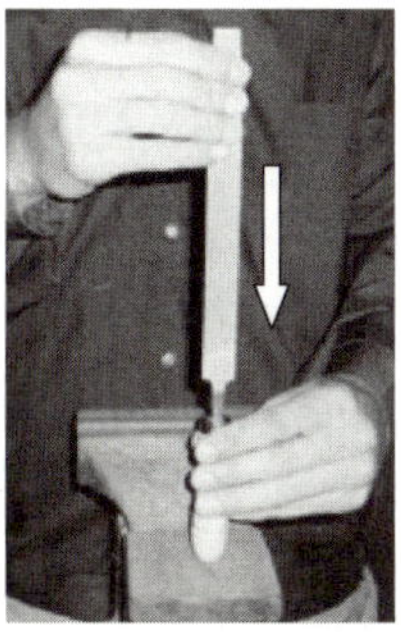

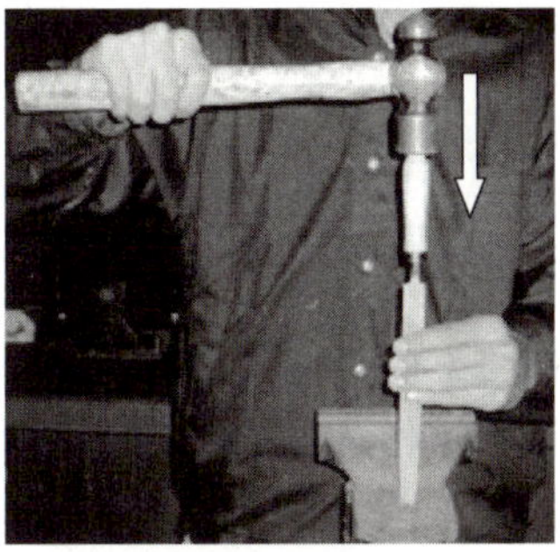

a)

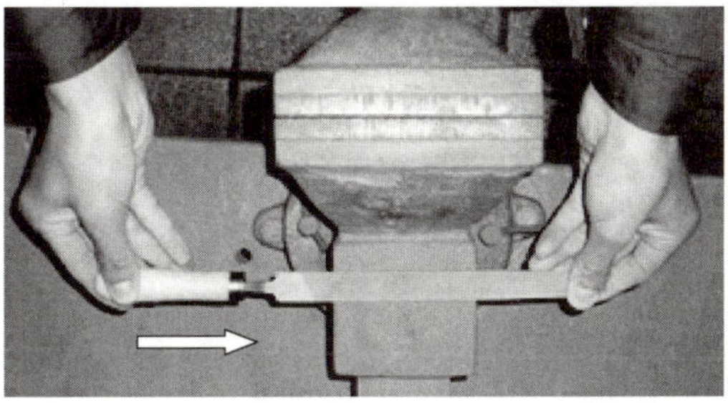

b)

图 4-20 锉刀柄的拆装

a）锉刀柄的安装 b）锉刀柄的拆卸

7. 锉刀的保养

合理使用和保养锉刀可延长锉刀的使用寿命，因此使用时必须注意以下规则。

1）锉刀放置时避免与其他金属硬物相碰，也不能把锉刀重叠堆放，以免损伤锉纹。

2）不能用锉刀来锉削毛坯的硬皮或氧化皮，以及淬硬的工件表面。

3）锉削时，应先认准一面使用，用钝后再用另一面，因为用过的锉刀面容易锈蚀，两面同时使用会缩短锉刀使用寿命。另外，锉削时要充分使用锉刀的有效工作长度，避免局部磨损。

4）锉削过程中，要及时清除锉纹中嵌有的切屑，以免切屑刮伤加工表面。锉刀用完后，也应及时用锉刷去除锉齿中的残留切屑，以免生锈。

5）防止锉刀沾水、沾油，以防锈蚀及锉削时锉刀打滑。

6）不能把锉刀当作装拆、敲击或撬物的工具，防止锉刀折断，造成损伤。

7）使用整形锉时，用力不能过猛，以免折断锉刀。

三、零件的锉削

1. 工件的装夹

1）工件应尽量夹在台虎钳的中间，伸出部分不能太高（图4-21），防止锉削时工件发生振动，特别是薄形工件。

图4-21 工件的装夹

2）夹持工件要牢固，但也不能使工件变形。

3）对几何形状特殊的工件，夹持时要加衬垫，如圆形工件要衬V形块或弧形木块。

4）对已加工表面或精密工件，夹持时要加软钳口，并保持钳口清洁。

2. 锉削姿势

锉削姿势正确与否，对锉削质量、锉削力的运用和发挥，以及操作者的疲劳程度都起着决定作用。锉削姿势的正确掌握，必须使握锉、站立步位和姿势动作，以及操作用力等几方面协调一致，反复练习才能达到。

（1）握锉姿势 握锉姿势见表4-12。

表4-12 握锉姿势

图示		说明
右手	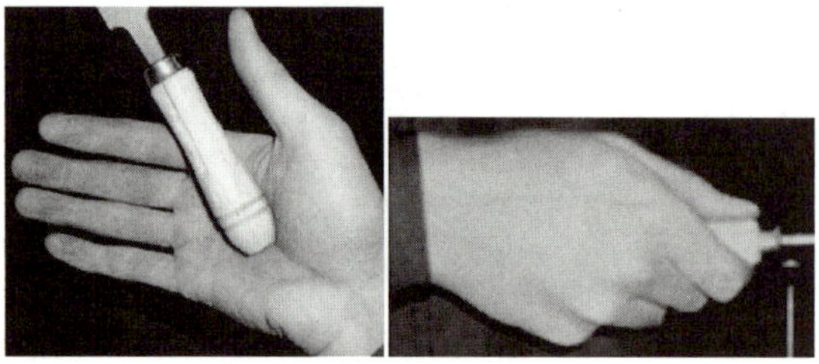	锉刀柄尾端抵在右手大拇指根部的手掌上，大拇指按放在锉刀柄上部，其余手指由下而上顺势握住锉刀柄，握锉时应注意不可将锉刀柄握死，用力点应落于掌心
左手	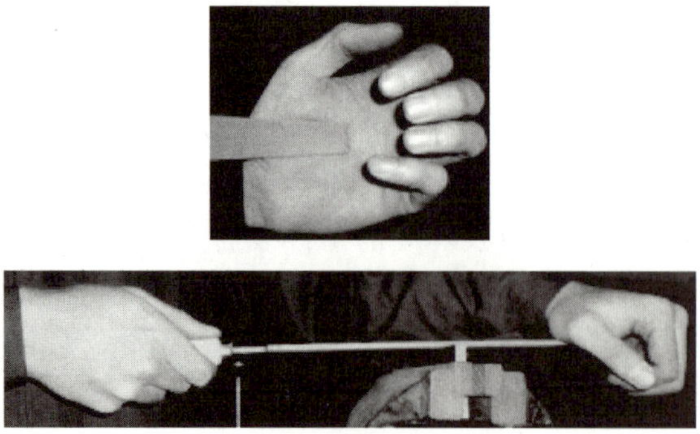 掌面压齿法	左手掌面压住锉刀头部，手指自然弯曲放置。锉削时，左手作用于锉刀上的力较大，产生的切削力较大，所以加工效率较高，但加工精度比较低，一般用于粗加工

（续）

图示		说明
左手	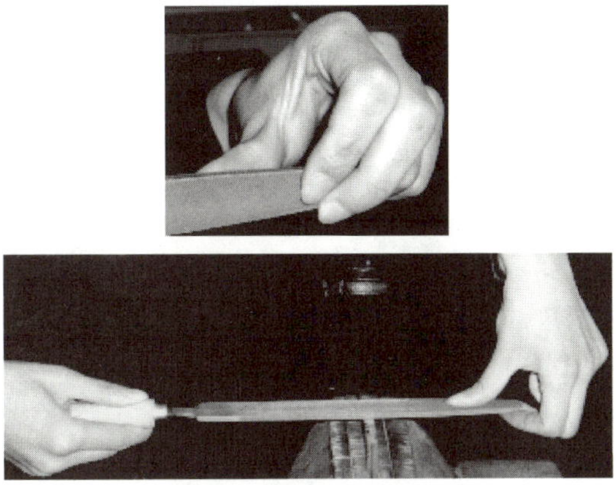 扣齿法	左手食指和中指向下弯曲扣住锉刀下表面，大拇指压在锉刀上表面。锉削时，作用在工件表面上的切削力较小，能获得较好的表面质量，但锉面的直线度精度比较难控制，一般用于锉面较小时的精加工场合
	 指面压齿法	大拇指、食指和中指一起压在锉刀上表面，利用这种加工方法能获得比较高的加工精度，常应用于锉面较大时的精加工场合

（2）站位姿势　锉削时，人的站立位置、姿势动作与锯削相似，如图 4-22 所示。站立要自然，便于用力，以适应不同的锉削要求。锉削时要使锉刀的有效长度充分利用。锉削动作是由身体和手臂同时运动合成的。

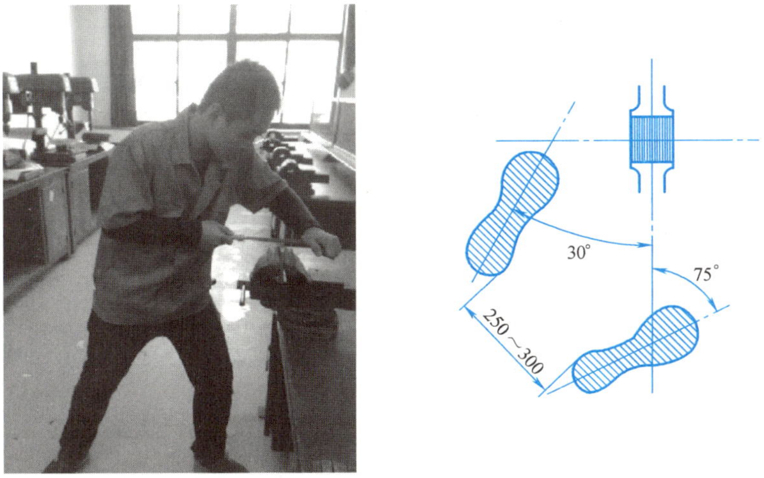

图 4-22　锉削站位姿势

锉削动作如图 4-23 所示，起锉时，两手握住锉刀放在工件上，左臂弯曲，小臂与工件锉削面的左右方向保持基本平行，右小臂要与工件锉削面的前后方向保持基本平行，身体略向前倾，与铅垂线保持 10°左右；锉削时，身体与锉刀一起向前，右脚伸直并在两手锉削作用下带动身体略向前倾，与铅垂线保持 15°左右。当锉刀锉至约 3/4 行程时，身体停止前进，此时身体倾斜角度保持为 18°左右。两臂继续将锉刀向前推锉到头，同时，左脚自然伸直并随着锉削时的反作用力将身体重心后移，使身体恢复原位，并顺势将锉刀收回。当锉刀收回将近结束时，开始第二次锉削的向前运动。

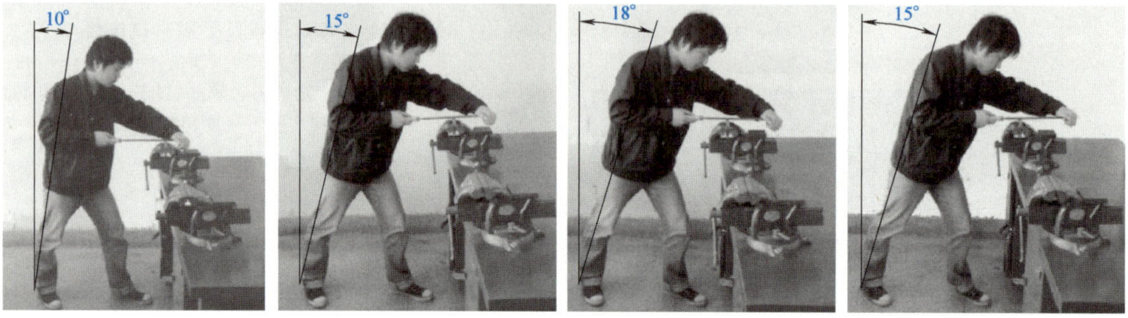

a) b) c) d)

图 4-23 锉削动作

(3) 锉削时的两手用力程度和锉削速度 锉刀推进时的推力大小由右手控制，而压力的大小由两手同时控制。为了保持锉刀做直线的锉削运动，必须满足以下条件：锉削时，锉刀在工件的任意位置上，前后两端所受的力矩应相等。由于锉刀的位置在不断改变，因此两手所加的压力也会随之做相应变化。锉削时，右手的压力随锉刀的推动而逐渐增加，左手的压力随锉刀的推进而逐渐减小，如图 4-24 所示。这是锉削操作最关键的技术要领，只有认真练习，才能掌握。

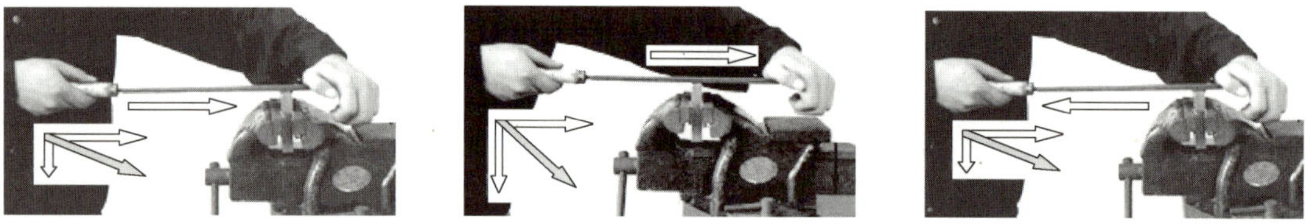

a) b) c)

图 4-24 锉削平面时的两手用力

a）起锉阶段 b）锉削阶段 c）回程阶段

锉削的速度要根据加工工件大小、被加工工件的软硬程度以及锉刀规格等具体情况而定，一般应在 40 次/min 左右，速度太快容易造成操作疲劳和锉齿的快速磨损，速度太慢则效率低。推出时速度稍慢，回程时速度稍快，锉刀不加压力，以减少锉齿的磨损，动作要自然。

3. 平面锉削方法

平面锉削方法主要有顺向锉削和交叉锉削两种。

(1) 顺向锉削 顺向锉削有横向锉削和纵向锉削两种锉削方法，如图 4-25 所示。

横向锉削时，锉刀运动方向与工件的长度方向相垂直。由于每一次锉削时锉刀与工件表面的接触面积比较小，因而产生的切削力较大，能快速去除工件表面上多余的加工余量，但加工后工件表面质量较差，所以这种锉削方法一般用于粗加工场合。

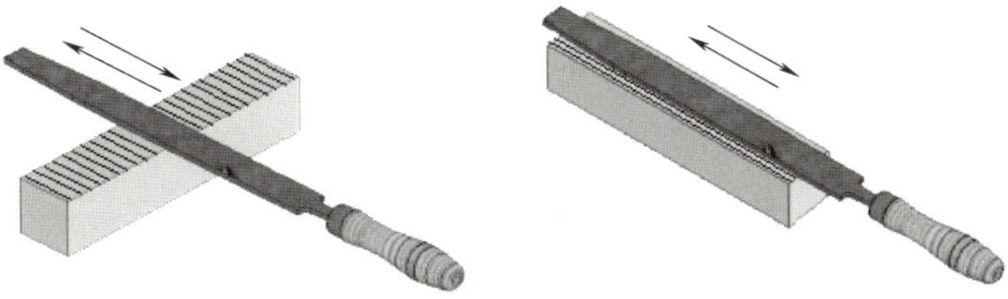

a) b)

图 4-25 顺向锉削

a）横向锉削 b）纵向锉削

纵向锉削时，锉刀运动方向与工件的长度方向相平行，锉刀与工件表面接触面积较大，产生的切削力较小，所以每一次去除的加工余量较小，但能获得较好的表面质量，一般用于零件的精加工场合。

（2）交叉锉削 如图 4-26 所示，交叉锉削常用于加工方钢或圆钢零件的端面。锉削时，通过不断改变锉削方向来提高工件端面的平面度精度，但锉面纹路比较凌乱，所获得的表面质量较差，一般用于粗加工场合。

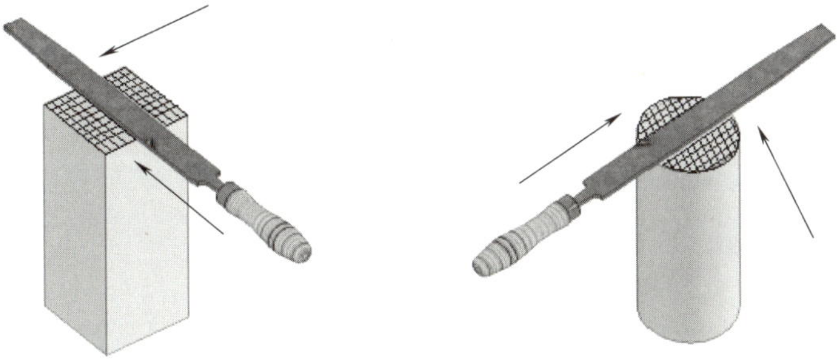

a) b)

图 4-26 交叉锉削

a）加工方钢端面 b）加工圆钢端面

（3）锉面不平的形式及产生原因 锉削平面的技能技巧必须通过反复、多样性的刻苦练习才能形成，练习前需了解锉面不平的形式及产生原因，有助于在练习中分析改进，从而加快该项技能技巧的掌握。锉面不平的形式及产生原因见表 4-13。

表 4-13 锉面不平的形式及产生原因

形 式	产 生 原 因
平面中凸	1. 锉削时，双手的用力不能使锉刀保持平衡 2. 锉刀在开始推出时，右手压力太大，锉刀被压下；锉刀推到前面时，左手压力太大，锉刀被压下，形成前、后面多锉 3. 锉削姿势不正确 4. 锉刀本身中凹
对角扭曲或塌角	1. 左手或右手施加压力时重心偏在锉刀的一侧 2. 工件未夹持正确 3. 锉刀本身扭曲
平面横向中凸或中凹	锉刀在锉削时左右移动不均匀

4. 曲面锉削方法

常用曲面锉削方法主要有外圆弧面锉削、内圆弧面锉削、平面与圆弧面的过渡锉削、圆弧面推锉和球面锉削，见表 4-14。

表 4-14　曲面锉削方法

锉削方法		图　示	说　明
外圆弧面锉削	纵向锉削	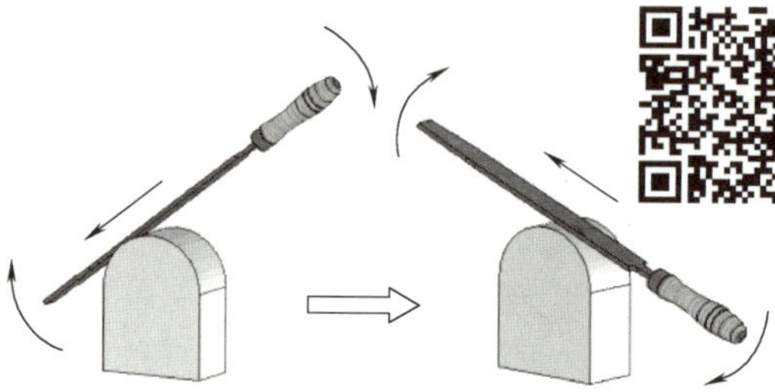	锉削时锉刀向前，右手下压，左手随着上提。这种方法能使圆弧面光洁圆滑，但锉削位置不易掌握且效率不高，常用于圆弧面的精加工
	横向锉削	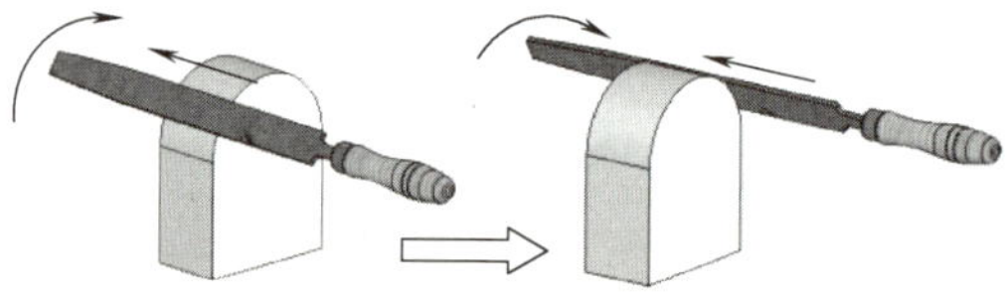	锉削时锉刀做直线运动，并不断随工件圆弧面摆动。这种方法锉削效率较高且便于按轮廓线均匀地加工出圆弧线，但只能锉成近似圆弧面的多棱面，加工精度较低，常用于圆弧面的粗加工
内圆弧面锉削		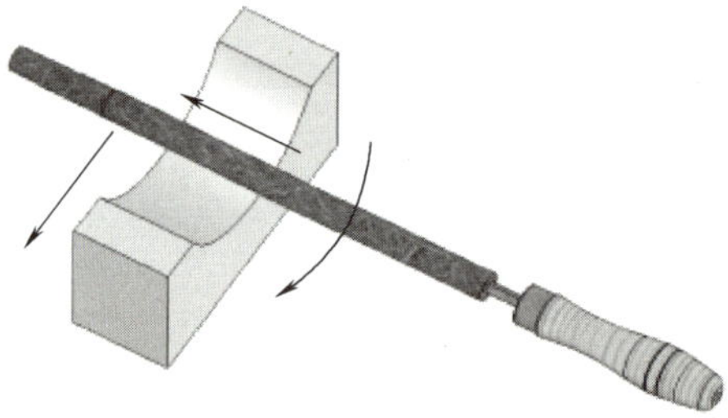	锉削内圆弧面选用圆锉、半圆锉等锉刀。锉削时锉刀要同时完成三个运动：前进运动、随圆弧面向左或向右移动、绕锉刀中心线转动，这样才能保证圆弧面光滑、准确
平面与圆弧面的过渡锉削		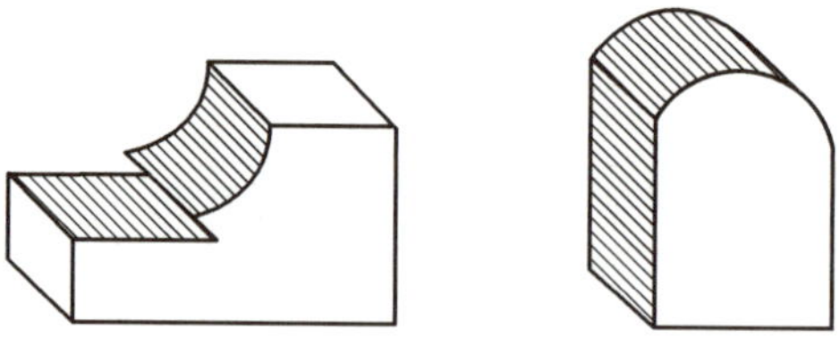 错误的过渡 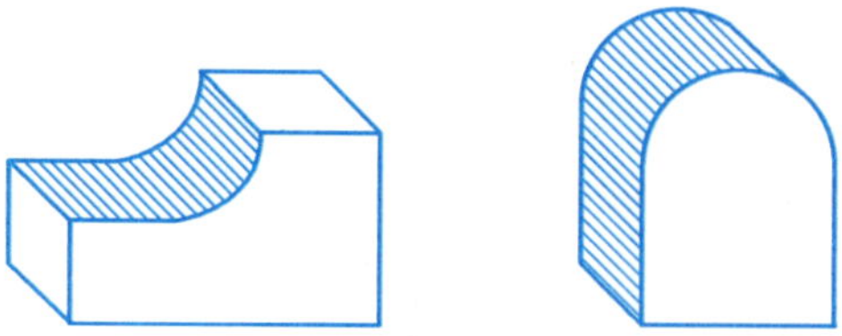 正确的过渡	在一般情况下，应先加工平面，然后加工曲面，便于圆弧面与平面光滑过渡。如果先加工圆弧面后加工平面，则在加工平面时，由于锉刀侧面无依靠而产生左右移动，使已加工圆弧面受到损伤，同时过渡连接处也不易锉得光滑，或圆弧面不能与平面相切

（续）

锉削方法	图　　示	说　　明
圆弧面推锉	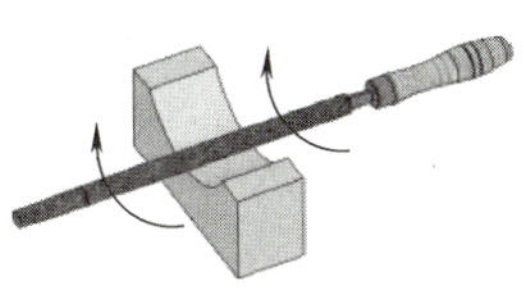 圆锉推锉内圆弧 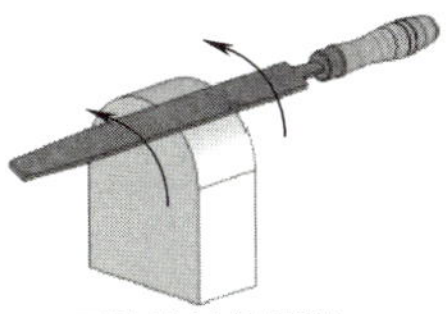 平锉推锉外圆弧	由于推锉时易于掌握锉刀的平衡，且切削量小，便于获得较平整的加工表面和较高的表面质量，因此常在内圆弧和外圆弧面的加工中采用。圆弧面推锉时只能按纵向方向加工
球面锉削	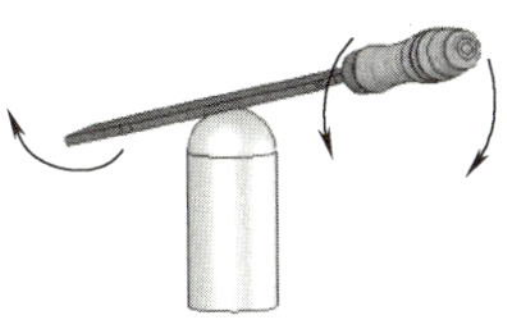 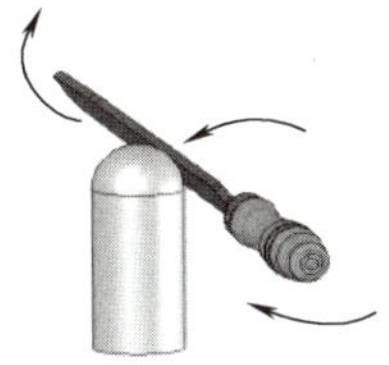	锉削球面时，锉刀要将纵向和横向两种锉削移动结合进行，才能获得要求的球面

5. 锉削时的注意事项

1）锉刀是右手工具，应放在台虎钳的右面；放在钳台上时，锉刀柄不可露在钳台外面，以免掉落地上砸伤脚或损坏锉刀。

2）没有装柄的锉刀、锉刀柄已经裂开或没有锉刀柄箍的锉刀不可使用。

3）锉削时，锉刀柄不能撞击到工件，以免锉刀柄脱落造成事故。

4）不能用嘴吹锉屑，也不能用手触摸锉削表面。

5）锉刀不可作为撬棒或锤子使用。

任务实施

写出图 4-16 所示钻床夹具中钻模板的锉削步骤。

解析：图 4-16 所示钻模板由四个相互垂直的平面组成。要保证相邻两面互相垂直、相对两面互相平行，必须首先保证锉削面的平面度要求，其操作步骤见表 4-15。

表 4-15　锉削零件操作步骤

序　号	操作步骤	图　例	说　　明
1	检查坯料	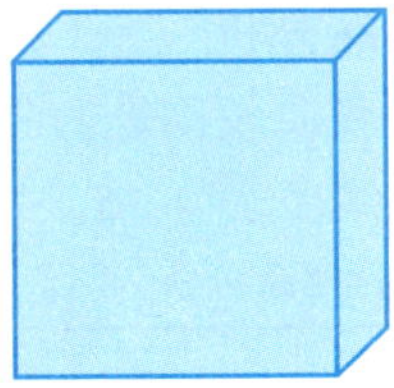	检查坯料尺寸是否留有足够的加工余量
2	加工面 1	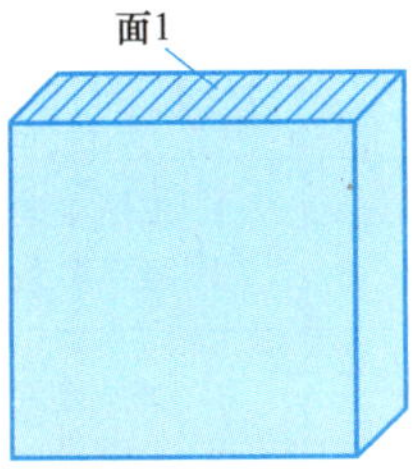	1）选择合适的锉刀和锉削方法完成面 1 的锉削加工 2）保证面 1 的加工精度，如自身的平面度要求及与 B 基准间的垂直度要求

（续）

序　号	操作步骤	图　例	说　明
3	加工面 2	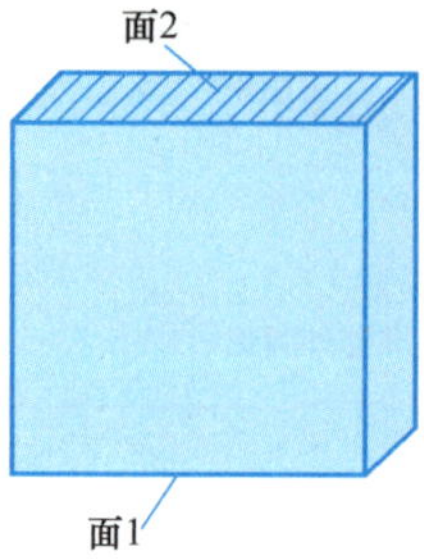	1）以面 1 为基准划面 2 加工轮廓线（尺寸为 80mm） 2）采用锯削的方法去除多余的废料，并保证面 2 有足够的加工余量 3）锉削加工面 2，保证面 2 加工精度，包括面 2 自身的平面度要求、与 *B* 基准间的垂直度要求，以及相对面 1 的平行度要求和尺寸精度
4	加工面 3	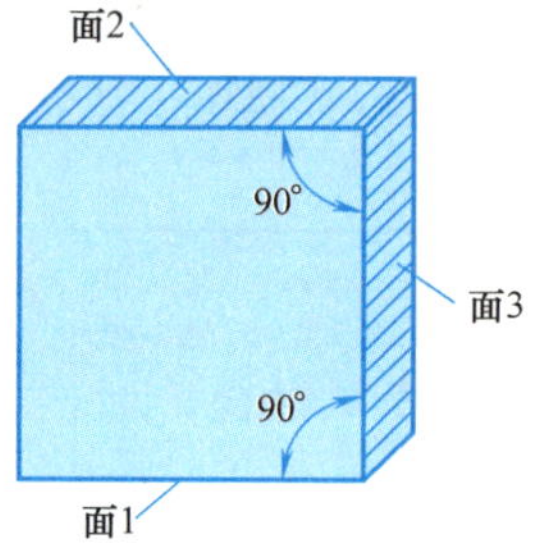	面 3 的加工方法与面 1 的加工方法相同，但为了提高零件的加工精度，检测可分别以面 1 和面 2 为辅助基准，测量面 3 与面 1、面 3 与面 2 之间的垂直度误差，以便消除垂直度测量时的累积误差
5	加工面 4	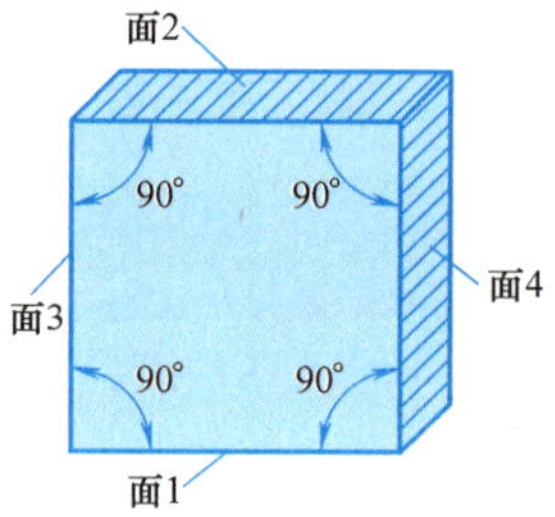	面 4 的加工方法与面 2 的加工方法相同
6	去除零件毛刺，并复检零件各项精度		

知识拓展

锉削时常见的废品分析

在实际锉削时，常常会遇到很多质量问题，这些质量问题直接影响产品质量。为了尽量避免质量问题，现把产生废品的原因及预防方法归纳于表 4-16。

表 4-16　锉削时常见的废品分析

形　式	产生原因	预防方法
工件夹坏	1. 已加工表面被台虎钳钳口夹出伤痕 2. 夹紧力太大，使空心工件被夹扁	1. 夹持精加工表面需用软钳口 2. 夹紧力要适当，夹持需用 V 形块或弧形木块
尺寸太小	1. 划线不正确 2. 未及时检测尺寸	1. 按图正确划线，并校对 2. 经常测量，做到心中有数
平面不平	1. 锉削姿势不正确 2. 选用中凹的锉刀，使锉出的平面中凸	1. 加强锉削技能训练 2. 正确选用锉刀

（续）

形　式	产生原因	预防方法
表面质量差	1. 精加工时仍用粗齿锉刀锉削 2. 粗锉时锉痕太深，以致精锉无法去除 3. 切屑嵌在锉齿中未及时清除而将表面拉毛	1. 合理选用锉刀 2. 适当多留精锉余量 3. 及时去除锉屑
不应锉的部位被锉掉	1. 锉直角时未用光边锉刀 2. 锉刀打滑而锉坏相邻面	1. 选用光边锉刀 2. 注意清除油污等引起打滑的因素

任务评价

通过以上学习，根据任务实施过程，将完成任务情况记入表 4-17 中，完成任务评价。

表 4-17　锉削任务评价表

项目名称		编号		姓名		日期	
序号	评价内容	评价标准				配分	备注
1	锉刀的握法及站立姿势	正确				20	
2	锉削姿势	正确				20	
3	垂直度	误差≤0. 02mm				20	
4	表面粗糙度值	Ra6. 3μm				20	
5	锉纹	整齐、无缺陷				10	
6	安全文明生产	遵守 5S 规则				10	
教师评语							

课后评测

完成图 4-27 所示零件的锉削练习。

1）保持正确的站立姿势和握锉方法。

2）锯削完成后，检查加工质量，并分析产生质量问题的原因。

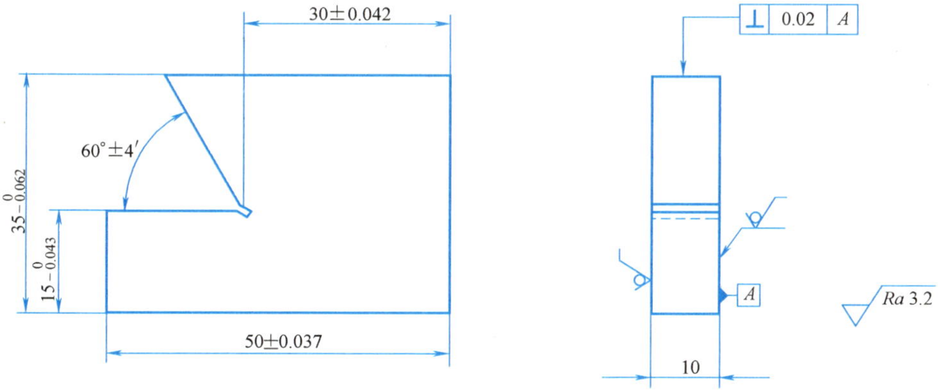

技术要求

1.工艺槽尺寸为1×2,采用锯削方式加工。

2.锐边倒棱R0.3。

图 4-27　练习图

工匠之篇

从“文墨精度”到大国工匠

方文墨，是航空工业沈阳飞机工业（集团）有限公司钳工、高级技师、航空工业首席技能专家。2003年方文墨从沈飞技校毕业后，进入沈飞公司工作。在工作中，他勤勤恳恳，既注重技能水平的提高，又不断加强自己的知识水平。在工作期间，他搜集整理了20余万字的钳工技术资料，自制刀、量、夹具100余把（件），改进各种刀、量、夹具200余把（件），改进工艺方法60余项，改进设备2项，研究生产窍门24项，显著提高了生产率，为企业的发展做出了突出的贡献。他一直坚信技能改变命运。就像他说的：“只要我们肯吃苦、耐得住寂寞、刻苦练习、钻研技能，我们就可以用技能的精度，改变人生的高度。”

2006年，沈飞公司在为国外公司生产大型客机舱门时，有一道紧固件的生产环节，该环节用工多、时间长、加工难度大，方文墨整天琢磨着改进方法。有一天晚上他突发奇想：可以生产一个装置，并预设摩擦因数，通过钻床旋转实现紧固。说干就干，从画图纸、做零件到装配、调试，经过反复试验，方文墨终于获得了成功。如今，这个名为“定扭矩螺纹旋合器”的装备已取得国家发明专利，并在生产加工中广泛应用。使用这个装备，以往需要2个人、36h的加工装配任务，现在只需要1个人、2h即可完成，使生产率大幅提高。

方文墨说，钳工是现在机械加工领域当中为数不多的用手工加工的工种。手中的工具是一把简单的锉刀，就是用它对航空产品进行手工精密加工。在运用锉刀做工件时，手感、压力都是需要一点一滴去练的。

很多人不知道，方文墨经常加工的零件平面一般只有火柴盒大小，每个表面至少锉修30下才能达到尺寸精度要求，每天要重复单一的锉修动作8000多次。

方文墨说：“航空人有一句说，‘空中没有停车场，试飞没有后悔药’，所以一定要用自己的精度去打造航空人应有的产品质量。或许，在某些人看来，方文墨选择了一条与众不同的人生道路，从职业院校毕业生到国家级顶尖人才，他将自己的工作做到了极致。但方文墨却认为一个人不一定爱一行干一行，但必须干一行而爱一行，只有爱上自己的工作，才能踏踏实实地把工作做好。

项目五

零件的研磨与刮削

项目描述

精密工件的表面，常要求达到较高的几何精度和尺寸精度。例如，机床导轨和滑行面之间、转动的轴和轴承之间的接触面、工具量具的接触面，以及密封表面等都有较高的精度要求，都离不开刮削和研磨的加工方法。由于零件刮削和研磨后能获得很高的精度，以及较高的表面质量，所以在机械制造及工具、量具的制造或修理过程中，刮削和研磨仍然是重要的手工业作业，这就需要我们进入项目五的学习——零件的研磨与刮削。

任务一　零件的研磨

学习目标

1）知道研磨的工具和研磨剂的用途。

2）熟知平面研磨的方法及操作要点，并研磨出合格零件。

任务描述

图 5-1 所示为钻床夹具的 V 形块，其材料是 45 钢，要求研磨上、下两平行平面达到图示精度要求。由于加工要求高，所以在生产中采用研磨加工。那么研磨加工有什么特点和作用？怎样进行研磨加工操作？

知识链接

一、研磨的作用

利用研具、磨料和被研零件之间作相对的滑动，从零件表面上研去一层极薄金属层，以提高零件的尺寸、形状精度，降低表面粗糙度值的精加工方法称为研磨，如图 5-2 所示。常用的研磨方法有平面研磨和圆柱面研磨。

研磨是在其他金属切削加工方法不能满足工件精度和表面质量要求的情况下所采用的一

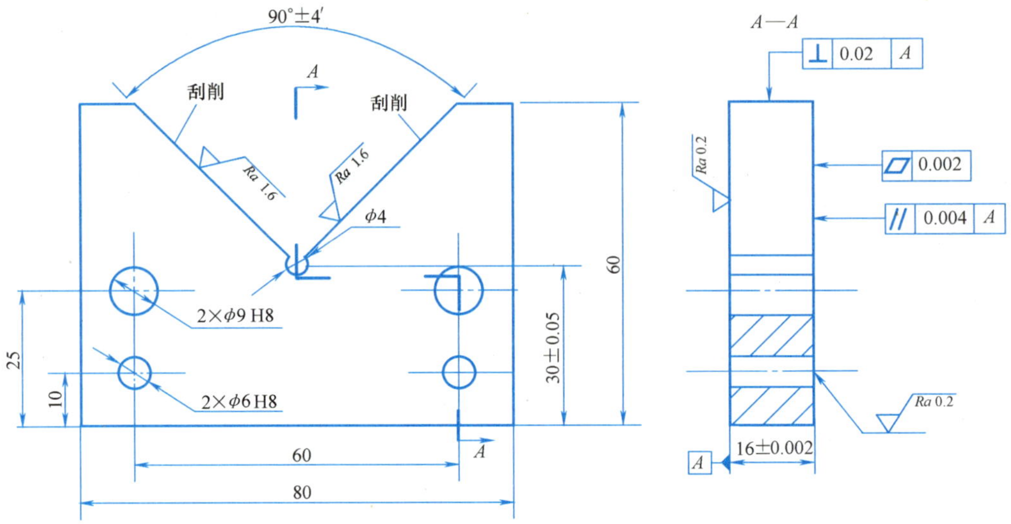

图 5-1 V 形块

种精密加工工艺，在量具、仪器的生产和修复过程中应用较为广泛。

（1）能得到精确的尺寸 各种加工方法所能得到的精度是有一定限度的。随着工业的发展，对零件精度要求也在不断提高，因此有些零件必须经过精细的加工，才能达到很高的精度要求。零件研磨后的尺寸误差一般可控制在 1~5μm 范围内。

图 5-2 研磨

（2）能提高工件的几何精度 用一般的机械加工方法是很难获得精确的几何形状和表面相互位置要求。零件经过研磨后，几何误差可控制在 5μm 的范围内。

（3）能获得较高的表面质量 经过研磨加工后，零件表面粗糙度值可达 *Ra*0.06~0.2μm，最高可达到 *Ra*0.006μm。另外，经研磨的零件，由于有准确的几何形状和较高的表面质量，零件的耐磨性、耐蚀性和疲劳强度也都相应得到提高，从而延长了零件的使用寿命。

二、平面研磨

1. 研磨工具

研磨工具是用于涂敷或嵌入磨料并使磨粒发挥切削作用的工具，称为研具。

（1）通用研磨工具 平面研磨通常都采用标准平板。粗研磨时，平板表面上可开槽（图 5-3），可以避免过多的研磨剂浮在平板上影响研磨效果。精研磨时，则使用精密无槽平板（图 5-4）。

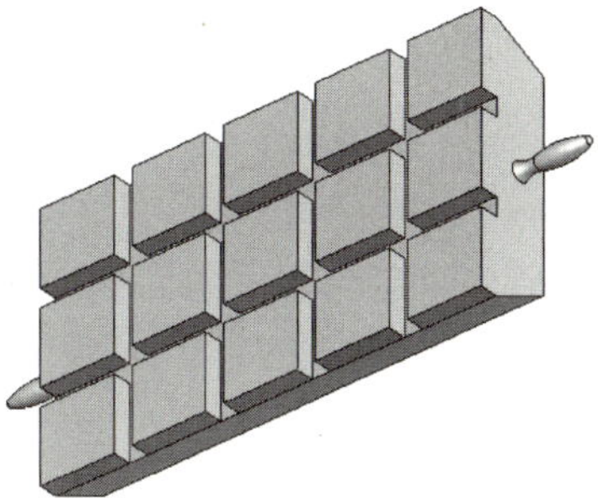

图 5-3　粗研磨用平板

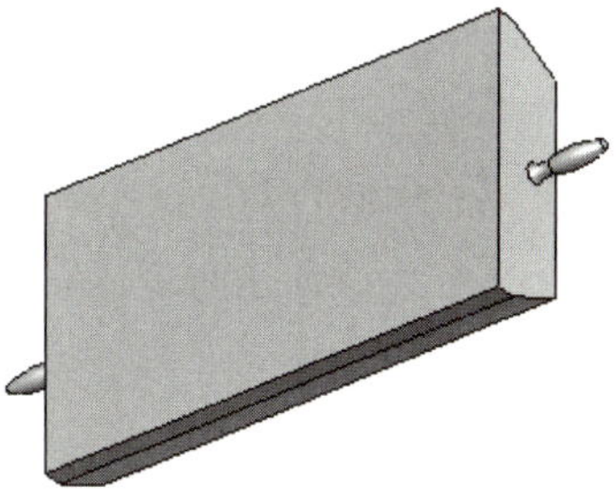

图 5-4　精研磨用平板

（2）研具材料　研具材料应满足如下技术要求：材料的组织要细致均匀，要有很高的稳定性和耐磨性，具有较好的嵌存磨料的性能，工作面的硬度应比工件表面硬度稍软。

常用的研具材料有如下几种。

1）灰铸铁：具有较好的润滑性，磨损较慢，硬度适中，研磨剂在其表面容易涂布均匀，是一种研磨效果较好、价格便宜的研具材料，在生产中应用广泛。

2）球墨铸铁：比一般的灰铸铁更容易嵌存磨料，而且更均匀、牢固，同时还能增加研具的耐用度。采用球墨铸铁制作研具已得到广泛应用，尤其用于精密零件的研磨。

3）低碳钢：具有较好的韧性，不易折断，常用来制作小型的研具，如研磨 M5 以下的螺纹孔、直径小于 ϕ8mm 的孔，以及较窄的凹槽等。

4）铜：质地较软，表面容易嵌存磨料，适于制作研磨软钢类零件的研具。

（3）辅助工具　狭窄平面研磨时，为防止研磨平面产生倾斜或圆角，研磨时还需利用靠块，以保证研磨精度，如图 5-5 所示。

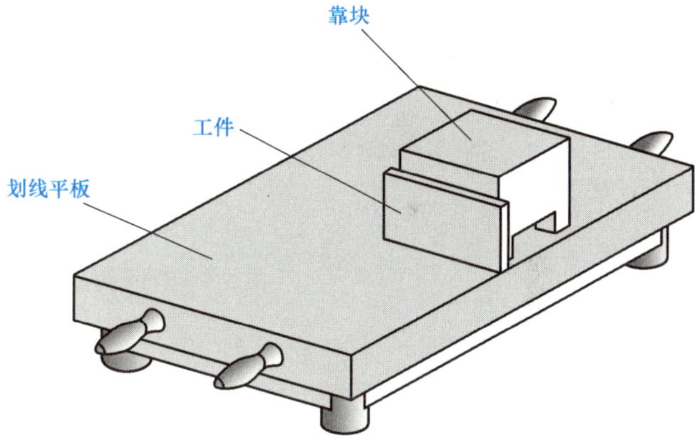

图 5-5　利用靠块研磨狭窄平面

如果研磨工件数量较多，可采用 C 形夹头，将几个工件夹在一起研磨，能有效防止工件倾斜，如图 5-6 所示。

2. 研磨方法

（1）研磨时的运动轨迹　为了使工件达到理想的研磨效果，并保持研具磨损均匀，根据工件的不同形状，可采用以下研磨轨迹。

1）直线运动轨迹。

直线运动轨迹可使工件表面研磨纹路平行，适用于狭长平面工件的研磨，如图 5-7 所示。

2）直线摆动运动轨迹。

工件在左右摆动的同时做直线往复运动，适用于对平直的圆弧面工件的研磨，如图 5-8 所示。

3）螺旋形运动轨迹。

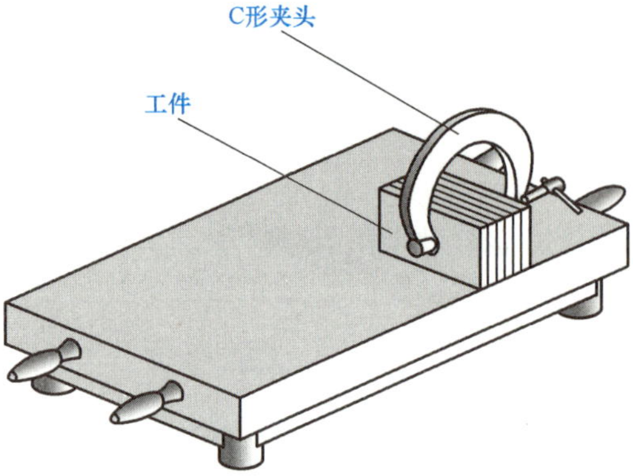

图 5-6　利用 C 形夹头研磨狭窄平面

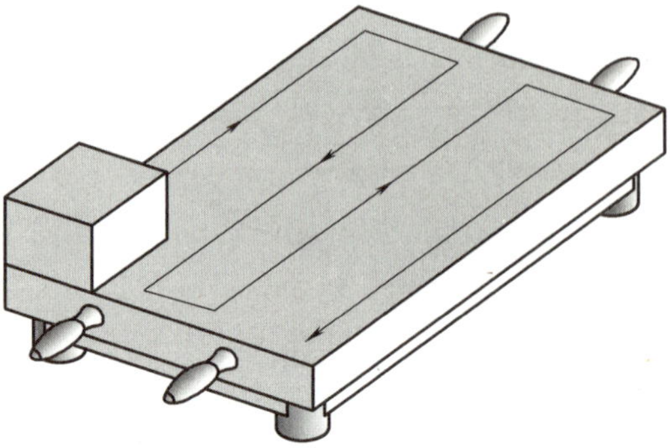

图 5-7　直线运动轨迹

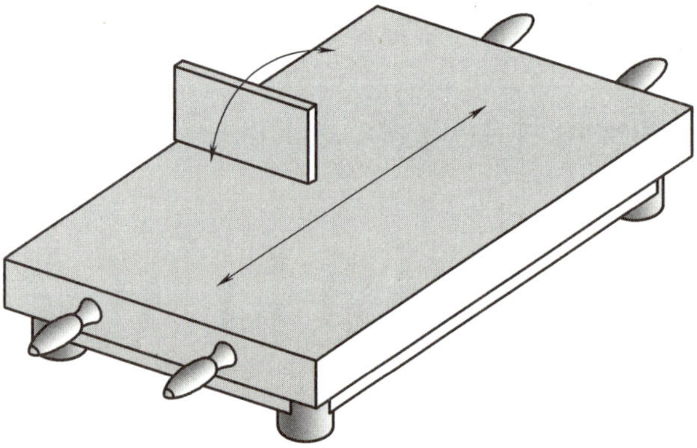

图 5-8　直线摆动运动轨迹

螺旋形研磨运动能使工件获得较高的平面度和很小的表面粗糙度值，适用于对圆柱工件端面进行研磨，如图 5-9 所示。

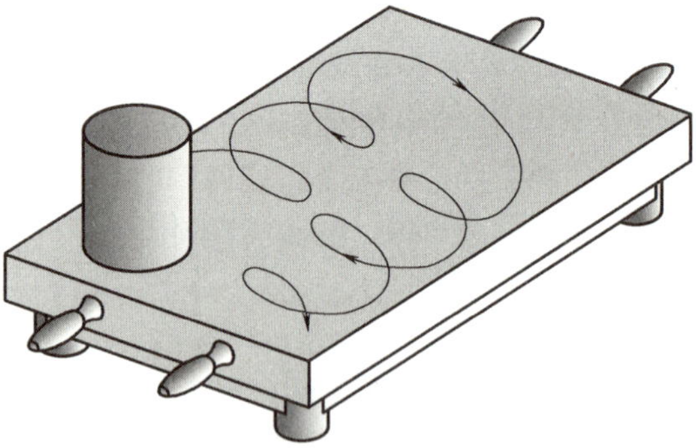

图 5-9　螺旋运动轨迹

4）8 字形和仿 8 字形运动轨迹。

此种轨迹能使研具与工件间的研磨表面保持均匀接触，既提高工件的研磨质量，又能使研具磨损均匀，常用于研磨平板的修整或小平面工件的研磨，如图 5-10 所示。

（2）研磨时的速度和压力　研磨应在低压、低速的情况下进行。研磨压力过大，研磨切削量就大，表面粗糙度值也大，还会压碎磨料划伤工件表面。研磨速度太快，容易引起工件发热，降低研磨质量。

粗研磨时，压力为 $(1\sim2)\times10^5$Pa，速度以 50 次/min 左右为宜；精研磨时，压力为 $(1\sim5)\times10^4$Pa，速度以 30 次/min 左右为宜。

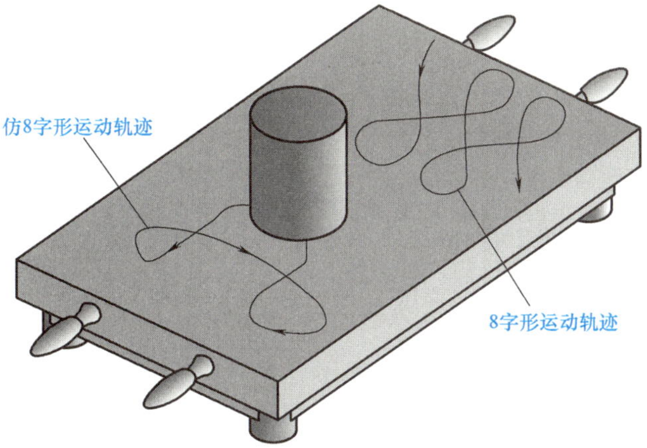

图 5-10 8 字形和仿 8 字形运动轨迹

三、圆柱面研磨

1. 外圆柱面研磨

（1）研磨工具 外圆柱面研磨时采用研磨环作为主要研具，如图 5-11 所示。

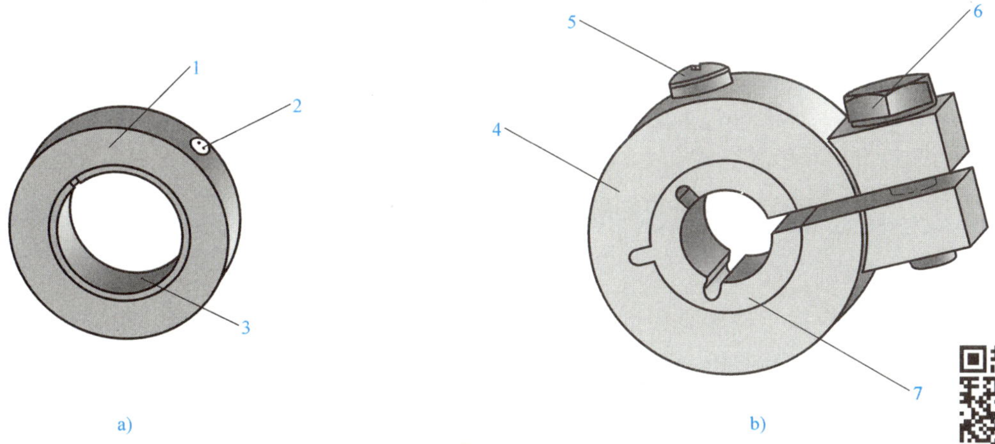

图 5-11 研磨环

a）固定外圈式研磨环 b）可调外圈式研磨环

1、4—外圈 2—调节螺钉 3、7—开口调节圈 5—紧固螺钉 6—调节螺栓

研磨环的内径应比工件的外径略大 0.025~0.05mm，当研磨一段时间后，若研磨环内孔磨大，可拧紧调节螺钉，使孔径缩小，以达到所需的间隙。

（2）研磨方法 外圆柱面的研磨方法如图 5-12 所示。当研磨工件较短时，用自定心卡盘夹持；研磨工件较长时，可在后端用顶尖支承。

研磨时，先在工件表面上均匀地涂上研磨剂，套上研磨环并调整好间隙（其松紧程度应以用力能转动为宜），然后启动机床带动工件旋转。用手推动研磨环，使研磨环在工件转动的同时沿轴线方向做往复运动。

研磨时应注意研磨环不得在某一段上停留，而且需要经常做断续的转动，用以消除因重

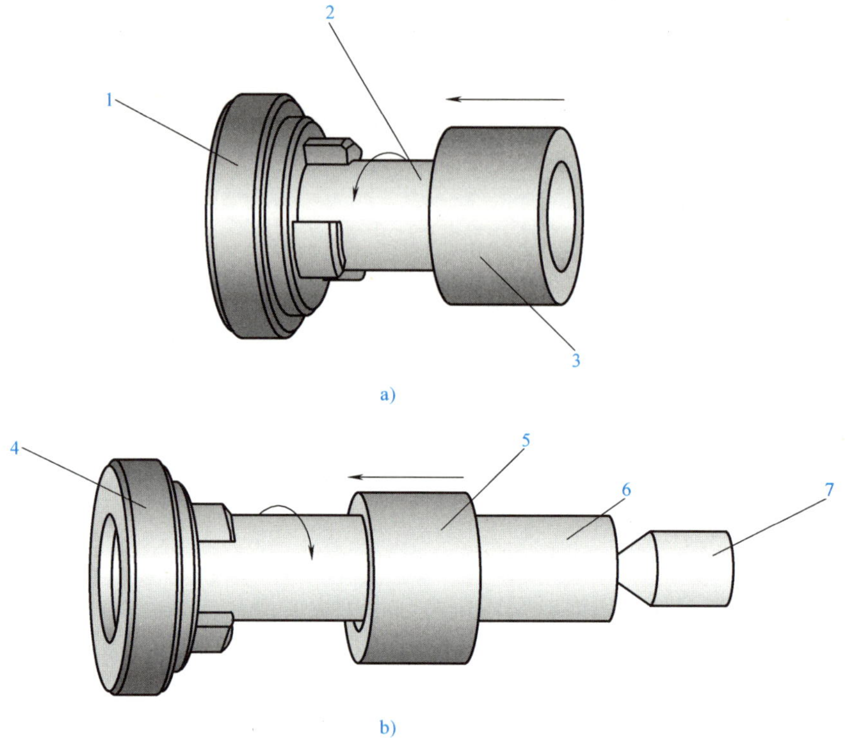

图 5-12 外圆柱面的研磨方法

a）工件较短 b）工件较长

1、4—自定心卡盘 2、6—工件 3、5—研磨环 7—顶尖

力作用可能造成的椭圆。

工件的旋转速度应以工件的直径大小来控制，当工件直径小于 80mm 时，机床转速约为 100r/min；当工件直径大于 100mm 时，转速约为 50r/min。

研磨环在工件上的往复移动速度根据工件表面出现的网纹来控制，如图 5-13 所示。

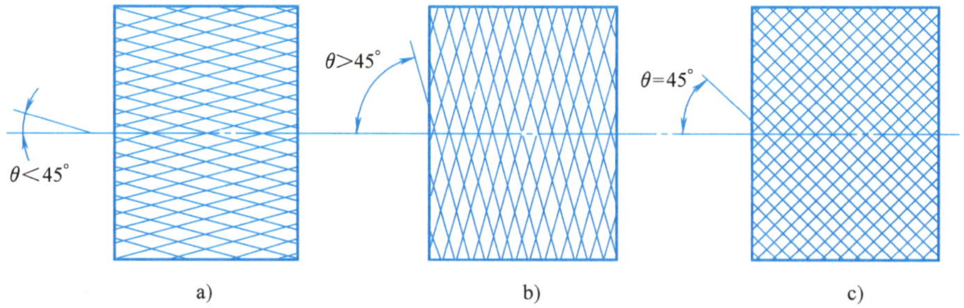

图 5-13 外圆柱面研磨时产生的网纹

a）太快 b）太慢 c）适当

研磨环的移动速度不论太慢或太快，都会影响工件的精度和表面质量。

2. 内圆柱面研磨

（1）研磨工具 内圆柱面研磨时采用的研具主要是研磨棒，根据其结构的不同，常用研磨棒主要分为固定式和可调式。

1）固定式研磨棒。固定式研磨棒制造容易，但磨损后无法补偿，多用于单件研磨或机器修理中。固定式研磨棒常分为光滑研磨棒和带槽研磨棒，如图 5-14 所示。

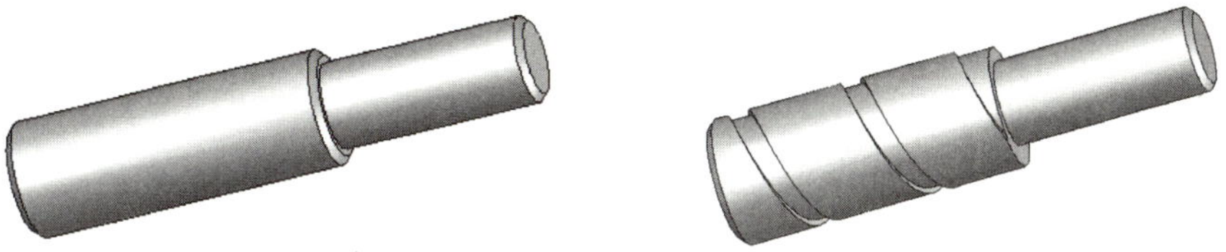

a) b)

图 5-14 固定式研磨棒

a）光滑研磨棒 b）带槽研磨棒

带槽的研磨棒用于粗研磨，光滑的研磨棒用于精研磨。

2）可调式研磨棒。可调式研磨棒能在一定的尺寸范围内进行调节，使用寿命较长，适用于成批生产，应用较广泛，如图 5-15 所示。

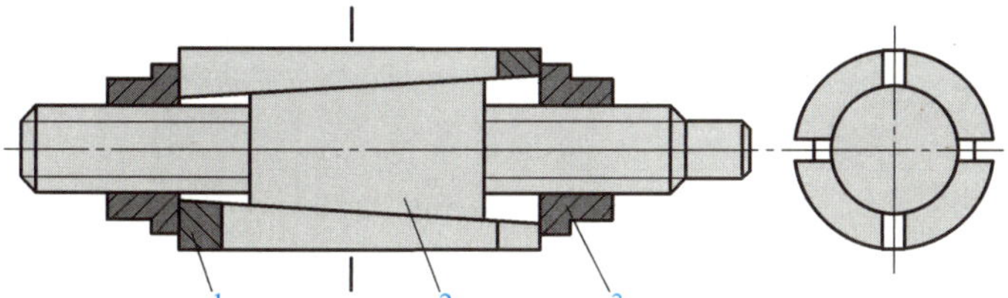

图 5-15 可调式研磨棒

1—开槽研磨棒 2—锥度心轴 3—调整螺母

（2）研磨方法 研磨内圆柱面与研磨外圆柱面的方法基本相同，只是将研磨棒夹持在自定心卡盘上，然后将工件的圆柱孔套在研磨棒上进行研磨，如图 5-16 所示。

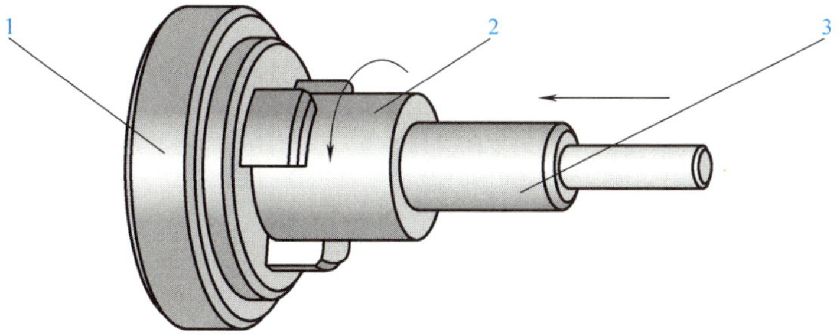

图 5-16 内圆柱面研磨方法

1—自定心卡盘 2—工件 3—研磨棒

研磨时，研磨棒的外径与工件内孔的配合应适当，配合太紧，容易将孔表面拉毛；配合太松，孔会被研磨成椭圆形。采用固定式研磨棒时，研磨棒外径应比工件内孔直径小0.01~0.025mm；采用可调式研磨棒时，配合松紧程度一般以手推研磨棒不十分费力为宜。

研磨时，如果工件两端孔口有过多的研磨剂被挤出时，应及时擦去，否则会使孔口扩大，以致研成喇叭口形状。研磨棒的工作长度应大于工件内孔的长度，一般是工件内孔长度的1.5~2倍，太长则会影响研磨精度。

四、常用磨料

磨料在研磨过程中起主要的切削作用，研磨工作的效率、工件的精度以及表面质量都与磨料有着密切的关系。磨料的种类很多，使用时应根据零件材料和加工要求合理选择。常用磨料的代号、特性和用途见表5-1。

表5-1 常用磨料的代号、特性和用途

系列	名称	代号	特性	用途
氧化物	棕刚玉	A	棕褐色，硬度高，韧性好，价格便宜	用于粗、精研磨钢、铸铁、铜合金
	白刚玉	WA	白色，硬度比棕刚玉高，韧性比棕刚玉差	精研磨淬火钢、高速钢和薄壁零件
	铬刚玉	PA	玫瑰红或紫红色，韧性比白刚玉高，研磨表面质量好	研磨量具、仪表零件和高精度零件
	单晶刚玉	SA	淡黄色或白色，硬度和韧性都比白刚玉高	研磨不锈钢、高钒高速钢等强度高、韧性好的材料
碳化物	黑碳化硅	C	黑色有光泽，硬度比白刚玉高，性脆而锋利，导热性和导电性好	研磨铸铁、铜合金、铝合金和非金属材料
	绿碳化硅	GC	绿色，硬度和脆性比黑碳化硅高，具有良好的导热性和导电性	研磨硬质合金、硬铬、宝石、陶瓷、玻璃等材料
	碳化硼	BC	灰黑色，硬度仅次于金刚石，耐磨性好	精研磨和抛光硬质合金、人造宝石等硬质材料
金刚石	人造金刚石	JR	淡黄色、黄绿色或黑色，硬度高，比天然金刚石略脆，表面粗糙	粗、精研磨硬质合金、人造宝石、单晶硅等高硬度脆性材料
	天然金刚石	JT	无色透明或淡黄色，硬度最高，价格昂贵	
其他	氧化铁		红色至暗红色，比氧化铬软	精研磨或抛光钢、铁、玻璃等材料
	氧化铬		深绿色	

任务实施

如图5-1所示，工件上、下两个平面有极高的平面度（0.002mm）和平行度（0.004mm）要求，同时要求极小的表面粗糙度值（$Ra \leq 0.2\mu m$），只有采用微量切削的研磨工艺才可解决以上问题。该任务研磨的基本加工步骤为：通过粗研磨和精研磨两个工序研磨基准面，研磨基准面的平行面。

一、准备工作

1）选择研具：工件研磨加工面为上、下两平面，材料为 45 钢，宜选用大于该工件尺寸的铸铁材料 1 级标准平板，也可用刮削加工后的平板代替。

2）选择磨料：根据表 5-1，选用 W14 和 W7 的白刚玉，分别用于粗研磨和精研磨，粗研磨剂按白刚玉（W14）16g、硬脂酸 8g、蜂蜡 1g、油酸 15g、航空油 80g、煤油 80g 配制。在精研磨时，除白刚玉改用较细的 W7 外，不加油酸，并多加煤油 15g，其他配料相同。

二、操作步骤

1. 研磨基准面

1）将选好的磨料经调和后，涂在研磨平板上进行研磨。

2）研磨基准面 *A* 时，由于该工件尺寸不大，属于小平面工件的研磨，既要提高工件的研磨质量，又要使研具磨损均匀，所以可分别采用 8 字或仿 8 字研磨运动轨迹进行研磨，直至达到表面粗糙度值 $Ra0.2\mu m$ 的要求为止。

2. 研磨基准面的平行面

1）研磨基准面 *A* 的平行面时，先用千分表检查平行度，确定研磨量，然后再研磨，以保证 0.004mm 的平行度公差要求。

2）用量块全面检测研磨精度。

三、注意事项

1）粗、精研磨工作要分开进行。

2）研磨剂每次上料不宜太多，并要分布均匀，以免造成工件边缘研坏。

3）研磨时，要特别注意清洁，不要使研磨剂中混入杂质。

4）应经常改变工件在研具上的研磨位置。

知识拓展

研磨常见的缺陷及原因

在实际研磨时，常常遇到很多缺陷，这些缺陷直接影响产品质量。为尽量避免缺陷，现把产生缺陷的原因及预防方法归纳于表 5-2。

表 5-2　研磨产生缺陷的原因及预防方法

缺陷形式	缺陷产生原因	预防方法
表面不光洁	磨料过粗 研磨液不当 研磨剂涂得太薄	正确选用磨料 正确选用研磨液 研磨剂涂布应适当
表面拉毛	研磨剂中混入杂质	重视并做好清洁工作
平面成凸形或孔口扩大	研磨剂涂得太厚 孔口或工件边缘被挤出的研磨剂未擦除就断续研磨 研棒伸出孔口太长	研磨剂应涂得适当 被挤出的研磨剂应及时擦除后再研磨 研棒伸出长度适当

（续）

缺陷形式	缺陷产生原因	预防方法
孔成椭圆形或有锥度	研磨时没有变换运动方向 研磨时没有调头研	研磨时应变换运动方向 研磨时应调头研
薄形工件拱曲变形	工件发热后仍继续研磨 装夹不正确引起变形	工件温度不应超过50℃，发热后应暂停研磨 装夹要稳定，不能夹得太紧
尺寸或几何精度超差	测量时没有在标准温度20℃进行 不注意经常测量	不要在工件发热时进行精密测量 注意经常在常温下测量

任务评价

通过以上学习，根据任务实施过程，将完成任务情况记入表5-3中，完成任务评价。

表5-3　研磨任务评价表

项目名称		编号		姓名		日期	
序号	评价内容		评价标准			配分	备注
1	研磨轨迹及用力程度		正确			10	
2	尺寸要求（16±0.002）mm		不超差			10	
3	平面度要求0.002mm（两面）		不超差			20	
4	平行度要求0.004mm		不超差			15	
5	表面粗糙度值要求为 *Ra*0.2μm（两面）		不超差			20	
6	表面质量好		无明显拉伤			15	
7	安全文明生产		遵守5S规则			10	
教师评语							

课后评测

写出图5-17所示角度样板的研磨步骤。

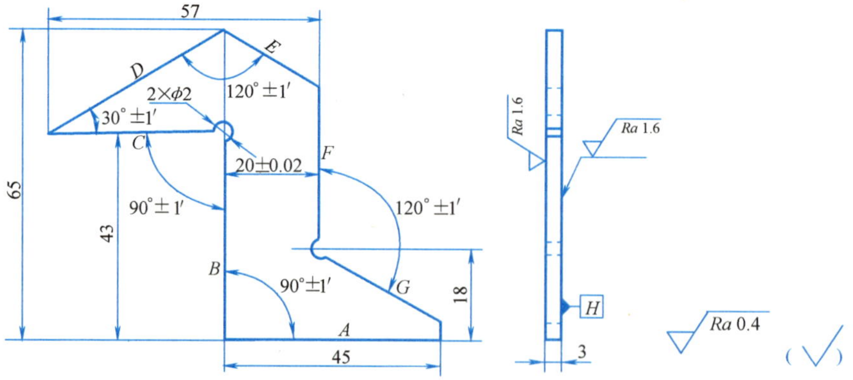

图5-17　角度样板

任务二　零件的刮削

学习目标

1）知道刮刀的类型及应用。

2）掌握正确的刮削姿势及操作要领。

3）知道刮削工艺及刮削质量的检查方法。

任务描述

图 5-18 所示 V 形架工件，其 90°V 形面角度误差为±4′，且要求较小的表面粗糙度值（$Ra \leq 1.6\mu m$），因此加工要求较高，在实际生产中常采用刮削进行加工。为完成这项工作，我们需要学习刮削的相关知识和技能。

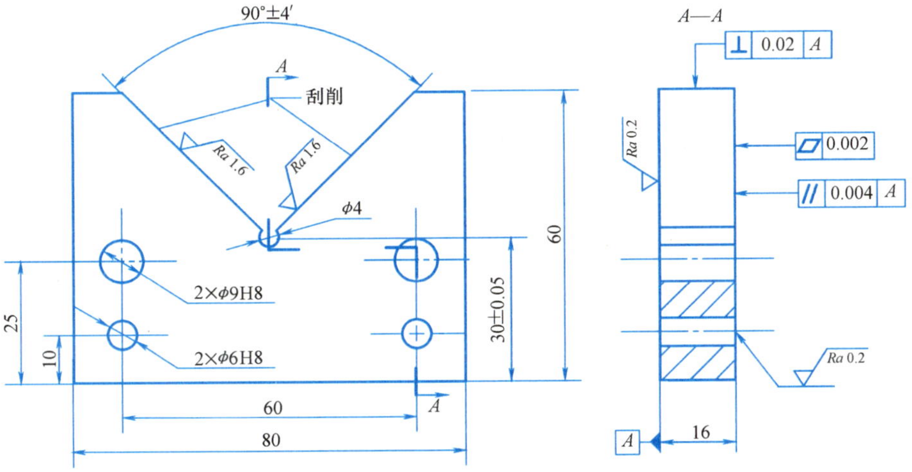

图 5-18　V 形架

知识链接

一、刮削的应用

刮削是将工件与校准工具或与其相配合的工件之间涂上一层显色剂，经过对研，使工件表面较高的部位显示出来，然后用刮刀进行微量刮削，从而刮去较高的金属层。同时，刮刀对工件还有推挤和压光作用，这样反复地显示和刮削，就能使工件的加工精度达到预定的要求。

1. 刮削的种类

按刮削对象的不同，刮削常分为平面刮削和曲面刮削两种，如图 5-19 所示。

2. 刮削余量

由于刮削每次只能刮去很薄的一层金属，刮削操作的劳动强度又很大，所以要求在机械加工后留下的刮削余量不宜太大，一般为 0.05~0.4mm，具体数值见表 5-4。

a)

b)

图 5-19 刮削

a）平面刮削 b）曲面刮削

表 5-4 平面刮削余量 （单位：mm）

平面宽度	平面长度				
	100～500	>500～1000	>1000～2000	>2000～4000	>4000～6000
100以下	0.10	0.15	0.20	0.25	0.30
100～500	0.15	0.20	0.25	0.30	0.40

在确定刮削余量时，还需考虑工件刮削面积的大小。刮削面积大，余量大；加工误差大，余量大；工件刚性差，余量也应大些。只有具有合适的余量，才能经过反复刮削达到尺寸精度及形状和位置精度的要求。

二、刮削工具

1. 校准工具

校准工具是用来推磨研点和检查被刮表面准确性的工具，也称为研具。常用的有校准平板、校准平尺、角度平尺，如图 5-20 所示，以及根据被刮面形状而设计制造的专用校准型板。

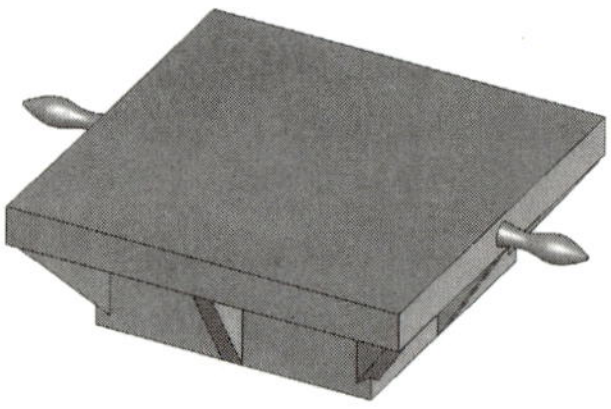

a)

b)

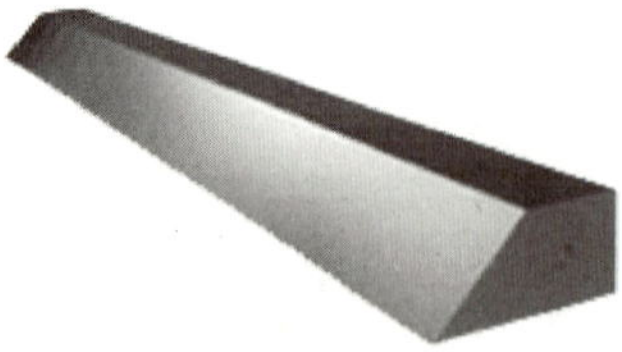

c)

图 5-20 校准工具

a）校准平板 b）校准平尺 c）角度平尺

2. 刮刀

刮刀是刮削工作中的主要刀具，要求刀头部分具有足够的硬度，切削刃必须锋利。刮刀一般采用碳素工具钢 T10A、T12A 或弹性较好的滚动轴承钢 GCr15 锻制而成，并经淬火和回火，使刀头硬度达到 60HRC 左右。当刮削硬度较高的工件表面时，刀头可焊上硬质合金刀片。根据不同的刮削表面，刮刀可分为平面刮刀和曲面刮刀两大类。

（1）平面刮刀　平面刮刀主要有直头刮刀和弯头刮刀两种，后端装有木柄，弯头刮刀的刀体为曲形，刀体弹性比直头刮刀要好，刮削出的表面质量较好，如图 5-21 所示。

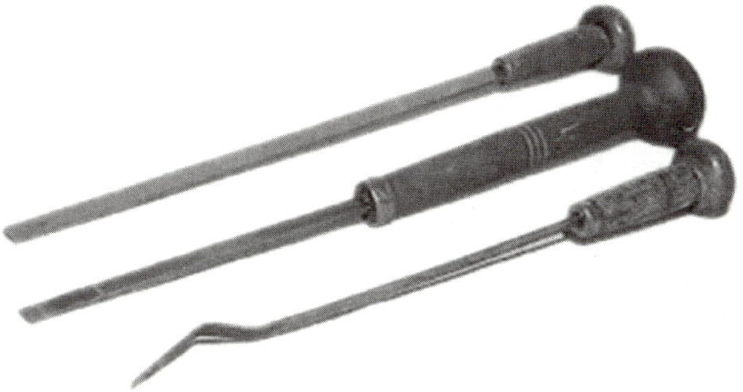

图 5-21　平面刮刀

1）平面刮刀的刃部结构。

如图 5-22 所示，根据不同的使用场合，平面刮刀主要分为粗刮刀、细刮刀、精刮刀三种。它们切削部分的角度根据刮削需要磨成不同的角度，为了防止刮削过程中刀尖损坏被刮削工件表面，细刮刀和精刮刀切削部分还磨成略带圆弧状，如图 5-22a、b 所示。

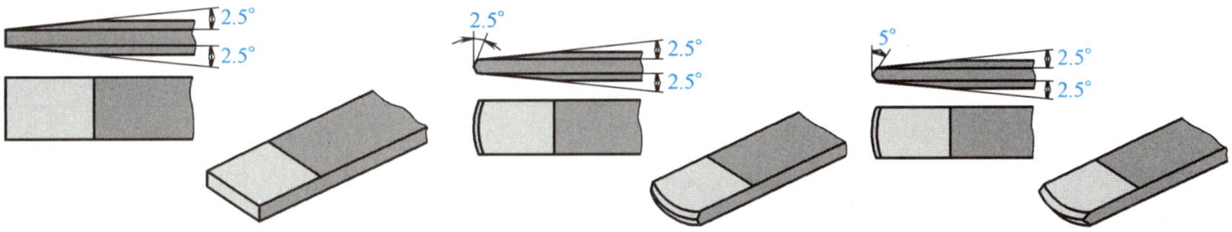

a)　　b)　　c)

图 5-22　平面刮刀切削部分

a）粗刮刀　b）细刮刀　c）精刮刀

2）平面刮刀的刃磨。

平面刮刀的刃磨一般需经过粗磨和精磨两步完成，刃磨的步骤和方法见表 5-5。

表 5-5　平面刮刀的刃磨

顺　序	内　容	图　示	说　明
1	粗磨刮刀两平面	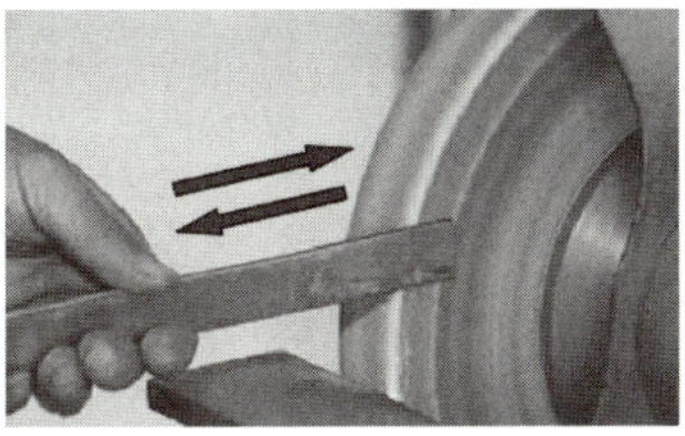	将刮刀平面贴在砂轮的侧面进行刃磨。刃磨时，刮刀应不断前后移动，使刮刀平面达到平整

（续）

顺　序	内　容	图　示	说　明
2	粗磨刮刀切削部分端面	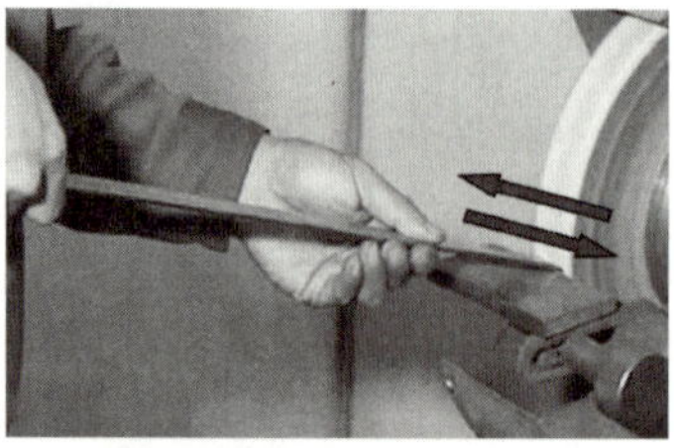	将刮刀切削部分的端面放在砂轮的边缘上左右移动刃磨，左手尽量靠近刮刀切削部分握住，以防止刮刀在砂轮上刃磨时，跳动量过大，即损坏刮刀和砂轮，又容易引发安全事故
3	油石涂油	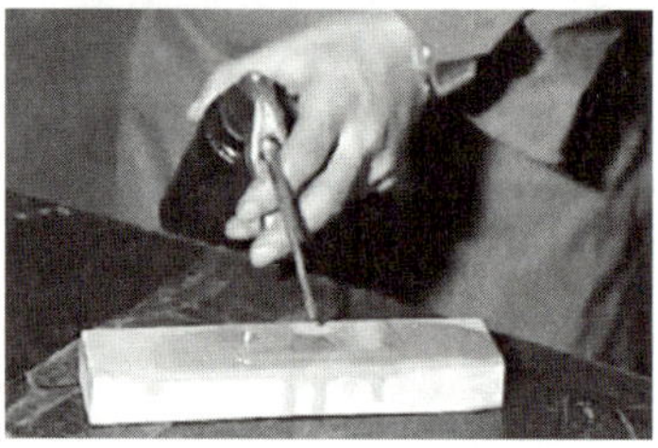	油石表面需涂抹机油，要求完全涂遍
4	精磨刮刀平面	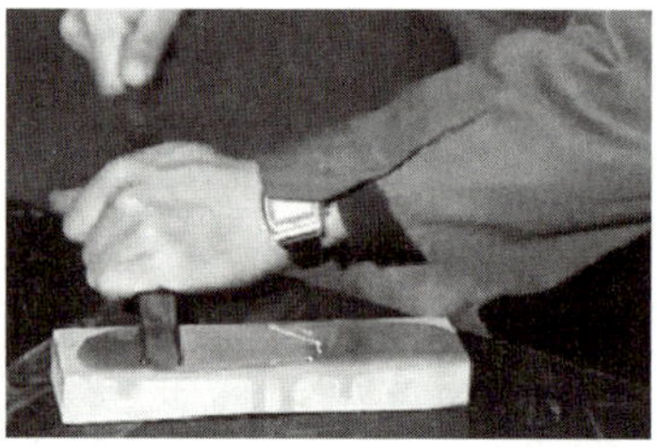	将刮刀平面贴在油石表面上左右移动刃磨至表面光滑为止
5	精磨刮刀切削部分端面	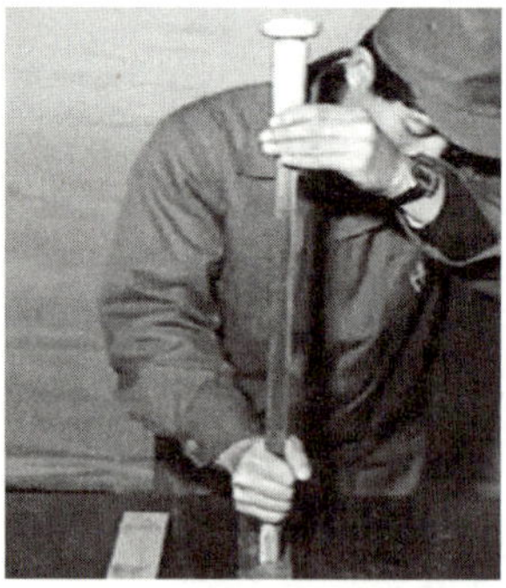	左手握住刮刀柄，右手握住刮刀刀身（靠近刮刀切削部分处），使刮刀直立在油石上作前后刃磨。刃磨时。两手前后动作应同步

（2）曲面刮刀　曲面刮削的原理和平面刮削一样，只是曲面刮削使用的刀具和握住刀具的方法与平面刮削有所不同。

1）曲面刮刀。

曲面刮刀用于刮削内曲面，常用的有三角刮刀和柳叶刮刀，如图 5-23 所示。

2）曲面刮刀的刃磨。

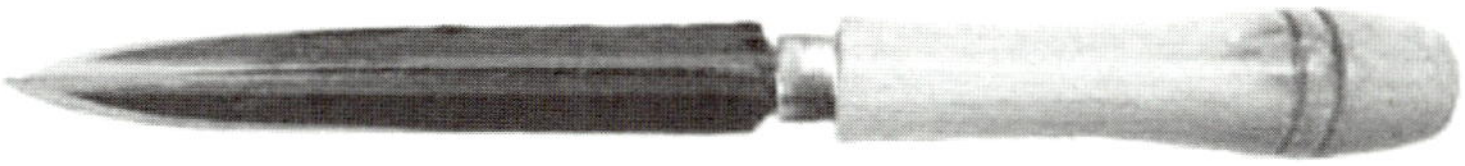

a)

b)

图 5-23　曲面刮刀

a）三角刮刀　b）柳叶刮刀

曲面刮刀根据刮刀的类型不同，其刃磨方法也不同，具体刃磨方法见表 5-6。

表 5-6　曲面刮刀的刃磨方法

类　型	步　骤	图　示	说　明
三角刮刀的刃磨	粗磨成形	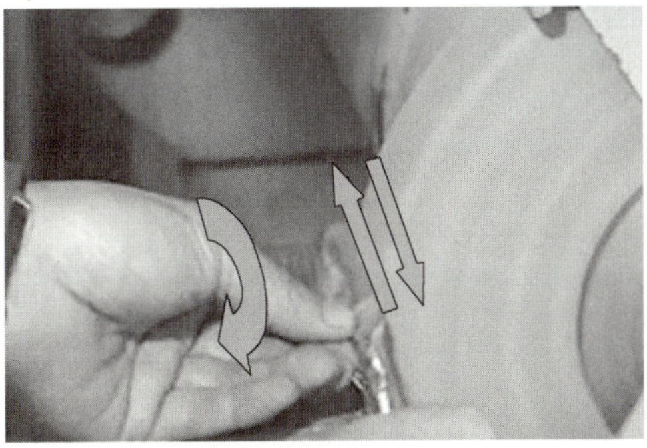	右手握刀柄，使它按切削刃形状进行弧形摆动，同时在砂轮宽度方向来回移动
	修整	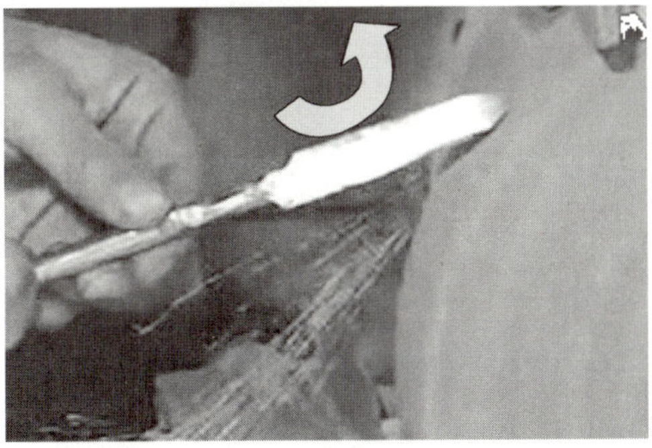	基本成形后，将刮刀调转，顺着砂轮外圆柱面进行修整
	开槽	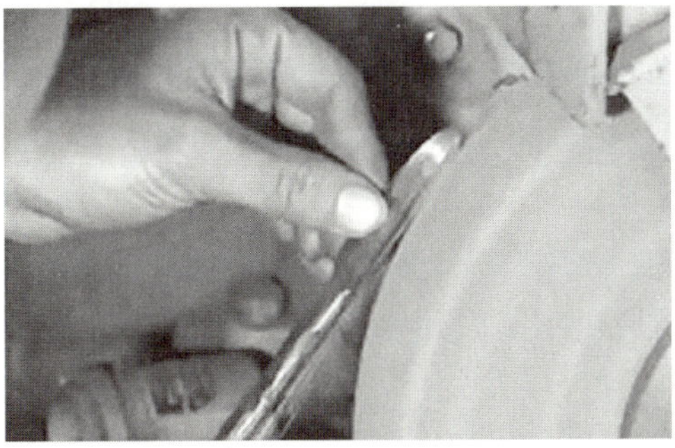	将三角刮刀的三个圆弧面用砂轮角开槽，槽要磨在两刃中间，磨削时，刮刀应稍做上下和左右移动，使切削刃边上只留有 2~3mm 的棱边

（续）

类　型	步　骤	图　示	说　明
三角刮刀的刃磨	精磨	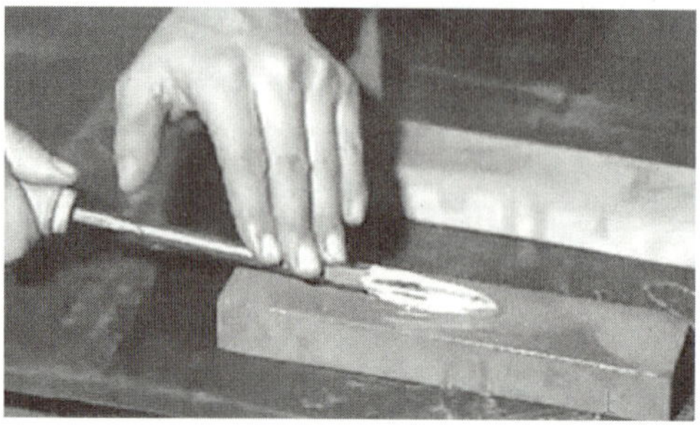	精磨时，右手握刀柄，左手轻压切削刃，两切削刃同时放在油石上。精磨时，刮刀顺着油石长度方向来回移动，并按弧形做上下摆动，把三个弧面全部磨光洁，切削刃磨锋利
柳叶刮刀的刃磨	粗磨刀头两平面	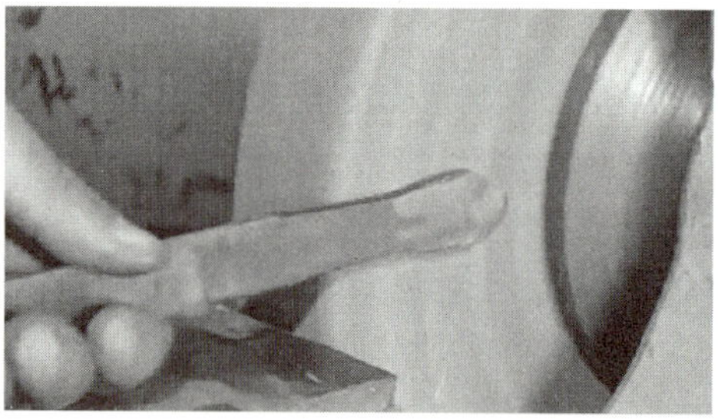	粗磨刀头两平面的方法与平面刮刀两平面刃磨方法相同
	粗磨刀头圆弧面	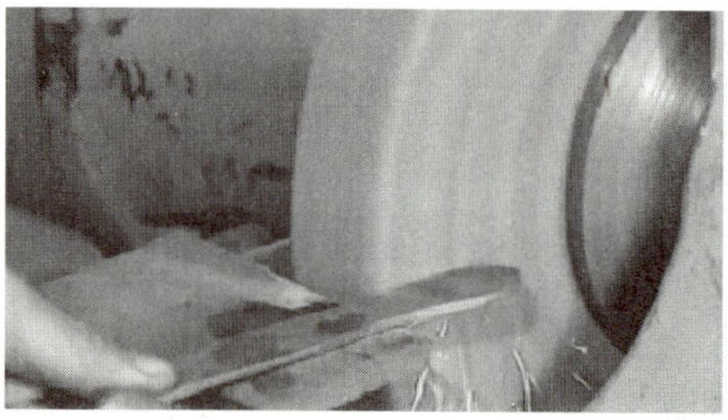	在砂轮上磨出柳叶刮刀两圆弧面
	精磨刮刀		在油石上依次对刮刀刀头部位的两平面和圆弧面进行精磨

3. 显色剂

（1）显色剂的种类　显色剂是在刮削时用来显色工件误差位置和大小的涂料，常用的显色剂主要有红丹粉和蓝油。红丹粉分铅丹（氧化铅，呈橘红色）和铁丹（氧化铁，呈红褐色）两种，用机油调和后使用，广泛用于钢件和铸铁工件，前者在工件表面上显示的结果是红底黑点，没有反光，容易看清，适用于精刮。后者只在工件表面的高处着色，研点暗淡，不易看清，但切屑不易黏附在刮刀的切削刃上，刮削方便，适用于粗刮。

蓝油是用蓝粉和蓖麻油及适量机油调和而成的，呈深蓝色，其研点小而清楚，多用于精密工件和非铁金属及其合金的工件。

（2）显色剂的用法　显色剂可以涂在工件表面，也可以涂在校准工具的表面。

（3）显点方法　显点是利用显色剂显示出工件误差的一种方法，它是刮削工艺中判断误差和落刀部位的基本方法。显点工作的正确与否，直接关系到刮削的进程和质量。在刮削工作中，往往由于显点不当、判断不准，而浪费工时或造成废品，所以显点也是一项十分细致的技能。显点应根据工件的不同形状和被刮面积的大小区别进行。

1）中小型工件的显点。一般是基准平板固定不动，工件被刮面在平板上推磨。如被刮面等于或稍大于平板面，则推磨时工件超出平板的部分不得大于工件长度的 1/3，如图 5-24 所示。小于平板的工件推磨时最好不出头，否则其显点不能反映出真实的平面度。

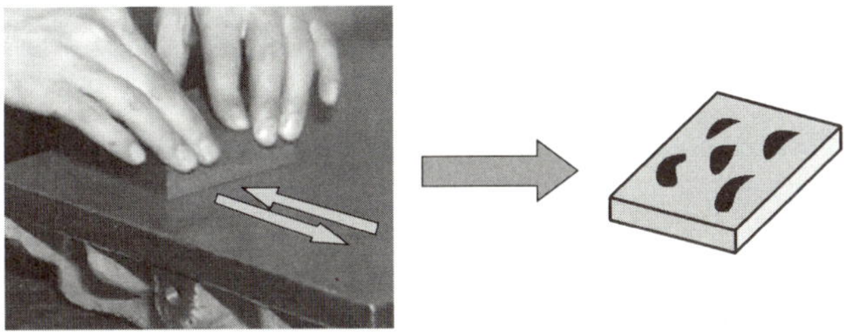

图 5-24　中小型工件的显点

2）大型工件的显点。如图 5-25 所示，当工件的被刮面长度大于平板若干倍时（如机床导轨等），一般是一平板在工件被刮面推磨，采用水平仪与显点相结合来判断被刮面的误差，通过水平仪可以测出工件的高低不平情况，而刮削则仍按照显点分轻、重进行。

3）质量不对称的工件的显点。对于这类工件的显点需特别注意，如果两次显点出现矛盾，应分析原因，如图 5-26 所示工件，其显点可能里少外多，如出现这种情况，不作具体分析，仍按显点刮削，那么刮出来的表面很可能中间凸出。因此，如图 5-26 所示的压和托的动作要得当，才能反映出正确的显点。

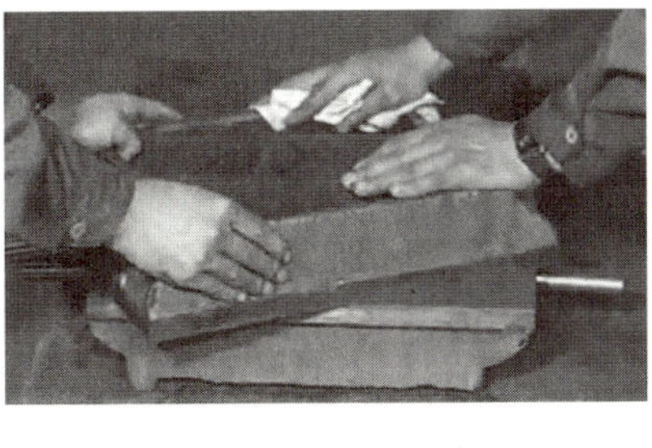

图 5-25　大型工件的显点

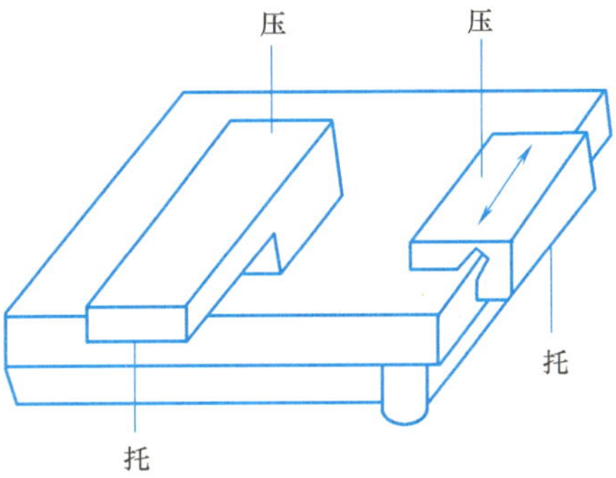

图 5-26　质量不对称工件的显点

三、平面刮削

平面刮削方法主要有手刮法和挺刮法两种。

1. 手刮法

手刮法操作姿势为：右手与握锉刀刀柄姿势相同，左手四指向下握住近刮刀头部约50mm处（图5-27），刮刀与被刮削表面成20°~30°角（图5-28）。

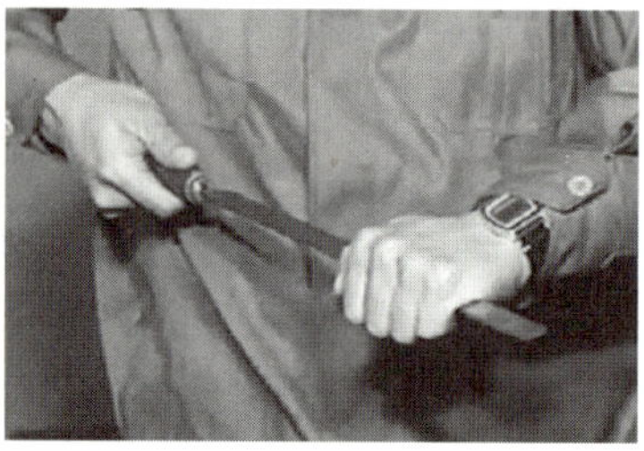

图5-27　握刮刀的姿势

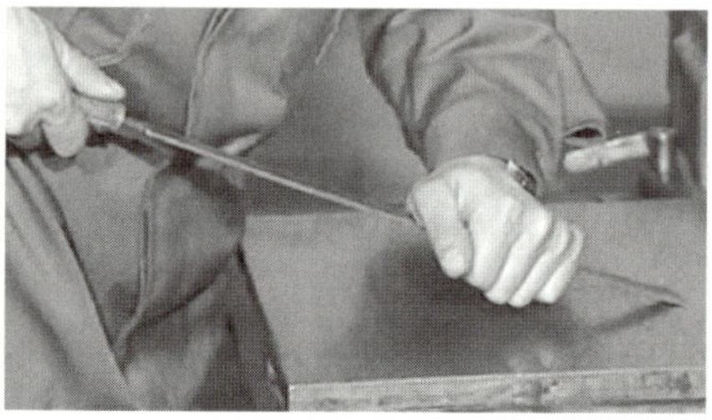

图5-28　刮削角度

刮削时，左脚向前跨一步，上身随着往前倾斜，这样可以增加左手压力，也易看清刮刀前面点的情况，如图5-29所示。

手刮法动作灵活，适应性强，适用于各种工作位置，对刮刀长度要求也不太严格，姿势可合理掌握，但手较易疲劳，故不适用于加工余量较大的场合。

2. 挺刮法

挺刮法操作姿势为：将刮刀刀柄放在小腹右下侧（图5-30），双手并拢握在刮刀前部距切削刃约80mm处（图5-31）。

图5-29　手刮法刮削姿势

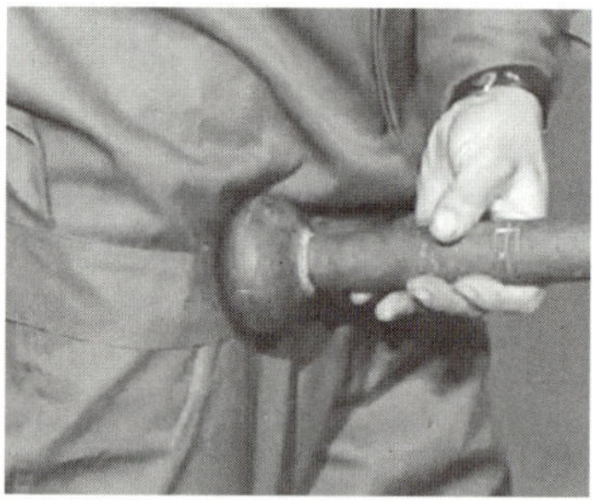

图5-30　刮刀刀柄的放置位置

刮削时，刮刀对准研点，左手下压，利用腿部和臀部力量，使刮刀向前推挤，如图5-32所示。挺刮法每刀切削量较大，适合大余量的刮削，工作效率较高，但腰部容易疲劳。

3. 平面刮削的一般过程

平面刮削可分为粗刮、细刮、精刮和刮花四个步骤进行。

（1）粗刮　粗刮也称为铲刮，是用粗刮刀在刮削面上均匀地铲去一层较厚的金属。

1）粗刮刀的刃磨。如图5-33a所示，先粗磨刮刀两平面，使刮刀在砂轮两侧面磨削，

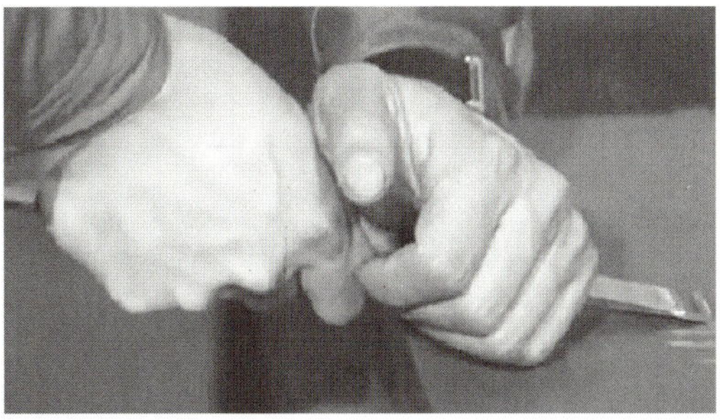

图 5-31　双手握刮刀的姿势

图 5-32　挺刮法刮削姿势

再磨出刀头部分。再按同样的方法用细砂轮细磨刮刀，磨出图 5-33b 所示切削角度。

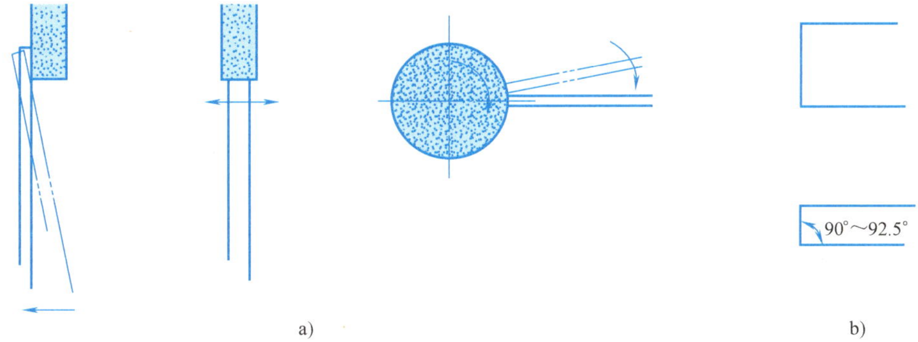

图 5-33　粗刮刀的刃磨

a）刃磨方法　b）刃磨后角度

2）粗刮要点。粗刮时用的是长刮法，也就是刀迹要宽和长，一般刀迹宽度为刮刀宽度的 1/2～3/4，长度为 15～30mm，连成长交叉纹路。当刀痕或锈斑消除后，把红丹粉涂在平板上推研，使工件表面的点显示出来，再刮去显出的点，这样重复进行，直至用 25mm×25mm 的方框检验达到 2～5 点，即可结束粗刮。

（2）细刮　细刮也称为破点，是在粗刮基础上，将大块稀疏些，以刮削成较细密、分布均匀的研点。

1）细刮刀的刃磨。细刮刀的粗、细刃磨方法与粗刮刀的刃磨方法基本相似，如图 5-34a 所示，刃磨后的切削角度如图 5-34b 所示。

细刮刀在砂轮上刃磨后还必须在油石上精磨。精磨的方法如图 5-35 所示。图 5-35a 所示为刃磨（后刀面）刀杆两侧平面，刃磨时，在油石上加适量的机油，左手握在刀身前端，离切削刃 30～50mm 处。使刀面与油石平面贴平，并加适当的压力做往复移动，直至平面平整，无砂轮磨痕即可。图 5-35b 所示为精磨顶端面（前刀面），精磨时，右手紧握离切削刃 30～50mm 处，左手扶住刀柄，使刮刀直立在油石上，刀杆与推进方向约成 75°角，并根据刮刀所需的角度，稍向前倾地向前推移，拉回时刀身稍稍提起。刃磨时，来回刃磨距离不能太长，一般控制在 50mm 左右，双手必须使刮刀保持平行位移，使顶端刀面（前刀面）磨

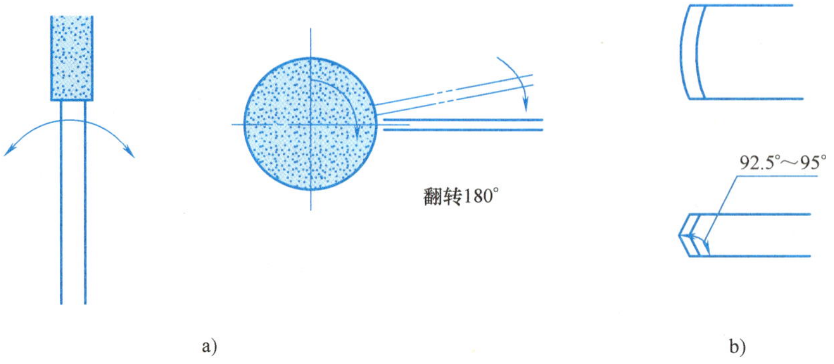

图 5-34　细刮刀的刃磨方法
a）刃磨方法　b）刃磨后角度

成平面。初学者还可将刮刀上部靠在肩上，两手握刀身，向后拉动来磨锐刃口，而向前则用手将刮刀提起。此法速度较慢，但容易掌握。

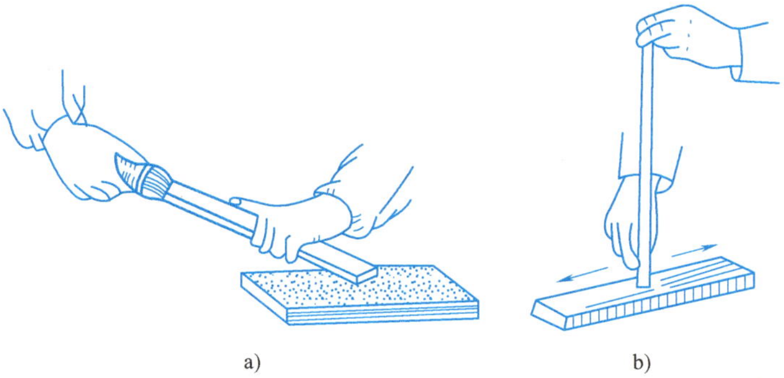

图 5-35　细刮刀的精磨

2）细刮要点。细刮时采用短刮法，刀迹的宽度为刮刀宽度的 1/3～1/2，长度约为刮刀宽度。当用 25mm×25mm 方框检验达到 8～12 点，即可结束细刮。在细刮的过程中应注意以下几点。

a. 细刮时应挑选大而亮的显点刮削，而且必须每刮一次，显点一次。

b. 随着细刮研点的增多，刀迹应逐步缩短。

c. 刮削方向每遍需一致，刮第二遍时需与前一遍交叉刮削，以切断原来的刀迹。

d. 刮削过程中，落刀要轻，推出要稳。

e. 细刮过程中，开始时显色剂调得稀些，涂在平板上，随着点数越来越多，显色剂应调得干些，涂在工件表面。

（3）精刮　精刮也称为采点，是在细刮的基础上，增加接触点和提高工件表面质量。

1）精刮刀的刃磨。精刮刀的刃磨方法与细刮刀相同，先在砂轮上粗、细磨，然后在油石上精磨。精刮刀的切削角度如图 5-36 所示。

2）精刮要点。精刮时采用点刮法，要求刀迹的宽度和长度均小于 5mm，而且随着研点的增多，刀迹越短，一般在 25mm×25mm 内有 20 点即可结束精刮。另外，在精刮时还要注意以下几点。

a. 刀迹的宽度和长度应小些，工件的表面越狭小，精度要求越高，刮削刀迹应越短。

b. 精刮时，落刀要轻，提刀要快。

c. 在每个研点上只刮一刀，不可重复，并始终交叉进行刮削，当达到要求时，交叉的刀迹大小要一致，排列要整齐。

d. 在选择研点时应先把最大、最亮的研点（硬点）全部刮去，中等研点只刮去顶部一小片，而小而暗的研点（软点）留着不刮。

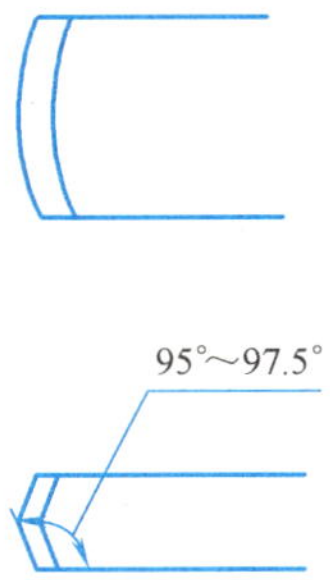

图 5-36　精刮刀的切削角度

（4）刮花　刮花的目的一是为了刮削表面美观，二是为了能使滑动表面之间可存油以增加润滑条件，并且还可以根据花纹消失的多少来判断表面的磨损程度。在接触精度要求高、显点要求多的工件上，不应该刮成大块花纹，否则不能达到所要求的刮削精度。一般常见的花纹有以下几种。

1）斜花纹。斜花纹就是小方块（图 5-37a），是用精刮刀与工件边成 45°角的方向刮成的。花纹的大小，按刮削面的大小而定。刮削面大，刀花可大些；刮削面狭小，刀花可小些。为了排列整齐和大小一致，可用软铅笔划成格子，一个方向刮完再刮另一个方向。

2）鱼鳞花纹。鱼鳞花纹常称为鱼鳞片。刮削时先用刮刀的右边（或左边）与工件接触，再用左手把刮刀逐渐压平并同时逐渐向前推进，即随着左手在向下压的同时，还要把刮刀有规律地扭动一下，扭动结束即推动结束，再立即起刀，这样就完成一个花纹。如此连续的推扭，就能刮出图 5-37b 所示的鱼鳞花纹。如果要从两个交叉方向都能看到花纹的反光，就应该从两个方向起刮。

3）半月花纹。在刮这种花纹时，刮刀与工件成 45°角左右。刮刀除了推挤外，还要靠手腕的力量扭动。以图 5-37c 中一段半月花纹 edc 为例，刮前半段 ed 时，将刮刀从左向右推挤，而后半段 dc 靠手腕的扭动来完成。连续刮下去就能刮出 f 到 a 一行整齐的花纹。刮 g 到 k 一行则相反，前半段从右向左推挤，后半段靠手腕从左向右扭动。这种刮花操作，需要有熟练的技巧才能进行。

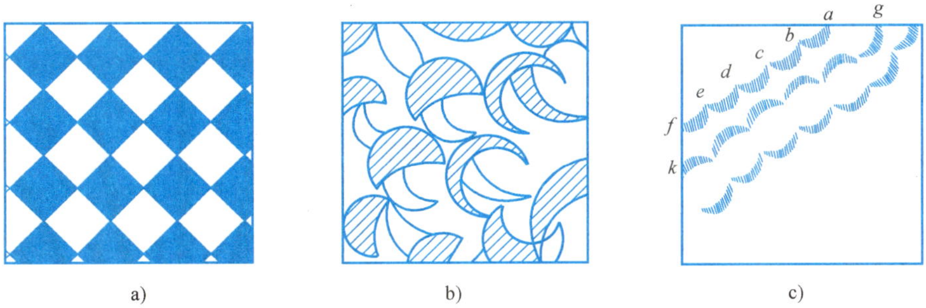

图 5-37　常见花纹

a）斜花纹　b）鱼鳞花纹　c）半月花纹

四、曲面刮削

1. 内曲面刮削方法

内曲面刮削时，右手握曲面刮刀刀柄，左手掌心向下四指横握刀身，拇指抵着刀身。刮削时左、右手同做圆弧运动，且顺着曲面使刮刀做后拉或前推运动，刀迹与曲面轴线约成45°角，且交叉进行，如图 5-38 所示。

2. 外曲面刮削方法

外曲面刮削方法与平面刮削方法相同，如图 5-39 所示。

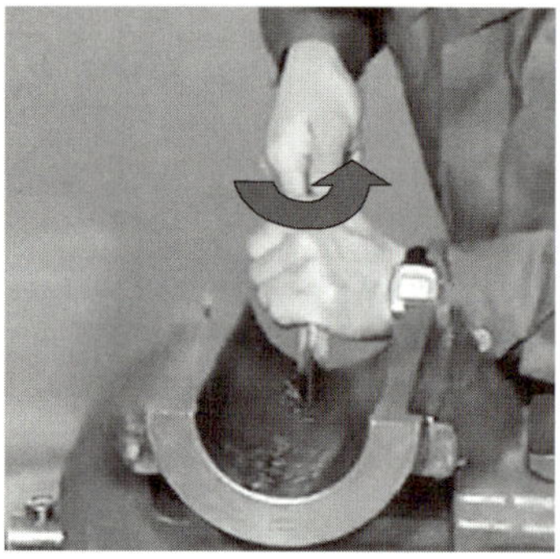

图 5-38　内曲面刮削方法

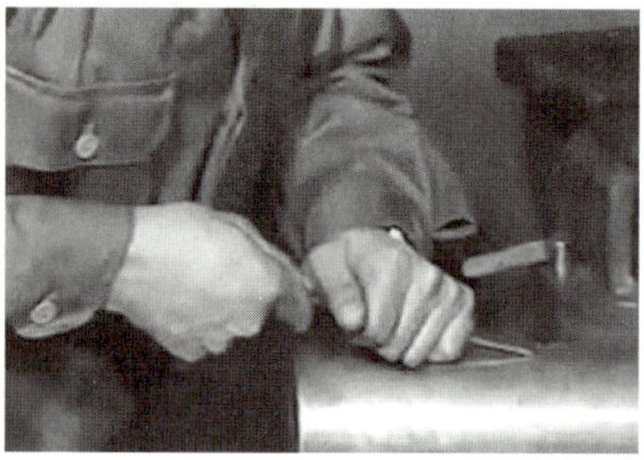

图 5-39　外曲面刮削方法

3. 显点方法

曲面刮削时，一般是以标准轴（也称为工艺轴）或与其配合的轴作为内曲面研点的校准工具，如图 5-40 所示。研合时，将显色剂涂在轴的圆柱面上，用轴在内曲面中旋转显示研点，然后根据研点进行刮削。

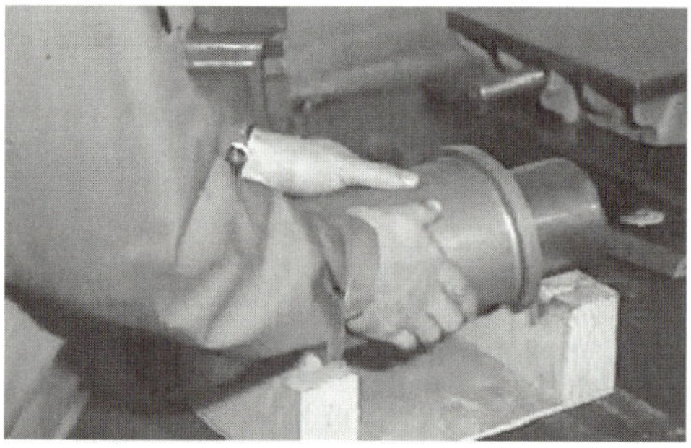

图 5-40　曲面刮削时的显点方法

五、刮削质量检查

用边长 25mm×25mm 正方形方框罩检查被检查面上的研点数，是检验刮削质量最常用的方法。将被刮面与校准工具对研后，根据方框内的研点来决定接触精度，如图 5-41 所示。根据方框内的研点数来判断接触精度不同，各种平面接触精度的研点数见表 5-7。

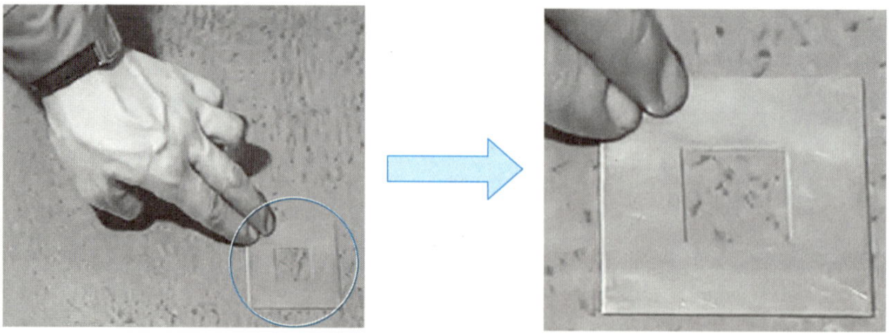

图 5-41　刮削质量检验

表 5-7 各种平面接触精度的研点数

平面种类	每 25mm×25mm 内的研点数	应用
一般平面	2～5	较粗糙机件的固定结合面
	5～8	一般结合面
	8～12	机器台面、一般基准面、机床导轨面、密封结合面
	12～16	机床导轨及导向面、工具基准面、量具接触面
精密平面	16～20	精密机床导轨、钢直尺
	20～25	1 级平板、精密量具
超精密平面	25	0 级平板、高精度机床导轨、精密量具

曲面刮削主要是对滑动轴承内孔的刮削，不同接触精度的研点数见表 5-8。

表 5-8 滑动轴承内孔接触精度研点数

轴承直径/mm	机床或精密机械主轴轴承			锻压设备和通用机械的轴承		动力机械和冶金设备的轴承	
	高精度	精密	普通	重要	普通	重要	普通
	每 25mm×25mm 内的研点数						
≤120	25	20	16	12	8	8	5
>120		16	10	8	6	6	2

任务实施

如图 5-18 所示 V 形架工件，90°V 形面刮削的基本加工步骤如下。

一、准备工作

该工件刮削表面为相互垂直的 V 形面，材料为 45 钢，选用平面刮刀；显色剂选择红丹粉和机油调制；校准工具选择大于该工件尺寸的 1 级标准平板。

二、操作步骤及要求

V 形架工件 V 形面的刮削步骤见表 5-9。

表 5-9 V 形架的刮削步骤

加工步骤	刀具	显色剂	加工要求	注意事项
粗刮	粗刮刀	红丹粉：涂在平板上推研	刀迹：宽度为刮刀宽度的 1/2～3/4，长度为 15～30mm；点数：25mm×25mm 的方框检验达到 2～5 点	在刮削过程中，随时检查被刮面与基准面 *A* 之间的垂直度误差
细刮	细刮刀	红丹粉：开始时红丹粉调得稀些，涂在平板上，随着点数越来越多，显色剂应调得干些，涂在工件表面	刀迹：宽度为刮刀宽度的 1/3～1/2，长度约为刮刀宽度；点数：用 25mm×25mm 方框检验达到 8～12 点	每刮一遍时，需按同一方向刮削，刮第二遍时，要交叉刮削，以消除原方向刀痕

（续）

加工步骤	刀　具	显　色　剂	加工要求	注意事项
精刮	精刮刀	红丹粉：涂在工件表面上	刀迹：宽度和长度均小于 5mm；点数：用 25×25mm 方框检验达到 16～20 点	压力要轻，提刀要快，在每个研点上只刮一刀，不得重复刮削，并始终交叉地进行刮削

三、注意事项

1）可在工件上压一个适当的重物，采取自重力研点，以保证研点的准确性。

2）要掌握接触显点的分布误差与垂直度、平行度误差的不同情况，防止修整的盲目性和片面性。

3）要互相兼顾，避免因修整某一面时影响其他面的精度。

4）测量时，必须擦拭干净，保证测量的准确性。

知识拓展

刮削常见的缺陷及原因

在实际刮削时，常常遇到很多缺陷，这些缺陷直接影响产品质量。为尽量避免缺陷，现把产生缺陷的原因及预防方法归纳于表 5-10。

表 5-10　刮削常见的缺陷及原因

缺陷形式	特征	产生原因
接触点达不到要求	点子小而稀少	刮削刀迹太狭窄，呈细长形，点子刮不准，刮削面不平，基础差
深凹痕	刀迹太深，局部显点稀少	粗刮时用力不均匀，局部落刀太重造成多次刀痕重叠
落刀或起刀痕	在刀迹起始或终点处有深刀痕	落刀时压力太大，起刀太慢，不及时，起刀太高
振痕	刮削面上呈有规律的波纹	多次同向刮削，刀迹没有交叉
划痕	刮削面上有深浅不一的直线	显色剂不清洁，研点时有砂粒、铁屑等杂物
丝纹	刮削面上呈粗糙刮痕	刮刀切削刃不光洁、不锋利，切削刃有缺口或裂纹

任务评价

通过以上学习，根据任务实施过程，将完成任务情况记入表 5-11 中，完成任务评价。

表 5-11　刮削任务评价表

项目名称		编号		姓名		日期	
序号	评价内容		评价标准			配分	备注
1	刮削姿势（站立、两手）		正确			10	
2	刀迹		整齐、美观			20	
3	接触点每 25mm×25mm 的方框内有 16 点以上（3 块）		点清晰、均匀			20	

（续）

序号	评价内容	评价标准	配分	备注
4	无明显落刀痕，无丝纹和振纹	3 块	20	
5	表面粗糙度值	≤*Ra*1.6μm	20	
6	安全文明生产	遵守 5S 规则	10	
教师评语				

课后评测

完成图 5-42 所示 V 形铁的刮削，并写出加工步骤。

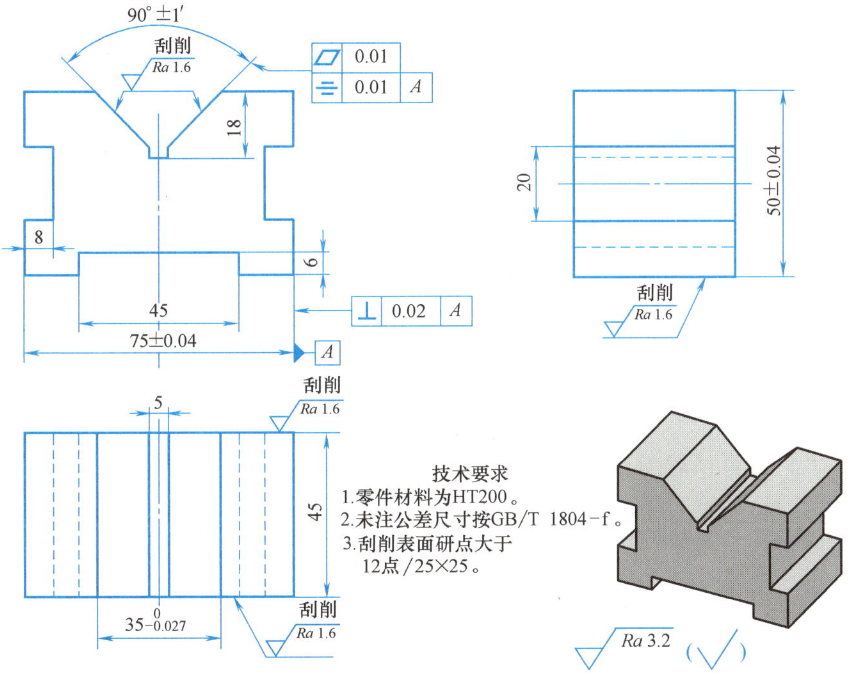

图 5-42 V 形铁

工匠之篇

研磨高铁的毫厘之间

宁允展，中车青岛四方机车车辆股份有限公司钳工、高级技师。

1991 年，19 岁的宁允展从铁路技校毕业，进入当时的四方机车车辆厂，从事自己喜爱的车辆钳工工作，一干就是 30 年。在同事们的眼中，宁允展是个多面手，既是钳工，又是焊工，还会机加工。他的工作室也被大家称为厂里的“第二工具间”，在那里几乎能找到各个工种的工具。而这些技能都是宁允展在上班之余自学而成的。在宁允展的家里，也有一处“小车间”，满满当当放置着小机床、电焊机和各种各样的工装。这是宁允展平时下班后在家里的活动中心。宁允展还自学了机加工、计算机绘图等多项技能。他总说，只有多掌握一些手艺，才能将它们融会贯通，想出更多解决难题的好点子。

2004年，中车青岛四方机车车辆股份有限公司引进运营速度为200km/h的高速动车组。产品进入试制阶段，转向架上的定位臂成了困扰转向架制造的难题。定位臂作为转向架上构架与车轮之间的接触部位，相当于人的脚踝。高速动车组在运营时速度为200km/h，定位臂的接触面要承受相当于20～30t的冲击力，按照工艺要求，必须确保定位臂和轮对节点有75%以上的接触面间隙小于0.05mm，否则可能影响行车安全。定位臂的接触面面积不足$10cm^2$，手工研磨是保证接触面间隙精准的唯一可行方法。然而经过机器粗加工后，定位臂上留给人工研磨的空间只有0.05mm左右，相当于一根细头发丝的直径，研磨量少了，精度就达不到要求，研磨量多了，动辄十几万元的构架就会报废。

在国内并没有可供借鉴的成熟的操作技术经验的情况下，宁允展主动请缨，攻克这项技术难关。扎实的基本功加上夜以继日的潜心琢磨，宁允展终于不负众望，掌握了这门技术。然而，随着动车组进入大批量制造阶段，传统的研磨方法已经跟不上生产节奏。宁允展开始琢磨如何改进工艺，使定位臂的研磨变得既好又快。反复试验研究了近半年后，宁允展发明了“风动砂轮纯手工研磨操作法”，采用分层、交错、叠加式研磨手法，将定位臂接触面织成了一张纹路细密、摩擦力超强的“网”。这一研磨法不仅将研磨效率提高了1倍以上，也将接触面的贴合率从原来的75%提高到了90%以上，这项发明有效保障了动车组转向架高质量、高产量的制造。

虽然获得许多荣誉，但宁允展从不摆架子，跟同事们相处得十分融洽。多年来，宁允展一直将自己的经验无私地传授给身边的同事。他的徒弟目前均是生产一线的骨干，有高级技师、技师、高级工、中级工等。宽严并济的教授方式也让他成为受徒弟们敬佩和喜爱的好师傅。“像我们这种干技术活的就得多练，基本功一定要扎实才行。”对于别人的不解，宁允展总会给出这样的解释。到今天，由宁允展等中车青岛四方机车车辆股份有限公司工人们手中研磨的转向架已经安装在了1500多列高铁列车上，行驶路程超过3.3×10^{10}km。

项目六

零件的孔加工

项目描述

无论是什么机器，从每个零件的制造到整个机器组装完成，几乎都离不开孔。在钳工中有钻孔、扩孔、锪孔、铰孔等加工方式，选择不同的加工方式，所得孔的加工精度、表面质量都不同，合理选择加工方法有利于降低加工成本，提高工作效率，这就需要我们走进项目六的学习——零件的孔加工。

任务一 零件的钻孔与扩孔

学习目标

1）知道标准麻花钻的结构，能按要求对标准麻花钻进行刃磨。

2）熟知钻孔的方法，并能依据图样要求，完成孔的钻削加工。

任务描述

图 6-1 所示为钻床夹具的挡板，材料为 Q235，该零件上有两个孔径为 7mm、沉孔直径为 11mm、深度为 6mm 的沉头孔和一个孔径为 5mm 的通孔，完成该零件的加工需要使用钻床进行孔的钻削加工。对该零件进行加工时，需要用到什么刀具？台式钻床的加工要点有哪些？

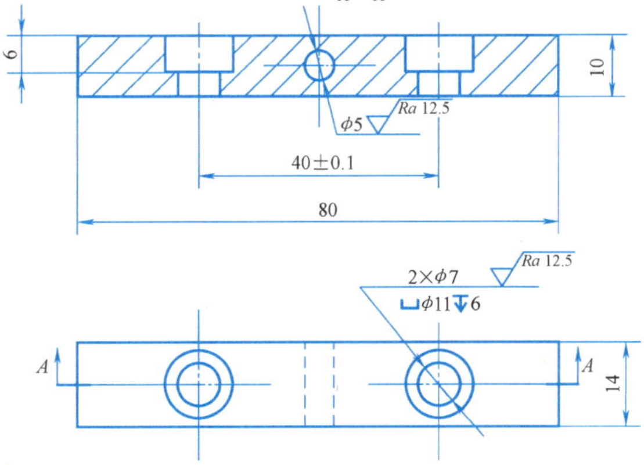

图 6-1 孔加工

知识链接

一、钳工中孔加工的方法

孔加工是钳工操作的重要内容，按孔的成形方法不同，孔的加工方法主要有钻孔、扩孔、锪孔和铰孔等，见表 6-1。

表 6-1 钳工操作中的孔加工方法

加工方法	加工对象	图例	应用
钻孔	用钻头在实体材料上进行孔加工	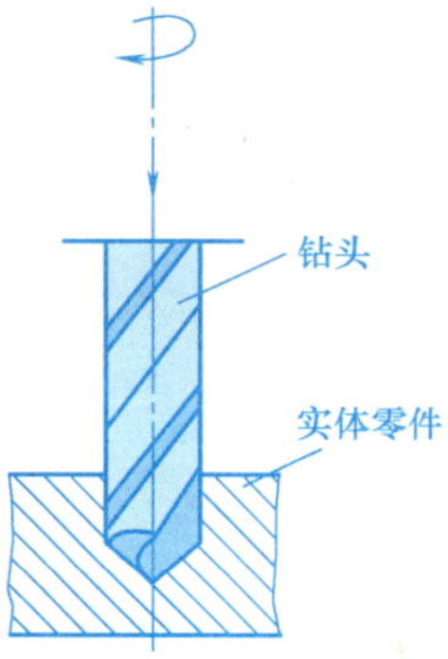	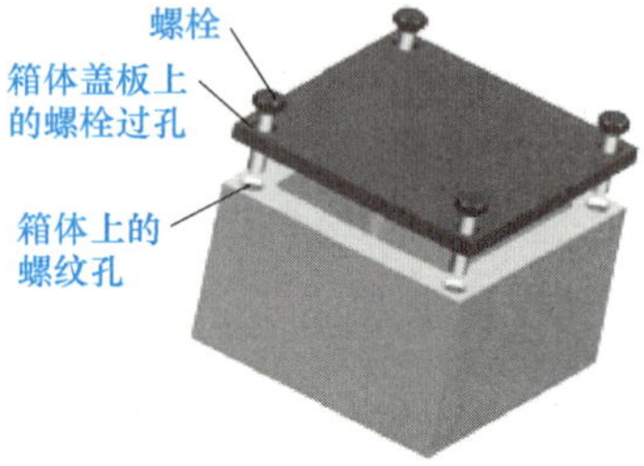 应用钻孔方法在箱体盖板上加工出螺栓过孔，以方便螺栓的安装
扩孔	用扩孔钻对零件上已有的孔进行扩大加工	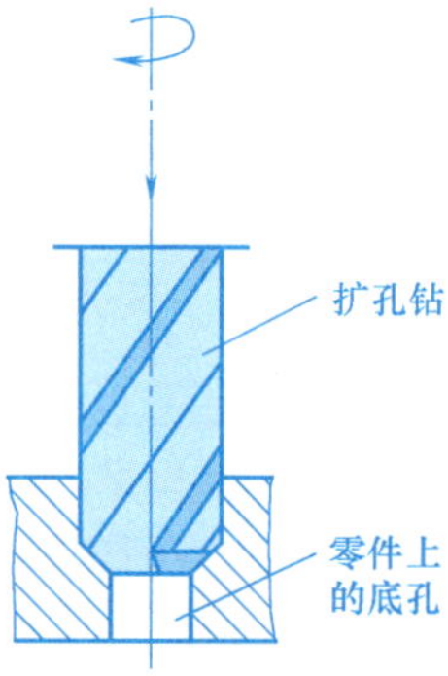	 应用扩孔方法在零件上加工出所需直径尺寸的孔
锪孔	在已加工的孔上加工圆柱形沉头孔、锥形沉头孔和凸台断面等	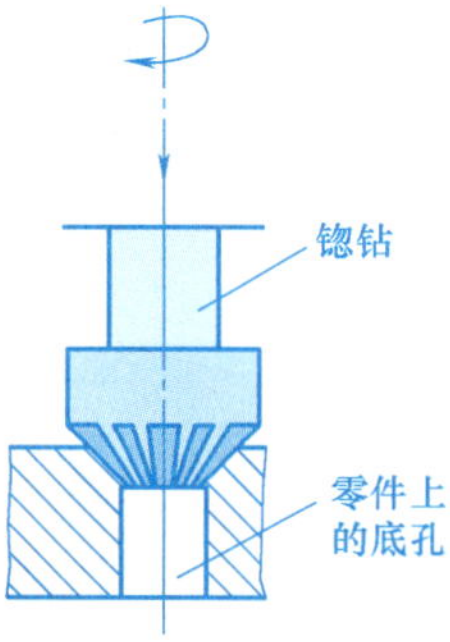	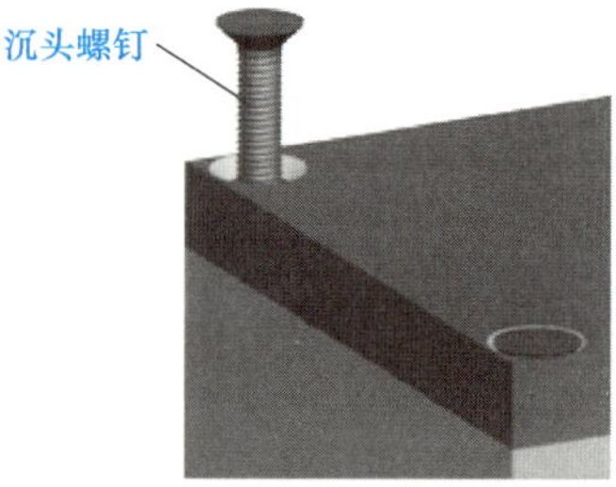 零件孔口上锪孔加工 90°沉孔，可以使 90°沉头螺钉装配后，螺钉表面与零件表面持平，保证零件的平面度精度
铰孔	在已加工孔的基础上进行微量切削，从而提高孔的精度	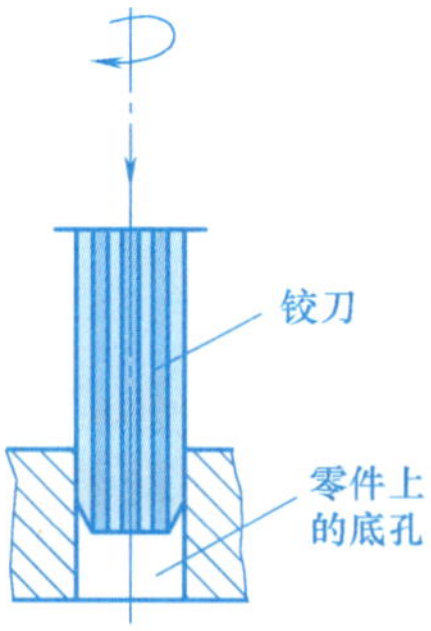	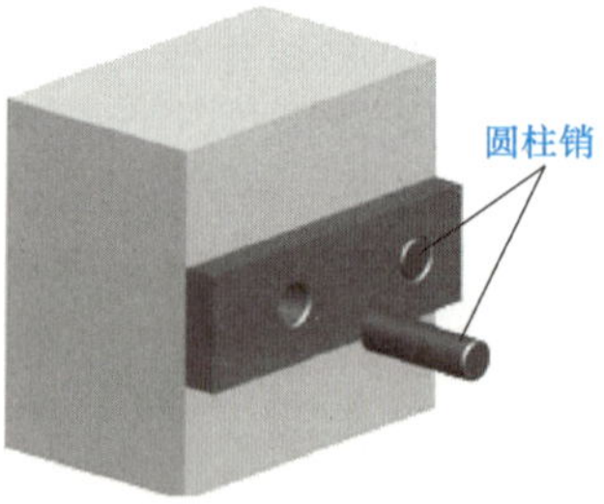 应用铰孔方法加工零件上的孔，提高孔壁表面质量和孔的尺寸精度，以保证圆柱销与孔之间的配合精度

二、钻孔刀具

1. 麻花钻的结构

麻花钻一般采用高速钢（W18Cr4V 或 W9Cr4V2）制成，经过淬火后，硬度可达 62~68HRC。

麻花钻的结构主要由工作部分、柄部以及颈部组成，如图 6-2 所示。麻花钻的工作部分又可以分为切削部分和导向部分。

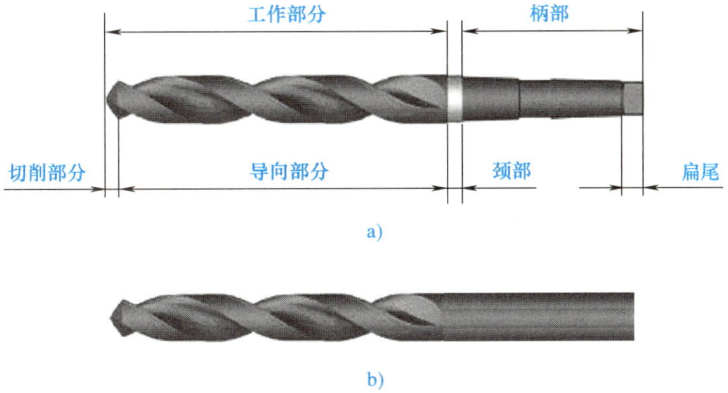

图 6-2　麻花钻的结构

a）锥柄麻花钻　b）直柄麻花钻

（1）切削部分　麻花钻的切削部分由两个刀瓣组成，每一个刀瓣都具有切削作用。普通麻花钻的切削部分主要由五刃六面组成，见表 6-2。

表 6-2　麻花钻切削部分的组成

图　示	切削部分组成	说　明
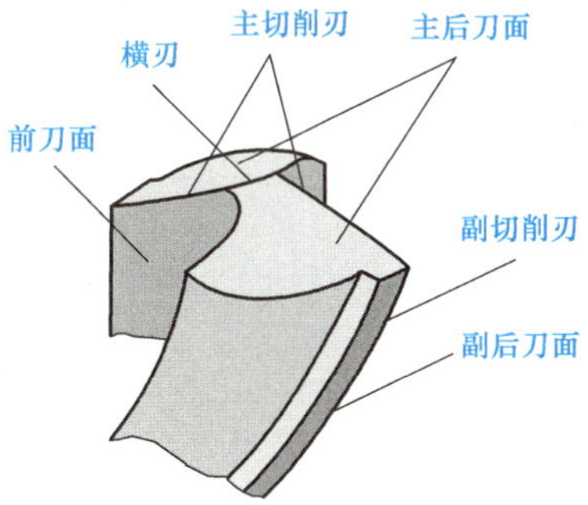	前刀面	钻头切削加工时，切屑流经的表面
	主后刀面	钻头切削加工时，与工件上的加工表面相对的面
	副后刀面	钻头切削加工时，与工件上已加工表面相对的面
	主切削刃	前刀面与后刀面之间的交线
	副切削刃	前刀面与副后刀面之间的交线
	横刃	两个后刀面的交线

（2）导向部分　麻花钻的导向部分主要用来保证普通麻花钻在切削加工时的方向准确性。当钻头进行重新刃磨以后，导向部分又逐渐转变为切削部分。

导向部分的两条螺旋槽（前刀面）主要起形成切削刃，以及容纳和排除切屑的作用，同时也方便切削液沿螺旋槽流入至切削部分。

导向部分外缘的两条棱带（副后刀面），其直径在长度方向略有倒锥，倒锥量为每

100mm 长度内，直径向柄部减少 0.05~0.1mm。目的在于减少钻头与孔壁之间的摩擦。

（3）柄部　柄部是麻花钻的夹持部分，在钻削过程中，经过装夹之后，用来定心和传递动力。根据普通麻花钻直径大小的不同，柄部的形式有锥柄和直柄两种不同的形式。一般锥柄用于直径大于（或等于）13mm 的麻花钻，而直柄用于直径小于 13mm 的麻花钻。

（4）颈部　颈部是麻花钻在磨制加工时遗留的退刀槽。一般麻花钻的尺寸规格、材料及商标都标记在颈部。

2. 麻花钻的辅助平面切削角度

（1）辅助平面　在测量麻花钻的切削角度时，主要利用其辅助平面进行测量。常用的辅助平面见表 6-3。

表 6-3　测量麻花钻切削角度的辅助平面

<table>
<tr><th>图　示</th><th>辅助平面</th><th>说　明</th></tr>
<tr><td rowspan="4">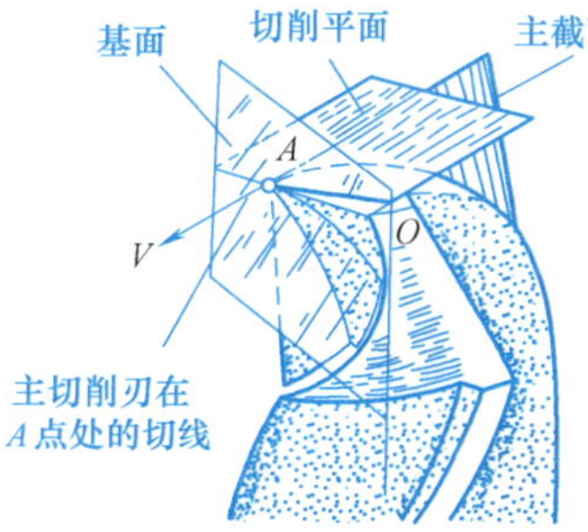
</td><td>切削平面</td><td>通过主切削刃上任一点的切削速度方向与工件加工表面相切的平面</td></tr>
<tr><td>基面</td><td>通过主切削刃上任一点，与切削速度方向垂直的平面</td></tr>
<tr><td>主截面</td><td>通过主切削刃上任一点，并垂直于切削平面和基面的平面</td></tr>
<tr><td>柱截面</td><td>通过主切削刃上任一点，作与钻头轴线平行的直线，该直线绕钻头轴线旋转所形成的圆柱面的切面</td></tr>
</table>

（2）麻花钻的切削角度　麻花钻的切削角度见表 6-4。

表 6-4　麻花钻的切削角度

<table>
<tr><th>图　示</th><th>测量的角度</th><th>说　明</th></tr>
<tr><td>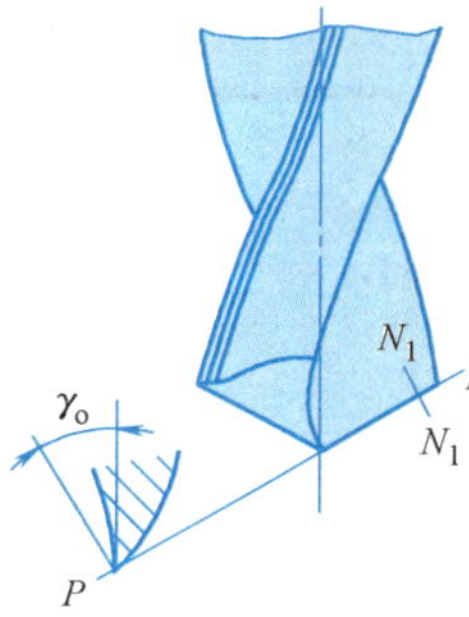
</td><td>前角
（γ_o）</td><td>在柱截面（N_1-N_1）内测量的，由刀具前刀面与基面之间产生的夹角
由于麻花钻的前刀面是一个螺旋面，沿主切削刃各点倾斜方向不同，所以主切削刃上各点前角的大小是不相等的：靠近外缘处前角最大，自外缘向中心逐渐减小，在钻心至 $D/3$ 范围内为负值
前角大小决定切除材料的难易程度和切屑在前刀面上摩擦阻力的大小。前角越大，切削越省力</td></tr>
<tr><td>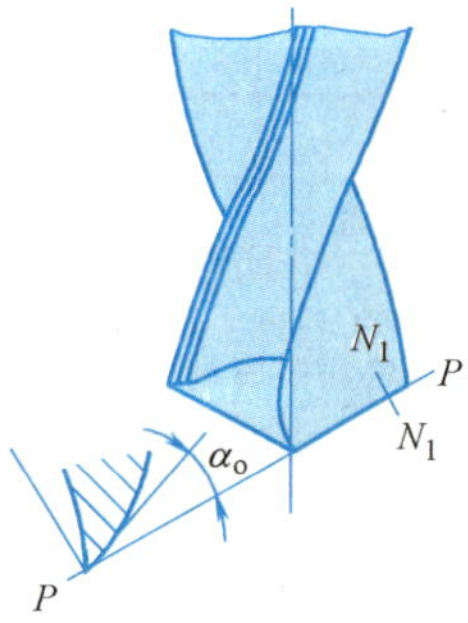
</td><td>主后角
（α_o）</td><td>在柱截面内测量的，由刀具的后刀面与切削平面之间所产生的夹角
主切削刃上各点的后角大小不相等，靠近外缘处的后角较小，越靠近钻心处，后角越大
后角的作用主要是控制钻头后刀面与工件的加工表面之间的摩擦，后角越小，刀具强度就越好，但刀具后刀面与工件的加工表面之间的摩擦就越严重</td></tr>
</table>

（续）

图示	测量的角度	说明
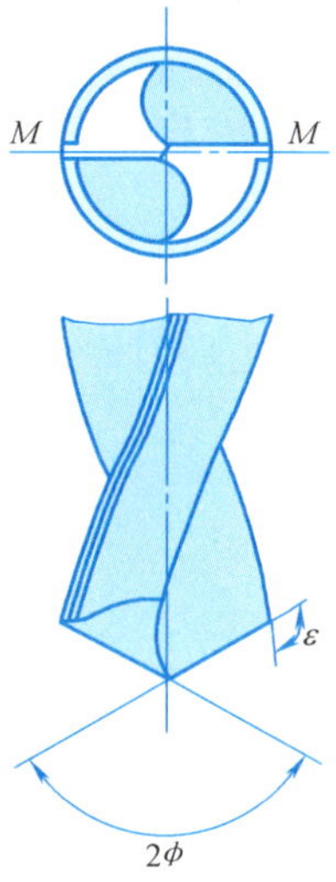	顶角 （2ϕ）	两条主切削刃在其平行平面（M—M）上的投影之间的夹角 顶角的大小可以根据加工条件在刃磨钻头时确定。麻花钻的标准顶角 $2\phi=(118°\pm2°)$，此时，两条主切削刃呈直线形。若 $2\phi>(118°\pm2°)$ 时，两条主切削刃呈内凹形，$2\phi<(118°\pm2°)$ 时，两条主切削刃呈外凸形 顶角的大小影响主切削刃上进给力的大小，顶角越小，则进给力越小，外缘处的刀尖角 ε 增大，有利于散热和提高钻头寿命。但是，顶角较小时，在相同的条件之下，钻头所受的转矩就会增大，切屑变形加剧，排屑困难，还会妨碍切削液的进入
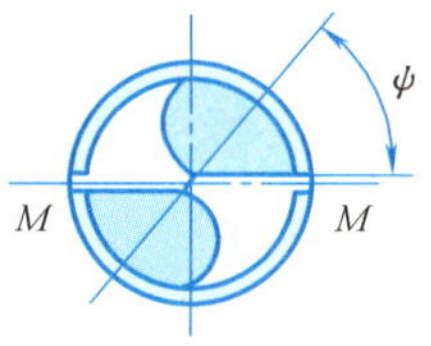	横刃斜角 （ψ）	横刃与主切削刃在钻头端面内的投影之间的夹角 横刃斜角是在刃磨钻头时由于钻心直径的影响而自然形成的，其大小与钻头的后角、顶角的大小有关。后角刃磨正确时，标准麻花钻的横刃斜角 $\psi=50°\sim55°$，当后角偏大时，横刃斜角就会较小，继而使横刃的长度增加

3. 麻花钻的刃磨

（1）麻花钻的刃磨要求

1）顶角 $2\phi=118°\pm2°$。

2）外缘处的主后角 $\alpha_o=10°\sim14°$。

3）横刃斜角 $\psi=50°\sim55°$。

4）钻头的两个刀瓣应刃磨对称，如图 6-3 所示，否则在钻孔时容易产生孔扩大或孔歪斜的现象。同时，由于两条主切削刃所受的切削抗力不均衡，会造成钻头振动，从而加剧钻头的磨损。

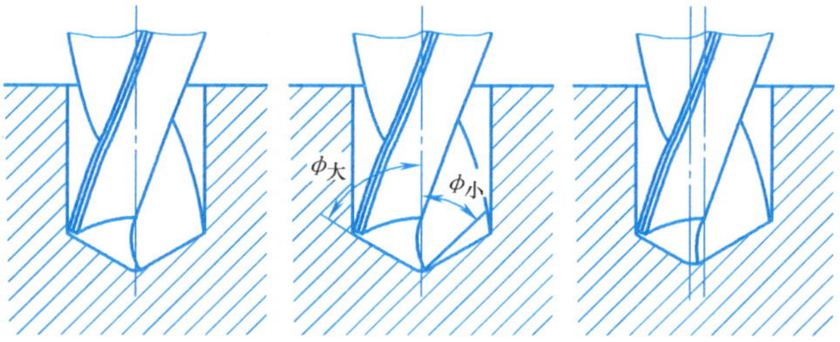

图 6-3 钻头两刀瓣的对称刃磨

a）对称度正确 b）刃磨角度不对称 c）主切削刃刃磨不对称

5）两个主后刀面要刃磨光滑。

（2）麻花钻的刃磨方法　如图 6-4 所示，刃磨麻花钻时，右手握住钻头的头部，左手握住柄部，钻头轴线与砂轮圆柱素线在水平面内的夹角等于钻头顶角 2ϕ 的一半，被刃磨部分的主切削刃处于水平位置，将主切削刃在略高于砂轮水平中心平面处先接触砂轮，右手缓慢地使钻头绕自身轴线由下向上转动，同时施加适当的刃磨压力，以使整个后刀面都能磨到，左手配合右手作缓慢的同步下压运动，刃磨压力逐渐加大，便于磨出后角，其下压的速度及其幅度随要求的后角大小而变。为保证钻头靠近中心处磨出较大的后角，还应做适当的右移运动。刃磨时，两手动作的配合要协调、自然。刃磨时，还应注意两个后刀面的对称。

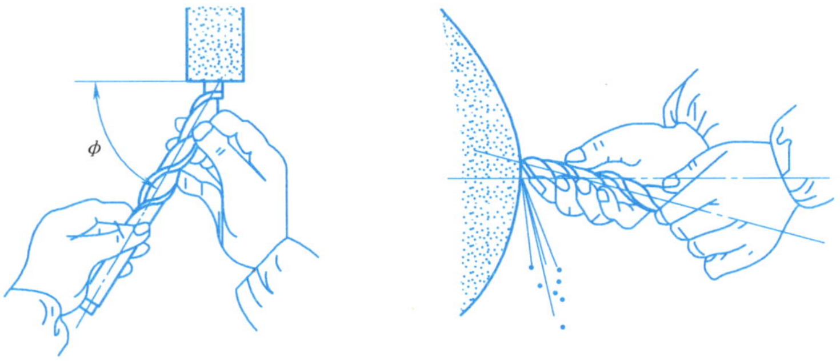

图 6-4　麻花钻的刃磨方法

（3）麻花钻刃磨时的冷却　钻头刃磨压力不宜过大，并要经常蘸水冷却，以防止因过热引起退火而造成钻头硬度的降低。

（4）麻花钻的刃磨质量检验　麻花钻的刃磨质量主要包含麻花钻的几何角度，以及两条主切削刃的对称度等，常用的检验方法有样板检验法和目测检验法。

1）样板检验法。利用检验样板检验麻花钻各几何角度及主切削刃的对称度，如图 6-5 所示。

2）目测检验法。目测检验时，把钻头的切削部分向上竖立，两眼平视，如图 6-6 所示。由于两主切削刃一前一后会产生视觉误差，往往感到前面的主切削刃略高于后面的主切削刃，所以要旋转 180°后反复查看，如果经几次检验，结果都一样，则说明钻头两主切削刃是对称的。

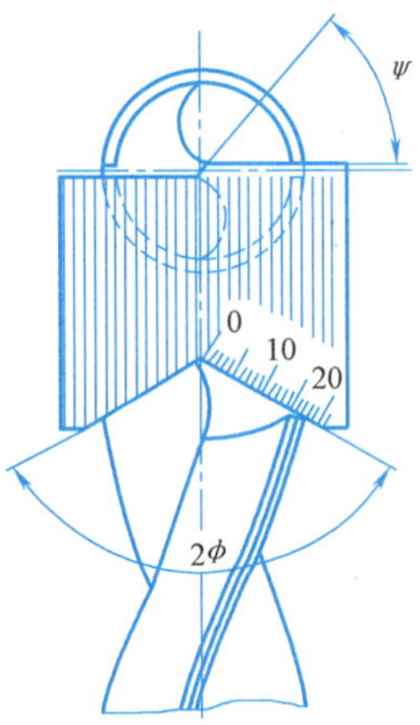

图 6-5　用样板检验刃磨角度

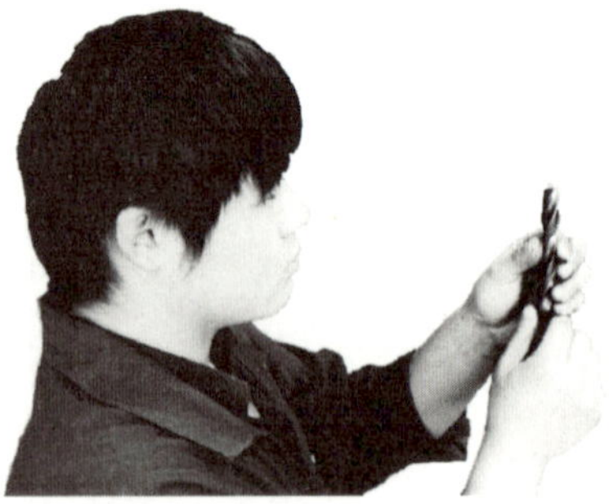

图 6-6　目测检验麻花钻主切削刃的对称度

钻头外缘处的后角要求，可对外缘处靠近刃口部分的后刀面的倾斜情况直接目测，如图6-7所示。靠近中心处的后角要求，可通过控制横刃斜角的合理数值来保证。

4. 标准麻花钻的缺点

1）横刃较长，横刃处的前角为负值，在切削过程中，横刃处于挤刮状态，产生很大的轴向力，使钻头容易发生抖动，定心效果差。

2）主切削刃上各点的前角大小不一样，导致各点的切削性能不同。由于靠近钻心处的前角为负值，切削处于挤刮状态，切削性能较差，产生较大的切削热，使钻头磨损严重。

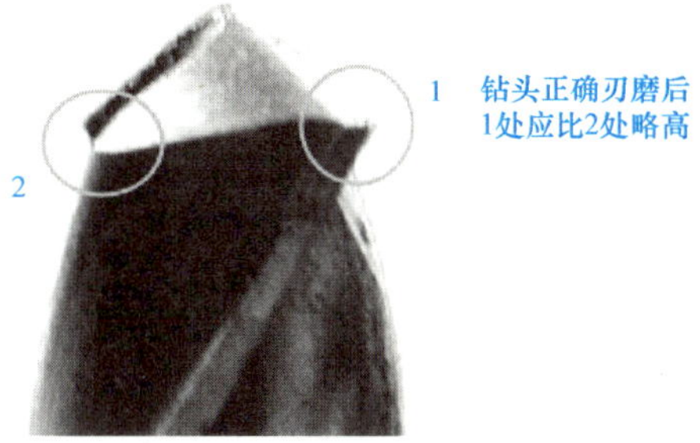

图 6-7 目测检验麻花钻几何角度

3）钻头的副后角为零，靠近切削部分的棱边与孔壁表面的摩擦比较严重，容易发热和磨损。

4）主切削刃外缘处的刀尖角较小，前角很大，刀齿薄弱，而此处的切削速度却是最高的，所以产生的切削热最多，磨损极为严重。

5）主切削刃较长，而且全宽参加切削，各点的切屑流出速度的大小和方向都不相同，会增大切屑的变形，所以切屑卷曲成很宽的螺旋卷，容易堵塞容屑槽，造成排屑困难。

5. 麻花钻的修磨

麻花钻修磨的目的主要在于改善刀具的切削性能。通常是按照钻孔的具体要求，有选择地对麻花钻进行修磨，见表6-5。

表 6-5 麻花钻的修磨

<table>
<tr><th>图 示</th><th>修磨内容</th><th>说 明</th></tr>
<tr><td>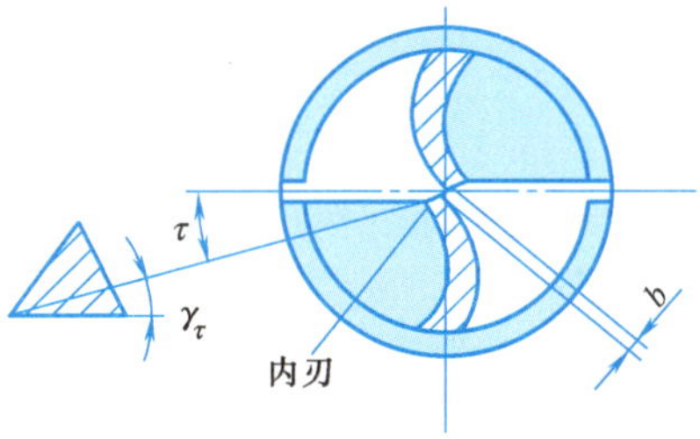
</td><td>修磨横刃</td><td>磨短横刃并增大钻心处前角
经过修磨后，横刃的长度 b 为原来尺寸的1/5～1/3，以减小轴向抗力和挤刮现象，提高钻头的定心作用和切削的稳定性。同时，在靠近钻心处形成内刃，形成一个角度值为20°～30°的内刃斜角 τ，内刃处的前角 $\gamma_\tau=0°\sim15°$，切削性能得到改善
一般直径在5mm以上的钻头都需要修磨横刃</td></tr>
<tr><td>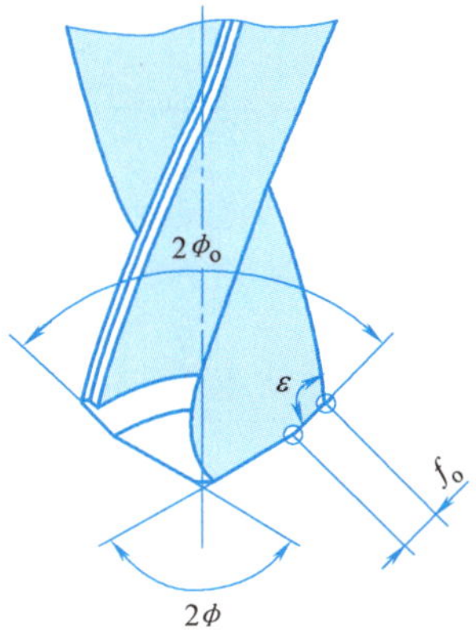
</td><td>修磨
主切削刃</td><td>修磨主切削刃主要是磨出第二重锋角 $2\phi_o$（$2\phi_o=70°\sim75°$）
在钻头外缘处磨出过渡刃（$f_o=0.2d$），以增大外缘处的刀尖角，改善散热条件，增加刀齿强度，提高切削刃与棱边交角处的耐磨性，用以延长钻头寿命，减少孔壁的残留面积，有利于降低孔壁的表面粗糙度值</td></tr>
</table>

（续）

图　　示	修磨内容	说　　明
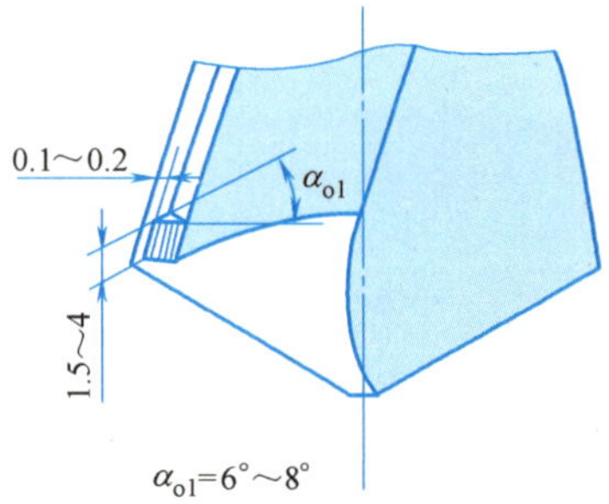	修磨棱边	在靠近主切削刃的一段棱边上，修磨出一个角度值为6°～8°的副后角 α_{o1}，同时保留棱边的宽度为原来的1/3～1/2，以减少棱边对孔壁表面的磨损，提高钻头的使用寿命
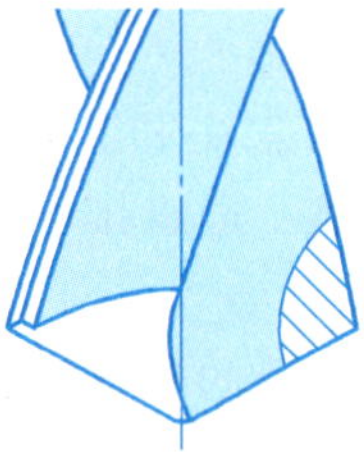	修磨前刀面	修磨钻头外缘处的前刀面可以减小此处的前角值，提高刀齿的强度，在钻削黄铜零件时，还可以避免“扎刀”现象的产生
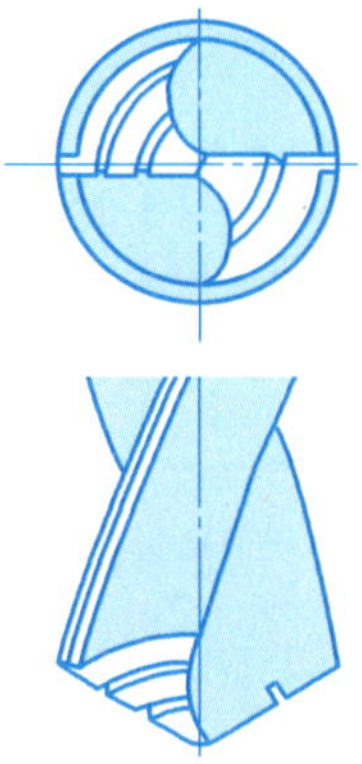	修磨分屑槽	在钻头的两个后刀面上刃磨出几条相互错开的分屑槽，可使切屑变窄，有利于切屑的顺利排出

三、钻床

1. 钻床的结构

按结构形式的不同，钻床主要可以分为台式钻床、立式钻床、摇臂钻床等，见表6-6。

2. 麻花钻在钻床上的安装与拆卸

麻花钻在钻床上的安装与拆卸方法见表6-7。

3. 钻削用量的选择

（1）钻削用量　钻削用量包括三个要素，即切削速度、进给量和背吃刀量。

表 6-6 常见钻床

<table>
<tr><th>钻床名称</th><th>钻床结构</th><th>说　明</th></tr>
<tr><td>台式钻床</td><td>
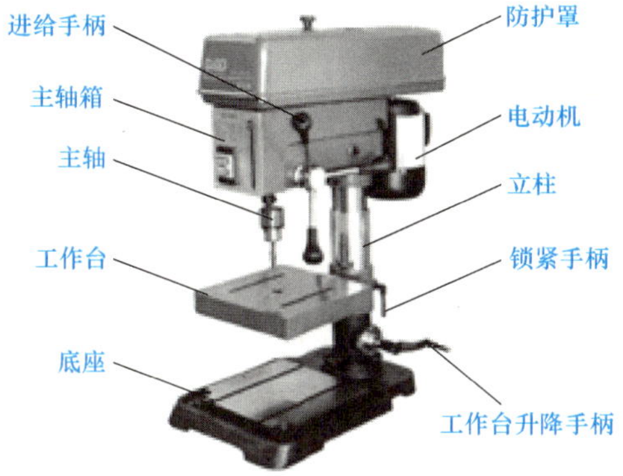

</td><td>台式钻床是放置在台桌上使用的小型钻床，用于钻削中、小型零件上直径小于 13mm 的孔。台式钻床结构简单，主要用于单件、小批量生产</td></tr>
<tr><td>立式钻床</td><td>
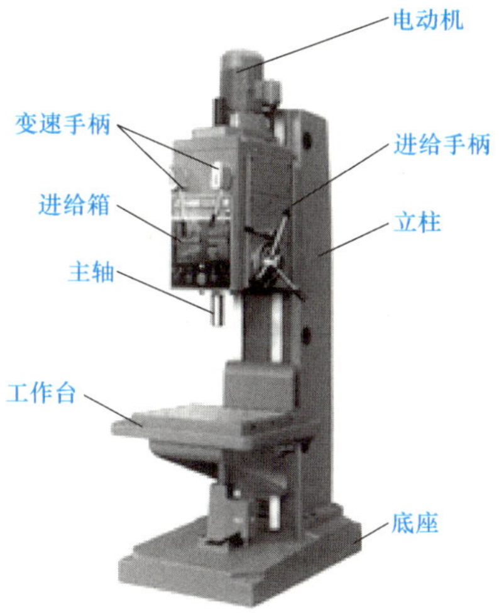

</td><td>立式钻床的最大钻孔直径可达 25mm，主轴下端采用莫氏 3 号锥轴。主轴（刀具）回转中心固定，加工时，需要靠移动工件使加工孔的轴线与主轴轴线重合以实现工件的定位，因此，只适合于加工中、小型零件的单件、小批量生产</td></tr>
<tr><td>摇臂钻床</td><td>
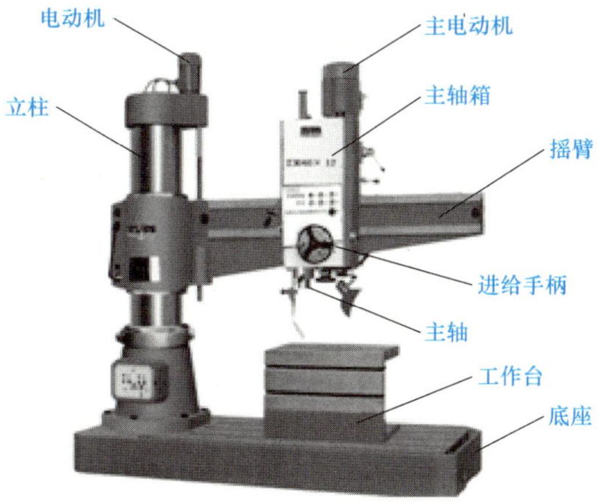

</td><td>摇臂钻床有一个能绕立柱回转的摇臂，主轴箱可沿立柱轴线上下移动，同时，主轴箱还可沿摇臂的水平导轨做手动或机动的移动。因此，操作时能方便地调整主轴（刀具）的位置，使它对准所需加工孔的中心而不必移动工件，适合于大型工件或多孔工件的钻削</td></tr>
</table>

表 6-7 麻花钻在钻床上的安装与拆卸

麻 花 钻	装夹工具	特点及应用	应用示例
直柄麻花钻	 钻夹头	钻夹头的装夹范围较小，只能装夹直径小于 13mm 的直柄钻头，使用钥匙可将麻花钻夹紧或松开	
锥柄麻花钻	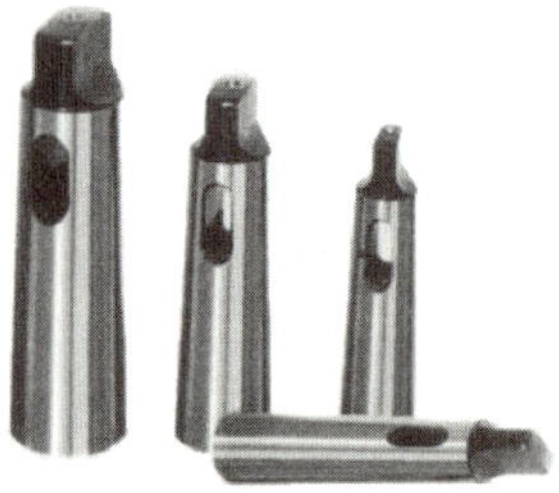 钻头套	钻头套主要用来装夹直径大于 13mm 的锥柄钻头，可通过钻头套的莫氏锥度夹紧钻头	 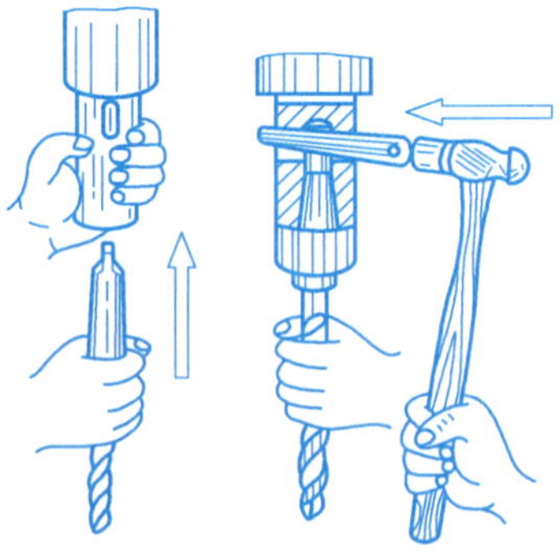 装　　拆

1）钻削时的切削速度。钻削时的切削速度是指钻孔时钻头直径上任一点的线速度，用符号“v”表示，单位为 mm/min。其计算公式为

$$v=\frac{\pi Dn}{1000} \tag{6-1}$$

式中 D——钻头直径（mm）；

n——钻床主轴转速（r/min）。

2）钻削进给量。钻削进给量是指主轴每转一周，钻头对工件沿主轴轴线的移动量，用符号“f”表示，单位为 mm/r。

3）背吃刀量。背吃刀量是指工件上已加工表面与待加工表面之间的垂直距离，如图 6-8 所示，用符号“a_p”表示，单位为 mm。

对钻削来说，背吃刀量可按以下公式计算：

$$a_p=D/2 \tag{6-2}$$

式中 D——钻头直径（mm）。

（2）钻削用量的选择

1）钻削用量的选择原则。选择钻削用量的目的在于保证加工精度和表面质量，以及在保证刀具寿命的前提之下，尽可能使生产率最高，同时又不超过机床允许的功率和机床、刀具、工件等的强度、刚度的承受范围。

钻孔时，由于背吃刀量已由钻头直径所决定，所以只需要选择切削速度和进给量。

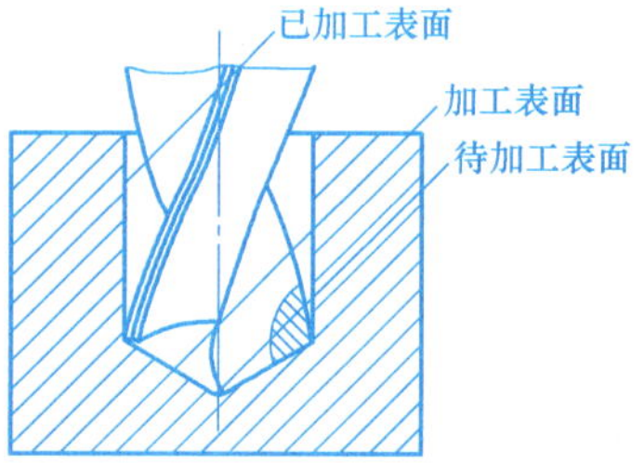

图 6-8 钻削时的加工表面

对钻孔生产率的影响，切削速度 v 和进给量 f 是相同的；对钻头寿命的影响，切削速度 v 比进给量 f 大；对孔的表面质量的影响，进给量 f 比切削速度 v 大。综合以上影响因素，钻孔时选择切削用量的基本原则是：在允许的范围内，尽量先选较大的进给量 f，当进给量 f 受到孔表面质量和钻头刚度限制时，再考虑较大的切削速度 v。

2）钻削用量的选择方法。钻削用量的选择方法见表 6-8。

表 6-8 钻削用量的选择方法

钻削用量	选 择 方 法
背吃刀量	在钻孔过程中，可根据实际情况，先用(0.5~0.7)D 的钻头进行钻底孔加工，然后用直径为 D 的钻头将孔进行扩大加工。这样可以减小背吃刀量以及进给力，保护机床，同时提高钻孔质量
进给量	孔的加工精度要求较高，以及表面粗糙度值要求较小时，应选取较小的进给量；钻孔深度较深、钻头较长、钻头的刚度和强度较差时，也应选取较小的进给量
切削速度	当钻头直径和进给量被确定后，切削速度应按照钻头的寿命选取合理的数值。当钻孔的深度较深时，应选取较小的切削速度

四、钻孔的方法

1. 钻孔时的工件划线

按钻孔的位置尺寸要求，划出孔位的十字中心线，并打上中心样冲眼，如图 6-9 所示。

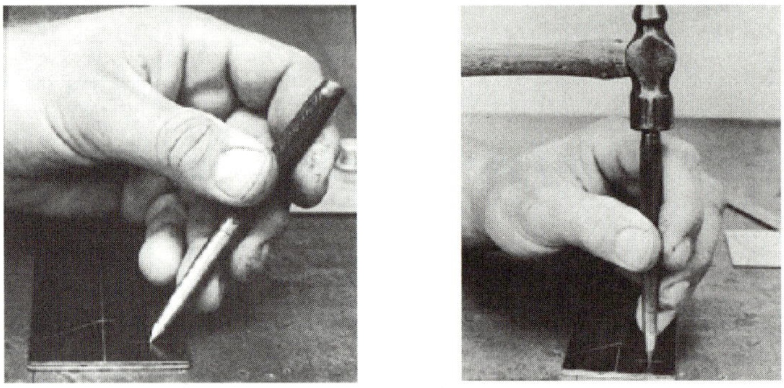

图 6-9 打样冲眼

为了便于在钻孔时检查和找正钻孔的位置，可以按加工孔的直径大小划出孔的圆周线，对于直径较大的孔，还可以划出几个大小不等的检查圆或检查方框，如图 6-10 所示。

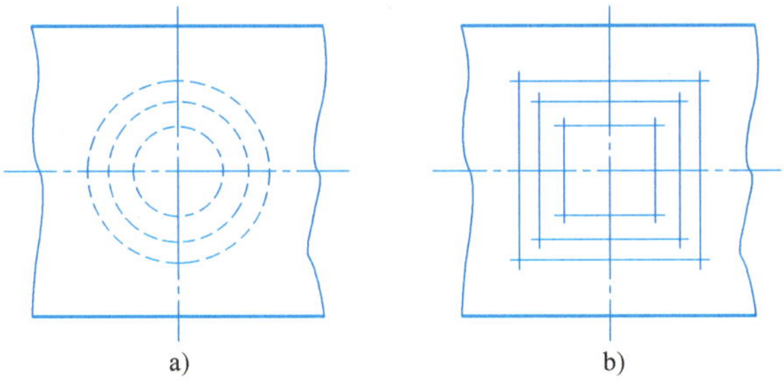

图 6-10 孔的检查线形式

a）检查圆 b）检查方框

2. 工件的装夹

工件钻孔时，根据工件的不同形状，以及钻削力的大小（或钻孔的直径大小）等情况，采用不同的装夹（定位和加紧）方法，以保证钻孔的质量和安全。常用的装夹方法见表 6-9。

表 6-9 常用的装夹方法

工具名称	图 示	特点及应用	应用示例
手虎钳	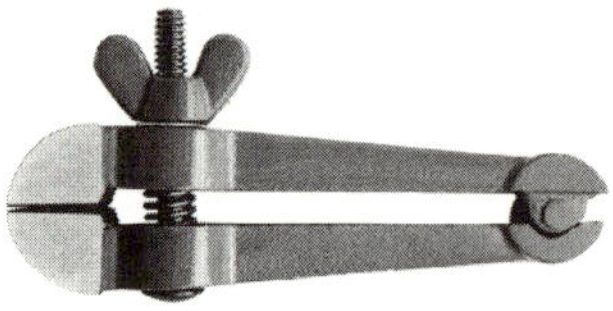	主要用来装夹小型零件或薄壁零件	

（续）

工具名称	图　示	特点及应用	应用示例
机用平口钳		小型工件一般采用机用平口钳装夹	
压板		孔径较大，钻削时转矩则增大，为保证装夹的可靠和操作安全，工件应使用压板、V形架、螺栓等装夹	
V形垫铁		可与压板配合使用，主要用于在钻床工作台面上安装轴类零件	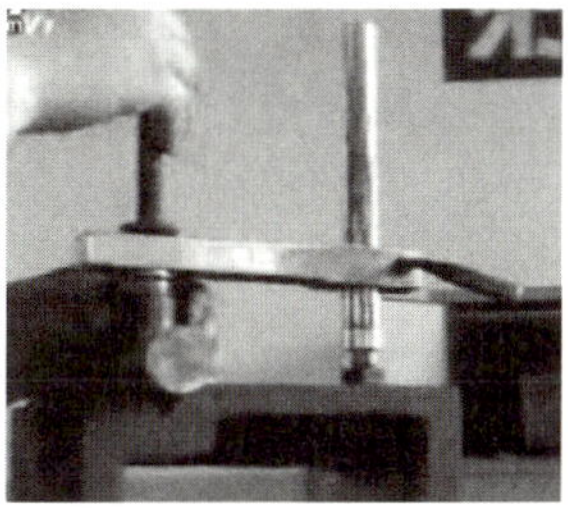

3. 起钻的方法

钻孔时，先使钻头对准钻孔中心钻出一个浅坑，观察钻孔位置是否正确，并不断找正，使浅坑与划线圆同轴。找正方法为：如果偏位较少，可在起钻的同时用力将工件向偏位的相反方向推移，达到逐步找正的目的；如果偏位较多，可在找正的方向上打上几个样冲眼或用油槽錾錾出几条槽，如图6-11所示，以减少此处的钻削阻力，达到找正的目的。

五、钻孔时的冷却与润滑

在切削加工过程中，由于被切削金属层的变形、分离，以及刀具和被切削材料之间的摩擦而产生的热量称为切削热。

钻孔时，切削热通过对切削温度的影响而影响切削过程。切削热传入刀具后，使刀具温度升高，当超过刀具材料所能承受的极限温度时，刀具材料的硬度将降低，并迅速丧失切削性能，使刀具磨损加快，使用寿命降低。切削热进入工件后，工件温度升高而产生热变形，影响工件的加工精度和表面质量。所以，必须对刀具和工件的温度升高加以控制。

切削热主要通过切屑、刀具、工件、切削液和周围的空气传导出去。如果切削加工时不

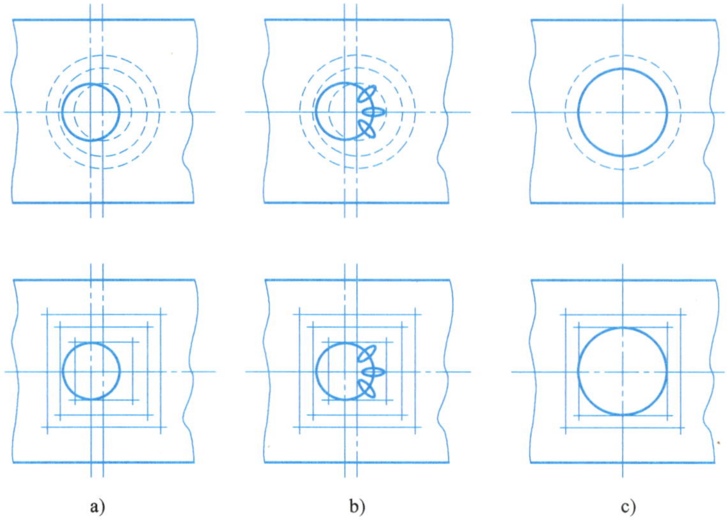

图 6-11 起钻偏位的找正方法

a）起钻 b）孔位找正 c）钻孔

加切削液，则大部分的切削热主要由切屑传出。

合理选用切削液是控制切削温度升高的有效方法之一。为了提高切削加工效果而使用的液体称为切削液。切削液的作用如下。

1. 冷却作用

切削液能带走大量的切削热，从而降低切削温度，延长刀具的使用寿命，同时能有效提高生产率。

2. 润滑作用

切削液能减小摩擦，降低切削力和减少切削热，减少刀具磨损，提高加工表面质量。

3. 清洗作用

切削液能及时冲洗掉切削过程中产生的细小切屑，以免影响工件表面质量和机床精度。

钻孔一般属于粗加工，同时又是在半封闭状态下加工，摩擦严重，散热困难，加工时应加入以冷却作用为主的切削液，由于加工材料和加工要求的不同，所以切削液的种类和作用也不同。

在高强度材料上钻孔时，因钻头的前刀面承受着较大的压力，要求加入的切削液能产生足够强度的润滑膜，用来减少摩擦和钻削阻力。因此，所选用的切削液应以起润滑作用的为主，通常可在切削液中增加硫、二硫化钼等成分，以增强切削液的润滑性能。

在塑性、韧性较大的材料上钻孔，要求加强润滑作用，可在切削液中加入适量的动物油或矿物油。

当孔的加工精度要求较高，以及孔壁表面粗糙度值要求较小时，应选用主要起润滑作用的切削液，如动、植物油等。

六、扩孔

扩孔是用扩孔钻对工件上已有的孔进行扩大加工的一种孔加工方法，如图 6-12 所示。

扩孔时的背吃刀量 a_p 按如下公式计算：

$$a_p = \frac{D-d}{2} \tag{6-3}$$

式中　D——扩孔后的直径（mm）；

d——工件预加工时的底孔直径（mm）。

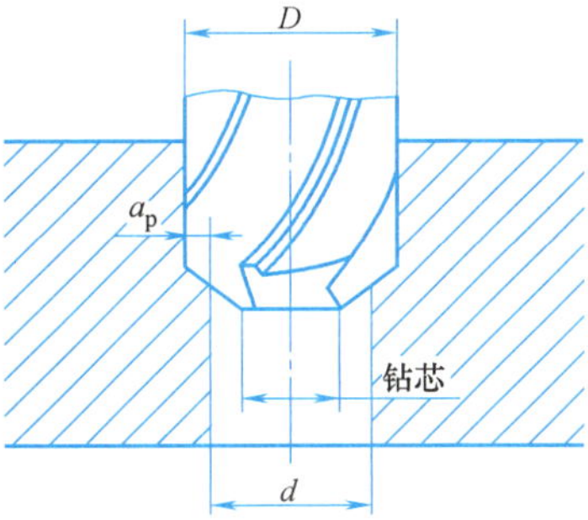

图 6-12　扩孔

1. 扩孔加工的特点

1）背吃刀量 a_p 较钻孔时大大减小，切削阻力小，切削条件得以改善。

2）避免了横刃切削所引起的不良影响。

3）产生的切屑体积小，容易排屑。

2. 扩孔钻

由于扩孔时，加工条件大大改善，所以扩孔钻的结构与标准麻花钻的结构相比有较大的改变，图 6-13 所示为扩孔钻工作部分的结构。其结构特点如下。

1）因钻头中心不参与切削，所以钻头没有横刃，切削刃只做成靠近边缘的一段。

2）因扩孔加工时产生的切屑体积较小，不需要大的容屑槽，从而使扩孔钻在制造时可以加粗钻芯，提高刚度，使钻头在切削加工时增强的稳定性。

3）由于容屑槽较小，扩孔钻可以做出较多的刀齿，以增强切削加工时刀具的导向作用。一般整体式扩孔钻有 3～4 个刀齿。

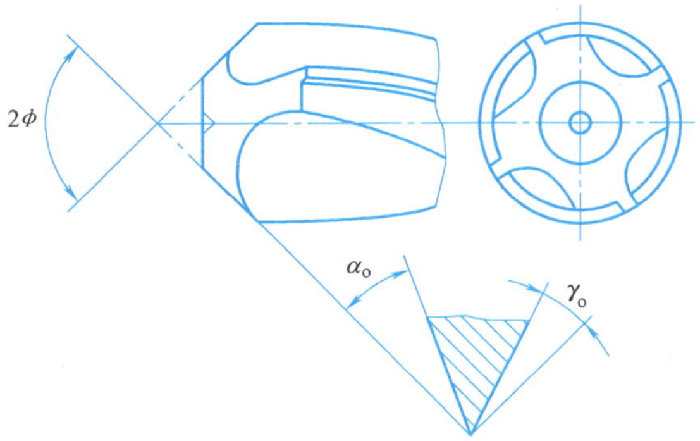

图 6-13　扩孔钻工作部分的结构

4）因为背吃刀量 a_p 较小，切削角度可取较大值，使切削省力。

3. 扩孔时的工作要点

1）扩孔的加工质量比钻孔高。一般尺寸公差等级可达到 IT10～IT9，表面粗糙度值可达到 Ra25～6.3μm，因此，扩孔加工常作为孔的半精加工或铰孔前的预加工。

2）扩孔时的进给量一般为钻孔时的 1.5～2 倍，切削速度为钻孔时的 1/2。

任务实施

以图 6-1 所示零件为例，其加工过程见表 6-10。

表 6-10　零件加工过程

序　号	加工内容	图　示	说　明
1	检查坯料精度	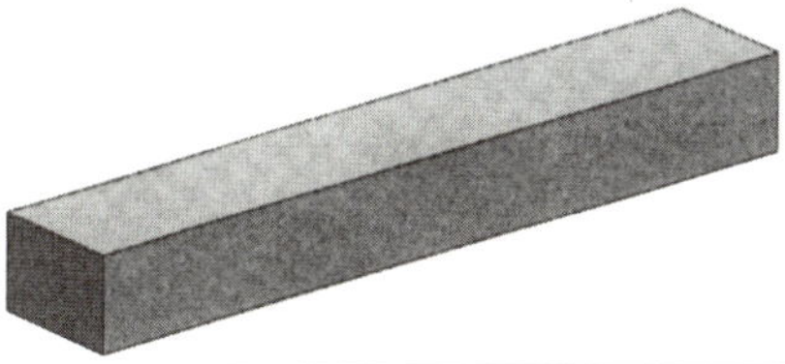	1. 检查备料基准误差 2. 检查备料是否留有足够的加工余量

（续）

序　　号	加工内容	图　　示	说　　明
2	划孔加工线	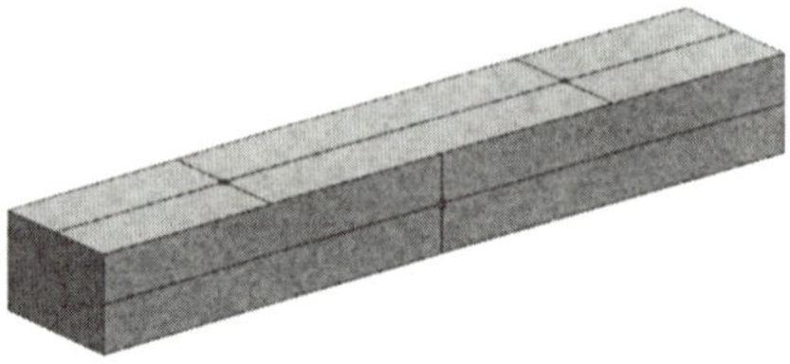	划出孔的中心位置，划线时需注意划线基准的统一，保证划线精度；各孔中心点处需打样冲眼
3	预钻 ϕ3mm 检查孔	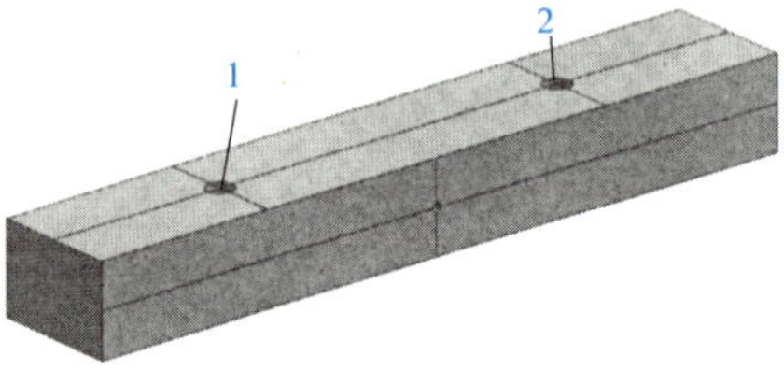	在平面上用 ϕ3mm 钻头预钻孔 1 和孔 2，观察孔有无偏差，及时修正
4	钻 ϕ5mm 孔	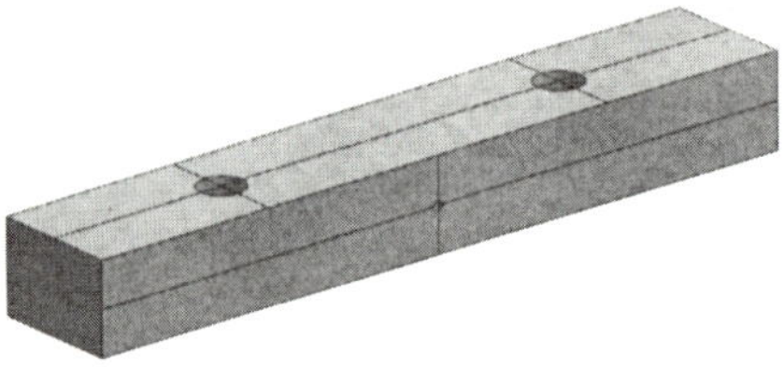	选择 ϕ5mm 钻头完成上平面两个孔的加工，即两端的底孔加工
5	钻 ϕ7mm 孔	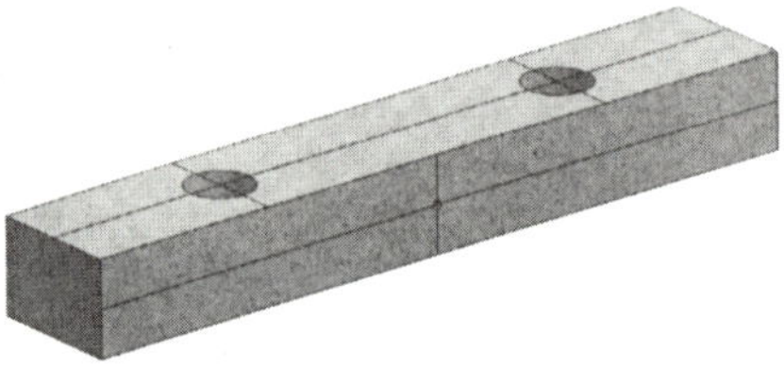	选择 ϕ7mm 的扩孔钻完成两端 ϕ7mm 孔的扩孔加工
6	锪两端 ϕ11mm 深 5mm 的沉孔		选择 ϕ11mm 的平底钻完成两端 ϕ11mm 的沉孔加工
7	钻 ϕ5mm 孔		选择 ϕ5mm 钻头完成前面 ϕ5mm 孔的加工
8	去除零件毛刺，并复检零件各项精度		

知识拓展

钻孔时可能出现的问题和产生原因

在实际钻孔时，常常遇到很多质量问题，这些质量问题直接影响我们的加工效率、加工质量和操作安全。为避免质量问题，现把常见的质量问题和产生的原因归纳于表 6-11。

表 6-11 钻孔时可能出现的问题和产生原因

出现问题	产生原因
孔大于规定尺寸	1. 钻头两切削刃长度不等，高低不一致 2. 钻床主轴径向偏摆或工作台未锁紧有松动 3. 钻头本身弯曲或装夹不好，使钻头有过大的径向圆跳动现象
孔壁粗糙	1. 钻头不锋利 2. 进给量太大 3. 切削液选用不当或供应不足 4. 钻头过短，排屑槽堵塞
孔位偏移	1. 工件划线不正确 2. 钻头横刃太长致定心不准，起钻过偏而没有校正
孔歪斜	1. 与孔垂直的平面与主轴不垂直或钻床主轴与台面不垂直 2. 工件安装时，安装接触面上的切屑未清除干净 3. 工件装夹不牢，钻孔时产生歪斜，或工件有砂眼 4. 进给量过大使钻头产生弯曲变形
钻孔呈多角形	1. 钻头后角太大 2. 钻头两主切削刃长短不一，角度不对称
钻头工作部分折断	1. 钻头用钝仍然继续钻孔 2. 钻孔时未经常退钻排屑，使切屑在钻头螺旋槽内阻塞 3. 孔将钻通时，没有减小进给量 4. 进给量过大 5. 工件未夹紧，钻孔时产生松动 6. 在钻黄铜一类软金属时，钻头后角太大，前角又没有修磨小些，造成扎刀
切削刃迅速磨损或碎裂	1. 切削速度太高 2. 没有根据工件材料的硬度来刃磨钻头角度 3. 工件表面或内部硬度高或有砂眼 4. 进给量过大 5. 切削液不足

任务评价

通过以上学习，根据任务实施过程，将完成任务情况记入表 6-12 中，完成任务评价。

表 6-12 钻孔与扩孔任务评价表

项目名称		编号		姓名		日期	
序号	评价内容		评价标准			配分	备注
1	刃磨姿势		正确			20	
2	刃磨角度		正确			20	

（续）

序号	评价内容	评价标准	配分	备注
3	尺寸(40±0.1)mm	不超差	15	
4	表面粗糙度值	Ra12.5μm	15	
5	孔 2×ϕ7mm	尺寸合格	20	
6	安全文明生产	遵守 5S 规则	10	
教师评语				

课后评测

完成图 6-14 所示零件孔的加工，并写出加工步骤。

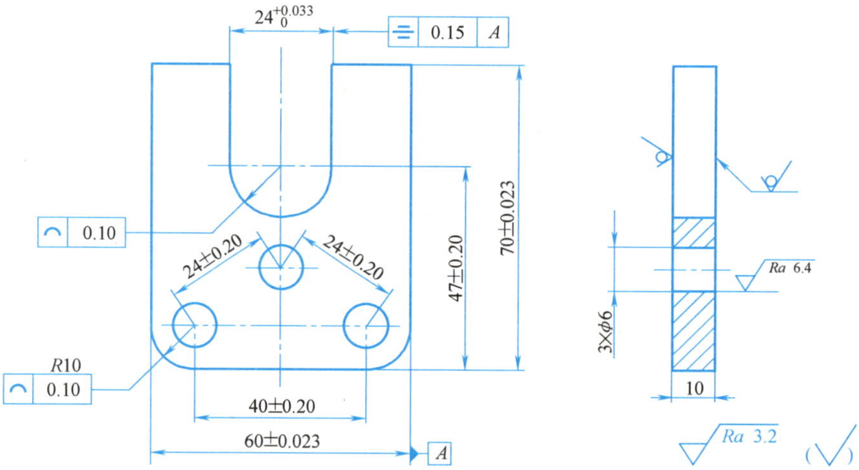

图 6-14　孔加工

任务二　零件的锪孔与铰孔

学习目标

1）知道锪孔和铰孔的方法。

2）能正确进行锪孔和铰孔加工。

任务描述

图 6-15 所示为燕尾滑块的零件图，零件上各孔需要进行孔口倒角 $C0.5$，其中孔 2×

ϕ8H8 因精度要求高，普通钻孔的方法已不能满足加工要求，需要采用新的加工方法——锪孔、铰孔，正确选择这两种加工工艺，使用正确的加工方法，是保证加工质量的根本。

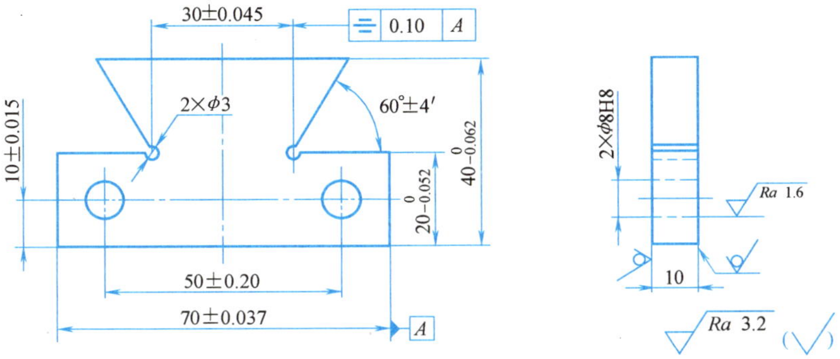

技术要求

1. 孔口倒角 *C*0.5。
2. 锐边倒棱 *R*0.3。

图 6-15　铰孔

知识链接

一、锪孔

用锪钻切出沉孔或锪平孔口端面的方法称为锪孔，如图 6-16 所示。

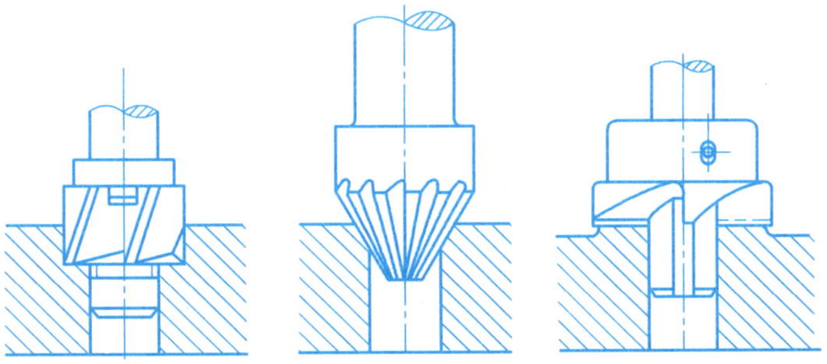

图 6-16　锪孔

a）锪圆柱沉孔　b）锪圆锥沉孔　c）锪平孔口端面

锪孔的目的是保证孔端面与孔中心线的垂直度要求，以便与孔连接的零件在装配时，能保证整齐的外观和结构紧凑，同时使装配位置正确，连接可靠。

1. 锪钻

常用的锪钻有柱形锪钻、锥形锪钻和端面锪钻三种，见表 6-13。

2. 麻花钻改磨锪钻

标准锪钻虽然有多种规格可供选用，但一般只适用于成批大量生产，不少场合经常采用麻花钻改磨的锪钻进行锪孔加工，见表 6-14。

表 6-13　锪孔的种类

锪钻	图　示	说　明	应用示例
柱形锪钻		柱形锪钻用来加工圆柱形沉孔，端面切削刃起主要切削作用，锪钻前端有导柱，导柱直径与工件上已有孔为紧密的间隙配合，以保证良好的定心和导向作用。一般导柱是可拆卸的，也可以把导柱和锪钻做成一体	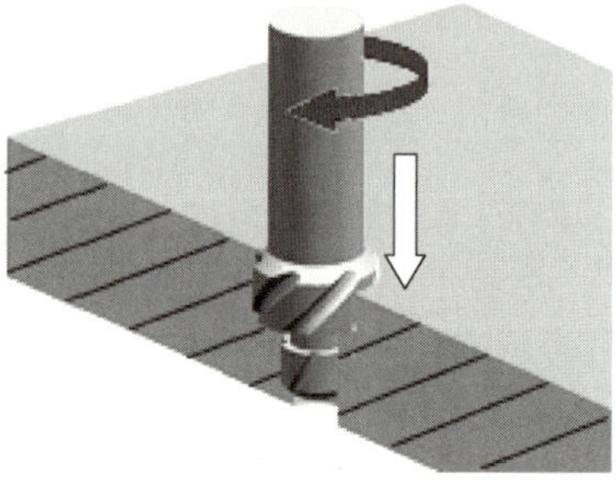
锥形锪钻		锥形锪钻用于加工圆锥形沉孔，锥形锪钻的锥角（2ϕ）按工件锥形沉头孔加工要求不同，有60°、75°、90°、120°四种，其中90°的锥角应用最为广泛	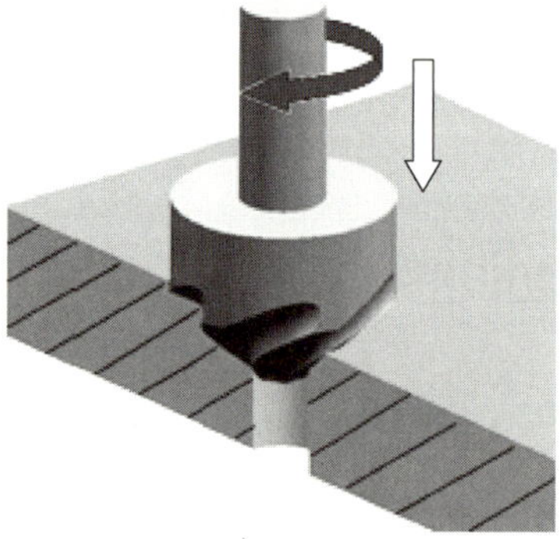
端面锪钻	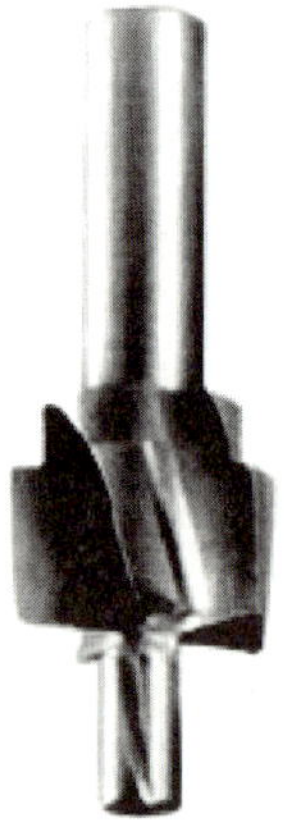	端面锪钻主要用于锪平孔口端面，主切削刃为端面刀齿，前端装有导柱，用于提高切削时的导向、定心作用，以保证孔口端面与孔中心线之间的垂直度要求	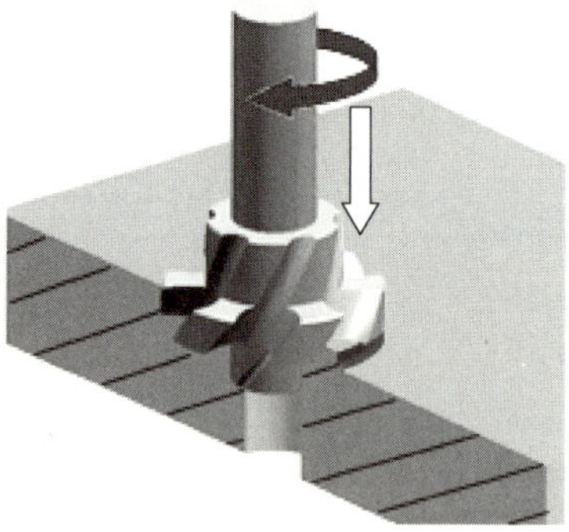

在用普通麻花钻改磨锪钻时，为了减少切削时的振动，刃磨时一般都磨成双重后角 α_o 和 α_1，并将外缘处前角 γ_o 适当修磨，以防止切削时产生扎刀现象。

3. 锪孔的工作要点

锪孔时，存在的主要问题是所锪的端面或锥面出现振痕，使用麻花钻改磨的锪钻时，振痕尤为严重。因此在锪孔时应注意以下事项。

1）锪孔时，进给量为钻孔时的 2~3 倍，切削速度为钻孔时 1/3~1/2。精锪时，往往利用钻床停车后主轴的惯性来锪孔，以减少振动而获得光滑的加工表面。

表 6-14　麻花钻改磨锪钻

改磨锪钻	刃磨图示	说　明
柱形锪钻	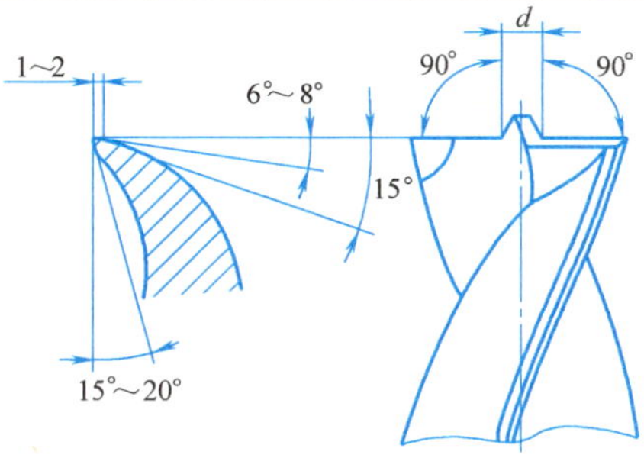	改磨后的锪钻不带导柱，刃磨后的角度为：第一重后角磨成 $\alpha_o=6°\sim8°$，其对应的后刀面宽度为 1~2mm；第二重后角磨成 $\alpha_1=15°$，外缘处的前角修整为 $\gamma_o=15°\sim20°$
锥形锪钻	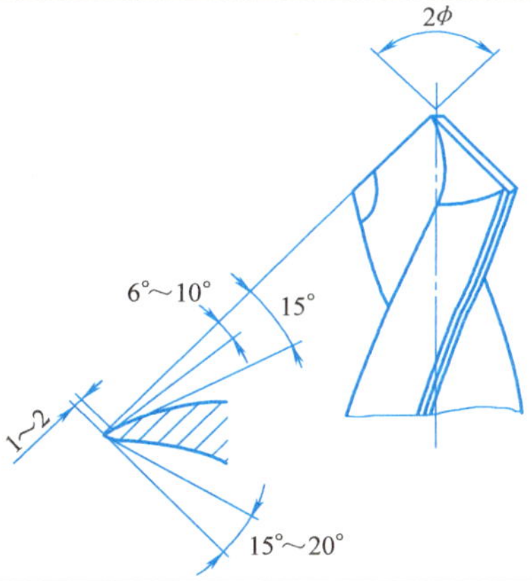	改磨而成的锥形锪钻主要是保证其顶角 2ϕ 应与要求的锥角一致，两切削刃要刃磨对称，同时刃磨后的角度为：第一重后角磨成 $\alpha_o=6°\sim10°$，对应的后刀面宽度为 1~2mm；第二重后角磨成 $\alpha_1=15°$，外缘处的前角修整为 $\gamma_o=15°\sim20°$

2）尽量选用较短的钻头来改磨锪钻，并注意修磨前刀面，减小前角，以防止扎刀和振动现象的产生。还应选用较小的后角，防止出现多边形（或多角形）。

3）加工塑性材料时，因产生的切削热量比较大，加工过程中应在导柱和切削表面之间加注切削液。

二、铰孔

用铰刀从工件孔壁上切除微量金属层，以提高其尺寸精度和降低表面粗糙度值的方法称为铰孔。铰孔的加工精度高，一般尺寸公差等级可以达到 IT9~IT7，表面粗糙度值可以达到 $Ra1.6\mu m$，常作为孔加工的最后精加工工序。

1. 铰刀

（1）铰刀的类型　铰刀的种类很多，钳工常用的有整体式圆柱铰刀、可调式圆柱铰刀、锥铰刀，以及螺旋槽铰刀等，见表 6-15。

表 6-15　铰刀的类型

铰刀类型	图　示	说　明
整体式圆柱铰刀	 手用整体式圆柱铰刀  机用整体式圆柱铰刀	整体式圆柱铰刀主要用于铰削标准直径系列的孔

（续）

铰刀类型	图　　示	说　　明
可调式圆柱铰刀	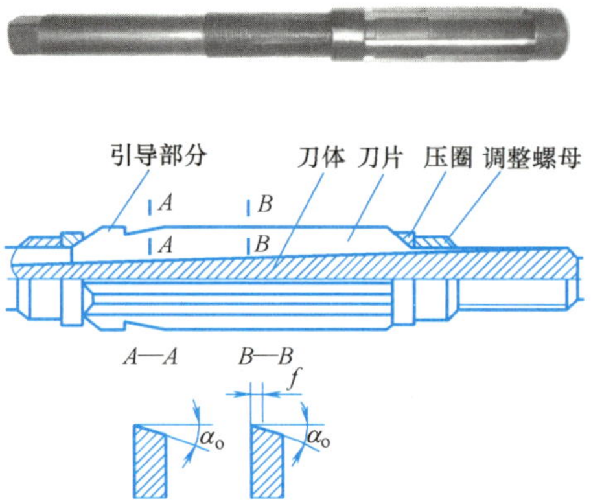	在单件生产和修配工作中应用可调式圆柱铰刀来铰削少量的非标准孔 可调式圆柱铰刀刀体上开有斜底槽，具有同样斜度的刀片可放置在槽内，用调整螺母和压圈压紧刀片的两端。调节调整螺母，可使刀片沿斜底槽移动，即能改变铰刀的直径，用以适应加工不同孔径的需要。孔径范围为6.25~44mm，直径的调节范围为0.75~10mm
锥铰刀	 粗加工  精加工	锥铰刀用于铰削圆锥孔，常用的有以下几种 1）1∶50锥铰刀，主要用于铰削圆锥定位销孔 2）1∶10锥铰刀，用于铰削联轴器上的锥孔 3）莫氏锥铰刀，用于铰削0~6号莫氏锥孔，其锥度近似于1∶20 4）1∶30锥铰刀，用于铰削套式刀具上的锥孔 用锥铰刀铰孔时，由于加工余量大，整个刀齿都作为切削刃进入切削过程，切削负荷大，所以，在切削加工过程中，每进刀2~3mm应将铰刀取出一次，以清除切屑。粗铰刀的切削刃上开有螺旋形分布的分屑槽，以减轻切削负荷
螺旋槽铰刀		螺旋槽铰刀可以用于铰削带有键槽的孔，可防止切削刃被键槽棱边钩住，保证铰削顺利进行 使用螺旋槽手用铰刀铰孔时，铰削阻力沿圆周均匀分布，铰削平稳，铰出来的孔壁表面光滑。一般螺旋槽的方向应是左旋，以避免铰削时因铰刀的正向转动而产生自动旋进的现象，同时，左旋切削刃容易使切屑向下，易将切屑推出孔外

（2）铰刀的结构特点　整体式圆柱铰刀在结构上具有典型性，且整体式圆柱铰刀也是应用最为普遍的铰刀，所以，下面以整体式圆柱铰刀为例，介绍铰刀的结构特点。

整体式圆柱铰刀分为手用铰刀和机用铰刀两种，其结构如图6-17所示。

1）切削锥角（2ϕ）。切削锥角2ϕ决定了铰刀切削部分的长度，对切削力的大小和铰削质量也有较大影响，适当减小切削锥角2ϕ是获得较小表面粗糙度值的重要条件。常用铰刀切削锥角的选择见表6-16。

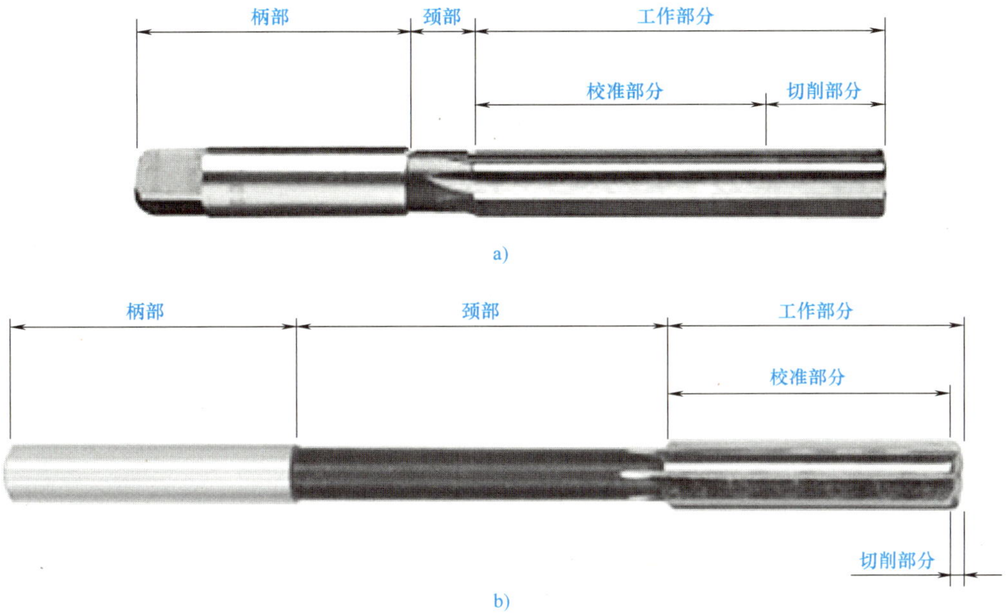

图 6-17 整体式圆柱铰刀的结构

a）手用铰刀 b）机用铰刀

表 6-16 铰刀的切削锥角

切削锥角（2ϕ）	图 示	说 明
$2\phi=1°\sim3°$		定心作用较好，铰削时进给力也较小，切削部分较长，主要用于一般手用铰刀
$2\phi=30°$	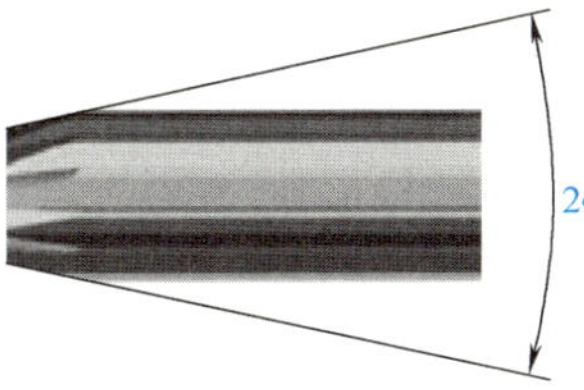	主要用于机用铰刀铰削钢或其他韧性材料的通孔
$2\phi=6°\sim10°$	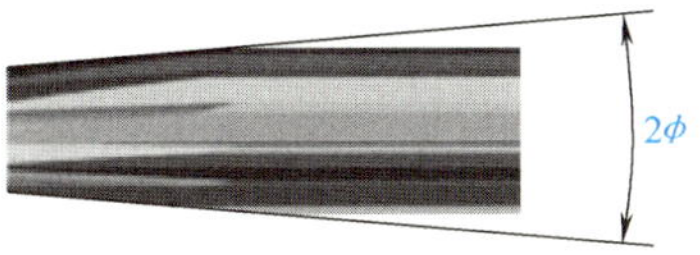	主要用于铰削铸铁或其他脆性材料的通孔

（续）

切削锥角（2ϕ）	图　示	说　明
$2\phi=90°$	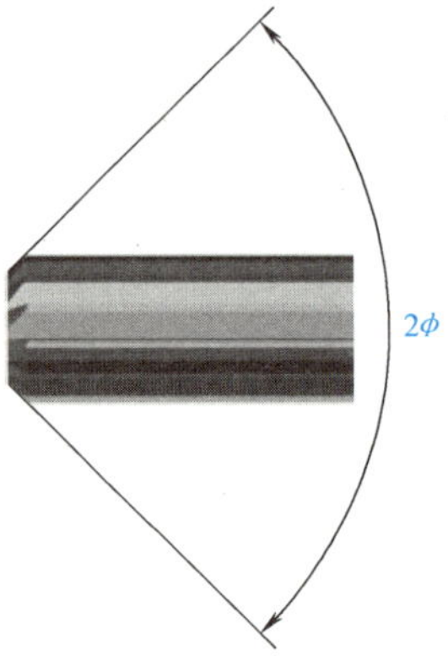	铰刀的切削部分较短，主要用于机用铰刀铰削不通孔时，可以使铰出孔的圆柱部分尽量长

2）切削角度。铰孔切削余量很小，切屑变形也较小，一般铰刀切削部分前角 $\gamma_o=0°\sim3°$，校准部分前角 $\gamma_o=0°$，使铰削近似于刮削，以降低孔壁表面粗糙度值，铰刀切削部分和校准部分的后角都磨成 $\alpha_o=6°\sim8°$，如图 6-18 所示。

3）校准部分刃带宽度（f）。校准部分切削刃上留有无后角的棱边，其作用是引导铰刀的铰削方向和修整孔的尺寸，同时也便于测量铰刀的直径。一般铰刀的刃带宽度 $f=0.1\sim0.3$mm。

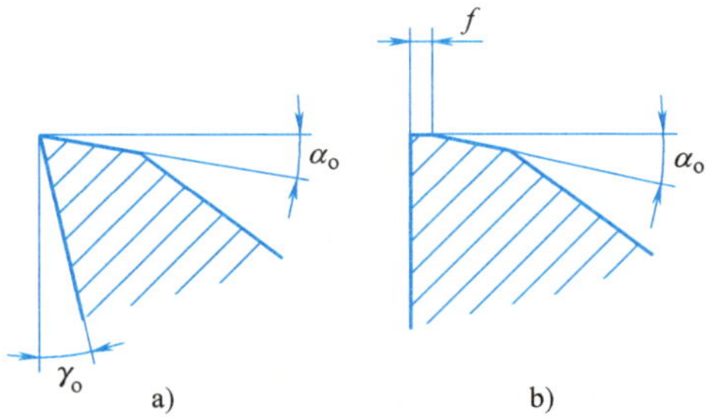

图 6-18　铰刀的切削角度
a）切削部分　b）校准部分

4）倒锥量。为了避免铰刀校准部分的后刀面摩擦孔壁，在校准部分常磨出一定量的倒锥量。机用铰刀铰孔时，因切削速度较高，导向主要由机床保证。为了减小摩擦和防止孔口扩大，其校准部分做得较短，倒锥量较大（0.04～0.08mm），校准部分有圆柱形校准部分和倒锥形校准部分两段。手用铰刀由于切削速度低，铰削过程中全靠校准部分起主要导向作用，所以校准部分较长，整个校准部分都做成倒锥，倒锥量较小（0.005～0.008mm）。

5）标准铰刀的刀齿数（z）。当铰刀直径 $D<20$ mm 时，铰刀齿数 $z=6\sim8$；当铰刀直径 $D>20\sim50$mm 时，铰刀齿数 $z>8\sim12$。为了便于测量铰刀的直径，铰刀齿数多取偶数。一般手用铰刀的齿距在圆周上不均匀分布，如图 6-19 所示。

采用齿距不均匀分布的铰刀，能获得较高的铰孔质量。这是因为被铰孔的材料各处的密度不可能完全一样，铰削时，当铰刀刀齿碰到材料中夹杂的某些硬点或孔壁上经粗钻后粘留下来的切屑时，铰刀会产生径向退让，使各刀齿在孔壁上切出轴向凹痕。此时，如果使用的铰刀刀齿采用齿距均匀分布的形式，则在继续铰削的过程中，各个刀齿每转到此处都会使铰刀重复产生径向退让，各刀齿重复切入孔壁上已经切出的轴向凹痕，使铰出的孔成多角形；若使用的铰刀采用的是不均匀分布的刀齿形式时，铰刀重复产生径向退让时各刀齿不会重复切入已经切出的凹痕，相反，还能将凹痕铰光，从而得到较高的铰孔质量。

机用铰刀工作时靠机床带动，由于锥柄与机床主轴锥孔连接在一起，因此受到的径向退让影响较小，为了制造方便，一般都做成等距分布的刀齿，如图 6-20 所示。

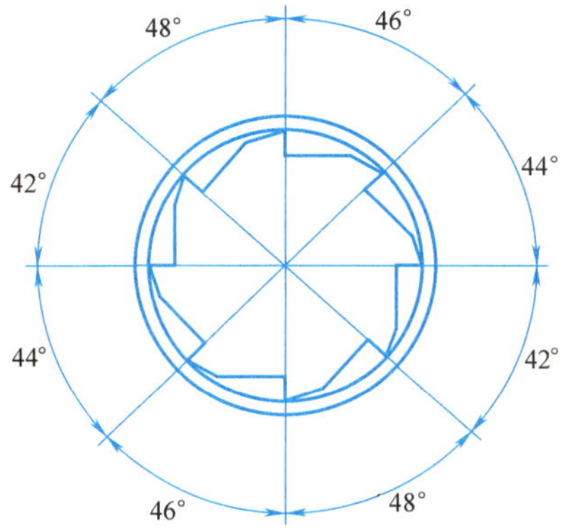

图 6-19　圆周不均匀分布的铰刀齿距

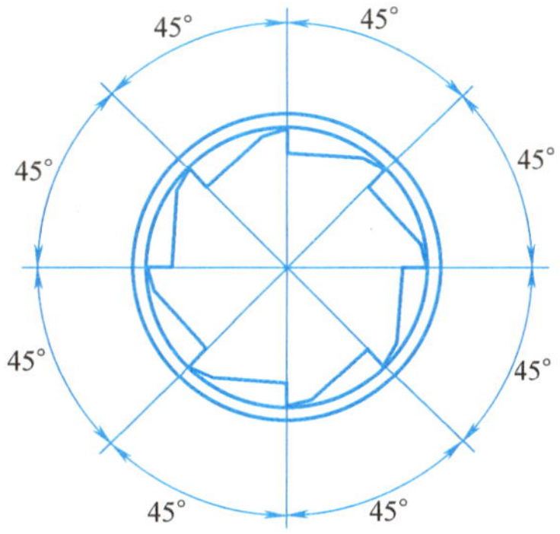

图 6-20　圆周等距分布的铰刀齿距

6）铰刀的直径（D）。铰刀的直径是铰刀最基本的结构参数，其精确程度直接影响铰孔的精度。标准铰刀按直径公差分一、二、三号，直径尺寸一般留有 0.005～0.02mm 的研磨量，待使用者按需要尺寸进行研磨。

2. 铰削用量

铰削用量包括铰削余量（$2a_p$）、机铰时的切削速度（v）和进给量（f）。是否合理选择铰削用量，对铰孔过程中的摩擦、切削力、切削热、铰孔的质量及铰刀寿命有直接的影响。

（1）铰削余量（$2a_p$）　铰削余量是指上道工序（钻孔或扩孔）完成后留下的直径方向的加工余量。铰削余量不宜过大，因为若铰削余量过大，会使刀齿切削负荷增大，变形增大，切削热增加，被加工表面呈撕裂状态，致使尺寸精度降低，表面粗糙度值增大，同时加剧铰刀的磨损。铰削余量也不宜过小，否则，上道工序的残留变形难以纠正，原有刀痕不能去除，铰削质量达不到要求。

选择铰削余量时，应考虑孔径的大小、材料的软硬程度、尺寸的加工精度、表面质量要求，以及铰刀的类型等诸多因素的综合影响。采用普通标准高速钢铰刀铰孔时，可参考表 6-17 选取铰削余量。

表 6-17　铰削余量　　（单位：mm）

铰孔直径	<5	5～20	21～32	33～50	51～70
铰削余量	0.1～0.2	0.2～0.3	0.3	0.5	0.8

此外，铰削余量的确定与上道工序的加工质量有直接的关系。对铰削前预加工孔时出现的弯曲、锥度、椭圆和不光洁等缺陷，应有一定限制。铰削精度较高的孔，必须经过扩孔或粗铰，才能保证最后的铰孔质量。所以确定铰削余量时，还要考虑铰孔的工艺过程。

（2）机铰切削速度（v）　为了得到较小的表面粗糙度值，必须避免产生积屑瘤，减少切削热及变形，因而应采取较小的切削速度。常见金属材料加工时，切削速度的选取可参照表 6-18。

表 6-18 机铰切削速度的选取

加工材料	切削速度选择
钢	$v=4\sim8$m/min
铸铁	$v=6\sim8$m/min
铜	$v=8\sim12$m/min

(3) 机铰进给量 (f) 进给量要适当，过大容易磨损铰刀，也影响加工质量；过小则很难切下金属材料，形成对材料的挤压，使其产生塑性变形和表面硬化，最终切削刃撕去大片切屑，使表面粗糙度值增大，并加快铰刀的磨损。常见金属材料加工时，进给量的选取可参照表 6-19。

表 6-19 机铰进给量的选取

加工材料	进给量的选取
钢、铸铁	$f=0.5\sim1$mm/r
铜、铝	$f=1\sim1.2$mm/r

3. 铰削切削液的选用

铰削时的切屑一般都很细碎，容易黏附在切削刃上，甚至夹在孔壁与铰刀校准部分的棱边之间，会将已加工的表面拉伤、刮毛，使孔径扩大。另外，铰削时产生的热量较大，散热困难，会引起工件和铰刀变形、磨损，影响铰削质量，缩短铰刀寿命。为了及时清除切屑和降低切削温度，必须合理使用切削液。切削液的选用见表 6-20。

表 6-20 铰孔时切削液的选用

工件材料	切削液
钢	1. 10%～20%乳化液 2. 铰孔要求较高时，采用 30%菜油加 70%肥皂水 3. 铰孔要求更高时，可用菜油、柴油、猪油等
铸铁	1. 不用 2. 煤油，但会引起孔径缩小，最大缩小量达 0.02～0.04mm 3. 3%～5%低浓度的乳化液
铜	5%～8%低浓度的乳化液
铝	煤油、松节油

4. 铰削方法

根据选用的铰刀不同，铰削方法可以分为手用铰刀的铰削方法和机用铰刀的铰削方法。

(1) 手用铰刀的铰削方法（表 6-21）

(2) 机用铰刀的铰削方法 以立式钻床进行铰削为例，机用铰刀的铰削方法见表 6-22。

表 6-21　手用铰刀的铰削方法

铰削步骤	图　示	说　明
安装铰刀	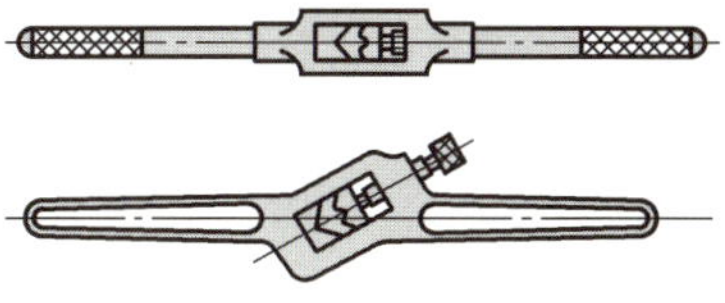 铰杠 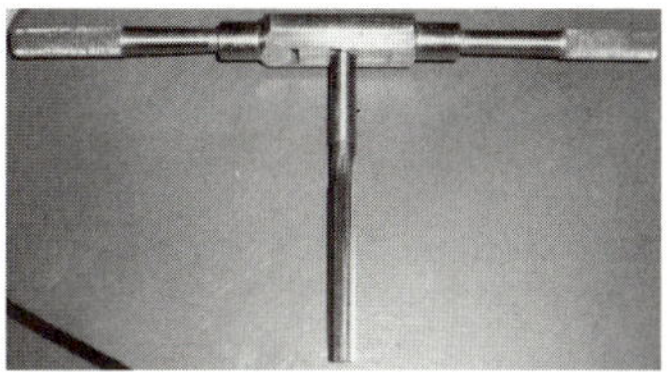 装夹铰刀	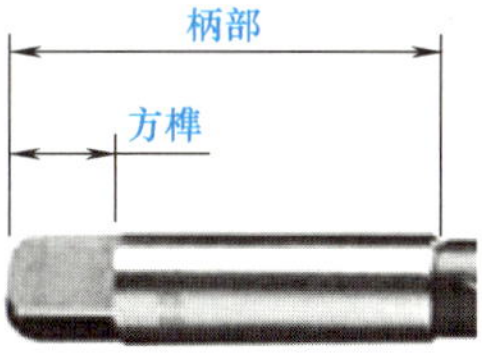 利用铰杠装夹手用铰刀柄部的方榫，在铰削时传递周向作用力 铰刀装夹时，必须装夹牢靠，以防止铰削时铰刀脱落，影响孔壁表面的加工精度
起铰		在手动铰削前，可用单手对铰刀施加压力，所施压力必须通过铰孔轴线，同时按顺时针方向转动铰刀进行起铰，利用直角尺检查铰刀轴线与孔口表面的垂直度，防止铰出孔的轴线发生歪斜
正常铰削	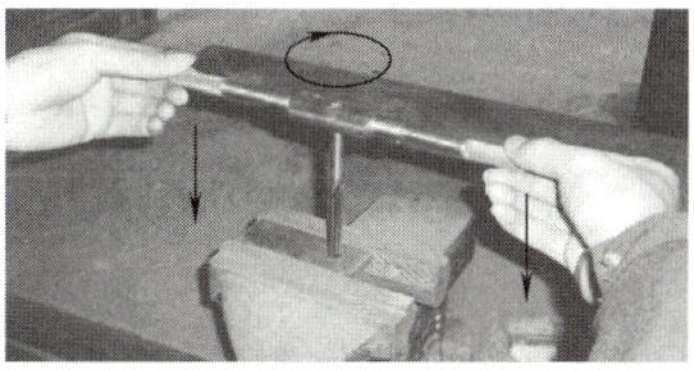	两手用力要均匀、平稳地旋转，不得有侧向压力，同时适当加压，使铰刀均匀地进给，铰削过程中需适时添加切削液
退铰	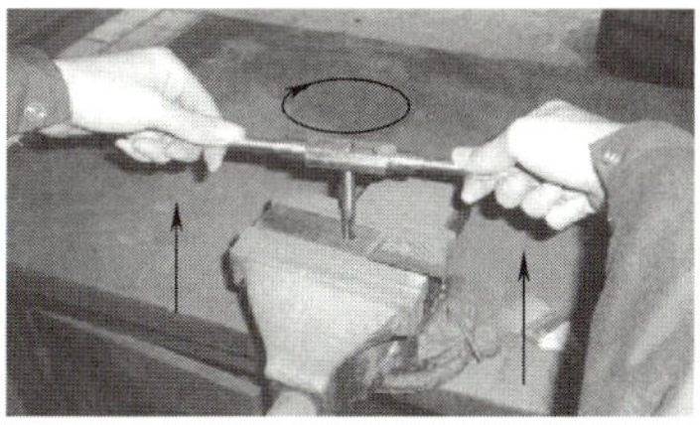	铰削结束，需将铰刀退出，此时，为防止铰刀刃口磨钝或将切屑嵌入刀具后刀面与孔壁之间而将孔壁划伤，铰刀不能反转，仍应按顺时针方向旋转铰刀，两手顺着铰刀的旋转方向慢慢将铰刀向上提起，使铰刀顺利退出孔壁
检查铰孔		选用相应尺寸公差等级的光滑圆柱塞规检查铰孔尺寸精度。光滑圆柱塞规有通端和止端，检查时，要求通端能顺利配入光孔，而止端不能配入光孔

表 6-22　机用铰刀的铰削方法

铰削步骤	图　　示	说　　明
对刀		利用圆锥顶尖对准工件上的孔口，然后拧紧压板螺栓，固定工件
调整切削速度和进给量	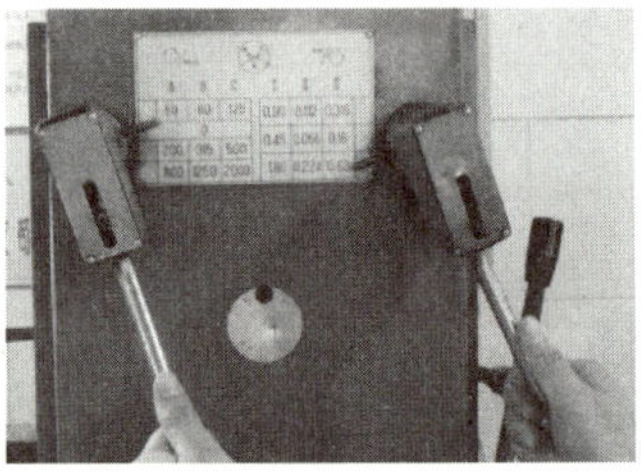	选择合适的铰削切削速度和进给量
转换机动进给装置	 	1. 压下机动进给转换手柄，实现机动进给 2. 向外拉出离合器连接装置，使钻床主轴运动能通过离合器带动进给手柄实现自动进给
正常铰削		工件固定不动，直接换下手用铰刀，装夹机用铰刀；按下主轴启动开关，使铰刀实现顺时针方向旋转，同时打开切削液开关

（续）

铰削步骤	图 示	说 明
退铰	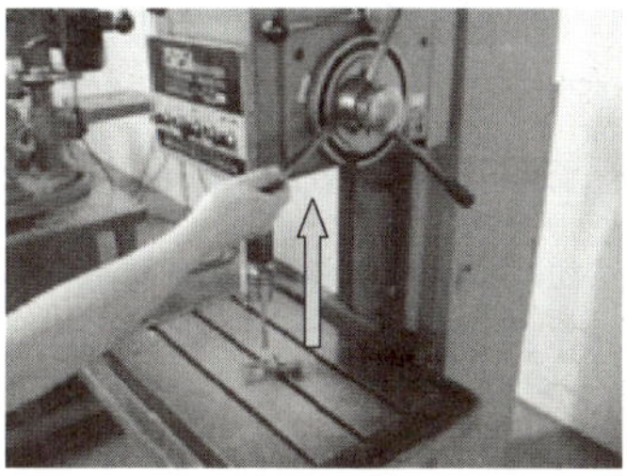	铰削结束，不要关闭主轴旋转开关，将钻床进给手柄向上抬起，待铰刀与工件孔壁完全脱离，再关闭切削液开关和主轴旋转开关

任务实施

图 6-15 所示零件孔加工的步骤见表 6-23。

表 6-23 零件孔加工过程

序号	加工内容	图 示	说 明
1	划孔加工线	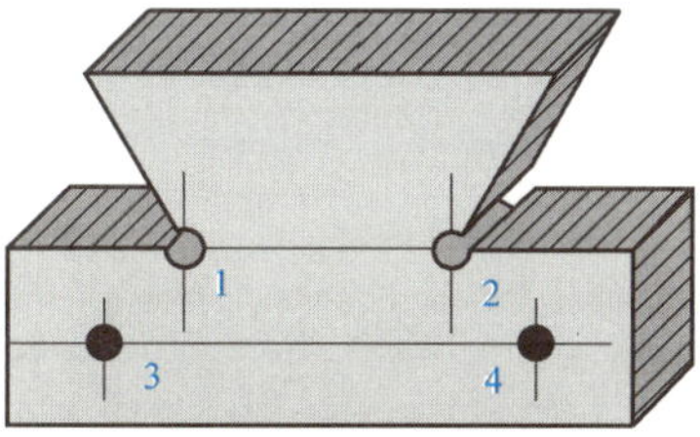	1. 划出零件孔加工轮廓线 2. 在各孔中心点处打样冲眼
2	划检查圆	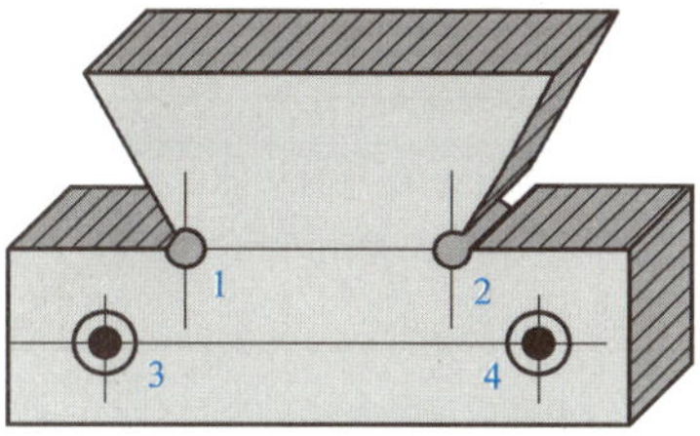	以孔 3 和孔 4 中心点为圆心，划 ϕ4mm 检查圆
3	预钻检查孔	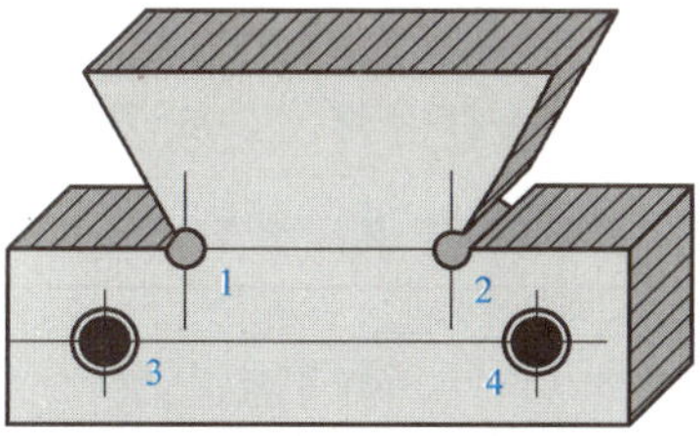	以孔 3 和孔 4 中心点为圆心，钻 ϕ4mm 检查孔，观察孔轮廓与检查圆之间的结合情况，如有偏差，应及时修正
4	钻底孔	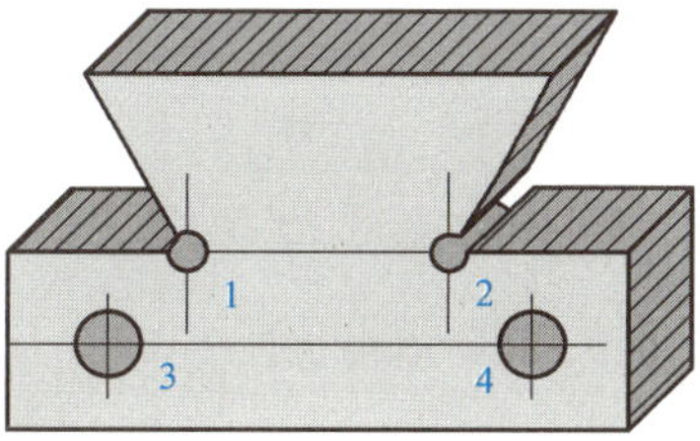	选择合适的 ϕ6mm 麻花钻钻孔
5	扩孔		选择 ϕ7.8mm 扩孔钻对 ϕ6mm 底孔进行扩孔
6	锪孔		选择 90°锥形锪钻进行锪孔加工（孔口倒角 C0.5）
7	粗铰孔		选择 ϕ8mm 粗铰刀铰孔
8	精铰孔		选择 ϕ8H8 精铰刀铰孔
9	去除零件毛刺，并复检零件各项精度		

知识拓展

铰孔时常见的废品形式及产生原因

在实际铰孔时，常常遇到很多质量问题，这些质量问题直接影响我们的加工效率、加工质量和操作安全。为尽量避免质量问题，现把常见的质量问题及产生的原因归纳于表6-24。

表6-24 铰孔时常见的废品形式及产生原因

废品形式	产生原因
表面粗糙度值达不到要求	1. 铰刀切削刃不锋利或有崩刃,铰刀切削部分和校准部分粗糙 2. 切削刃上粘有积屑瘤或容屑槽内切屑黏附过多而未清除 3. 铰削余量太大或太小 4. 铰刀退出时反转 5. 切削液不充足或选择不当 6. 手铰时,铰刀旋转不平稳 7. 铰刀偏摆过大
孔径扩大	1. 手铰时,铰刀偏摆过大 2. 机铰时,铰刀轴线与工件孔的轴线不重合 3. 铰刀未研磨,直径不符合要求 4. 进给量和铰削余量太大 5. 切削速度太高,使铰刀温度上升,直径增大
孔径缩小	1. 铰刀磨损后,尺寸变小仍继续使用 2. 铰削余量太大,引起孔弹性复原而使孔径缩小 3. 铰铸铁时加了煤油
孔呈多棱形	1. 铰削余量太大和铰刀切削刃不锋利,使铰刀发生"啃切",产生振动而出现多棱形 2. 钻孔不圆使铰刀发生弹跳 3. 机铰时,钻床主轴振摆太大
孔轴线不直	1. 预钻孔孔壁不直,铰削时未能使原有弯曲得以纠正 2. 铰刀主偏角太大,导向不良,使铰削方向发生偏歪 3. 手铰时,两手用力不匀

任务评价

通过以上学习，根据任务实施过程，将完成任务情况记入表6-25中，完成任务评价。

表6-25 锪孔与铰孔任务评价表

项目名称		编号		姓名		日期	
序号	评价内容		评价标准			配分	备注
1	尺寸(10±0.015)mm		不超差			20	
2	尺寸(50±0.20)mm		不超差			20	
3	孔 2×ϕ8H8		合格			15	
4	孔表面粗糙度值		Ra1.6μm			15	
5	孔口倒角		有			15	
6	安全文明生产		遵守5S规则			15	
教师评语							

课后评测

完成图 6-21 所示零件的孔加工，并写出加工步骤。

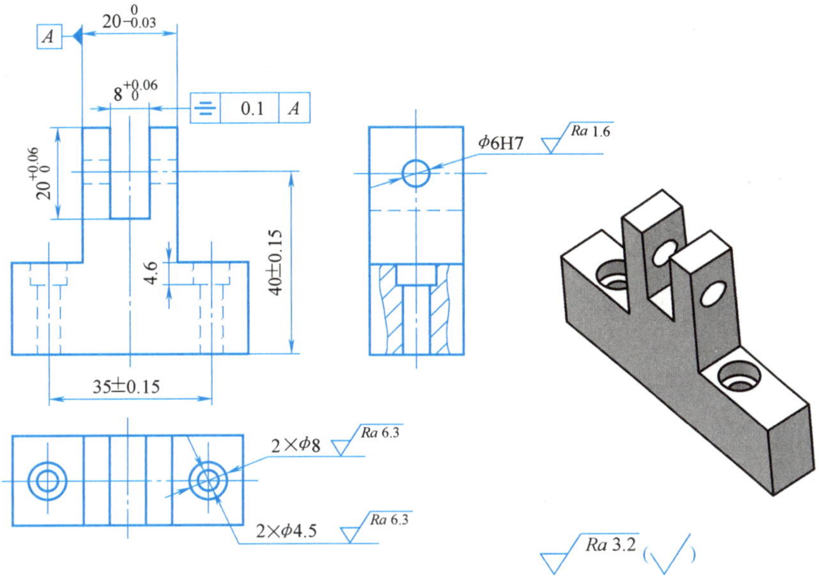

图 6-21　零件的孔加工

工匠之篇

一生追求“正”“直”的人

戎鹏强，是北方重工集团防务事业部 502 车间深孔镗工。他主要负责对火炮炮管内膛进行精镗，该工序是保证火炮直线度和火炮打击精度的关键工序，产品的加工精度要求非常高。戎鹏强曾暗下决心，一定要成为业内高手。工作之余，他总是潜心钻研理论知识。为练好基本功，他反复刃磨刀具，一点点摸索、试验。功夫不负有心人，戎鹏强的专业技能有了很大的提升，逐渐成为专家，获得了大家的认可和赞赏。

凭着扎实的技术水平，2006 年，戎鹏强成功加工出长度为 5000mm、直径为 30mm 的高精度小口径身管，标志着我国成为极少数能够生产高精度超长小孔径身管的国家；2009 年，他成功加工出直径为 25mm、长度为 4000mm 的氢气炮，填补了国内空白，创造价值数千万元；2010 年，他圆满完成了国家某重点试验装置直径分别为 320mm、400mm、480mm、720mm 的大口径管体激波风洞的加工任务，为企业创造上千万元的利润。2012 年，戎鹏强接到了一项艰巨的任务：为一根长度为 8m 的产品，打一个直径只有 28mm 的孔。该产品是航空航天发射试验装置的关键部件，且由于技术封锁，生产该部件也没有国外相关技术的支持。凭着超凡的勇气和过人的技艺，戎鹏强接过了这项国家级加工难题。戎鹏强通过一年半的努力，最终完成了第一套管体加工任务，也让他成为超长径比小口径管体加工技术国内第一人。2014 年，以他名字命名的“戎鹏强超长径比小口径管体深孔加工方法”在中国兵器工业集团技能大赛中荣获“特色操作法”殊荣，并在实际工作中得到应用和推广。2015 年，北方重工集团承担了我国为万吨级驱逐舰设计的新型大口径火炮身管的加工任务。该项任务加工难度大，但戎鹏强经过不懈努力，成功地解决了该产品精加工工序难点，同时也提高了生产率。

戎鹏强说，只要走进公司的大门，即使闭上眼睛，他也能摸到自己工作的 502 车间。从 1983 年至今，戎鹏强从事镗工工作已有近 40 年。戎鹏强从进厂第一天开始就把提升技能作为目标。通过几十年如一日的摸索实践，他总结了“摸、听、看、量”四字口诀。所谓“摸”，主要是摸刀杆，根据摸刀杆判断刀在行走时的状态；“听”就是听机床发出的声音和硫化油流动的声音，判断机床运转是否正常；“看”就是要看切屑的形状和电流表的读数；“量”就是测量刀杆每分钟行走的距离和内控的尺寸。现在的戎鹏强练就了以“手”当“眼”的绝活儿，只要用手握住刀杆，通过感受刀头的振动，就能对加工进度做到心中有数。多年来，戎鹏强承担了各种口径系列身管生产和科研加工任务，加工身管总长度达到 2×10^5m。

“我们深孔加工，最讲究的就是一个要‘正’，一个要‘直’。干了这么多年，这两个字一直是我所追求的。我要求它和人生的直线度一样，不能走偏。”这几年，戎鹏强培养了一批又一批的高技能人才。在带出的徒弟中，有技师、高级工，这些员工已成为车间生产骨干，并且公司的深孔加工技能水平在整体上也得到了提高。

在很多人看来，加工前的工作差不多就行，但在戎鹏强的字典里没有“差不多”这个词。他告诉徒弟，加工的细节是决定成败的关键，任何一个环节都不能疏忽大意，微小错误的累积也会导致失败。戎鹏强用自己的实际行动诠释了精益求精的工匠精神。

项目七

零件的螺纹加工

项目描述

在机械设备和仪器仪表的装配及安装过程中，螺纹结构使用广泛。螺纹连接是螺纹结构最常见的用途，具有可拆卸、连接可靠等优点，因此在机械行业中应用广泛。在钳工中，螺纹加工方法主要有攻螺纹和套螺纹，分别对应于内螺纹及外螺纹的加工。为能正确加工出合格的螺纹，需要我们走进项目七的学习——零件的螺纹加工。

任务一 零件的内螺纹加工

学习目标

1）知道攻螺纹底孔直径的确定方法。

2）会正确攻出内螺纹。

任务描述

图 7-1 所示是 80mm×80mm×20mm 的板料，在大平面上要求加工出两个 M6 的螺纹孔，其定位尺寸为 20mm、（50±0.20）mm；两个 M8 的螺纹孔，其定位尺寸为（40±0.20）mm、（50±0.20）mm；两个 M10 的螺纹孔，其定位尺寸为（40±0.20）mm、（50±0.20）mm；1 个 M6 深 20mm 的螺纹孔，其位置为所在表面的几何中心。螺纹孔是通过对现有孔进行攻螺纹完成的，那么在加工给定尺寸的螺纹孔前，需要打什么尺寸的底孔呢？采用什么工具进行螺纹加工？加工的注意点有哪些？

知识链接

一、螺纹的基础知识

在圆柱或圆锥表面加工出螺旋线，沿着螺旋线形成的具有规定牙型的连续凸起（牙）

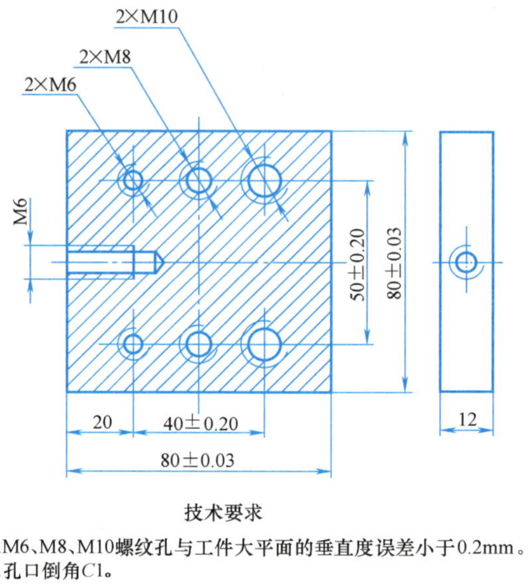

图 7-1 螺纹孔的加工

称为螺纹。

1. 螺纹的作用

螺纹主要用于机械连接或传递运动和动力，见表 7-1。

表 7-1 螺纹连接的作用

作用	图例	说明
机械连接	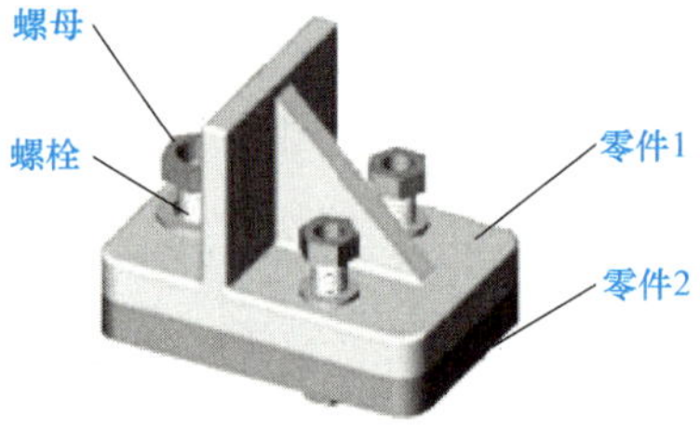	通过螺母和螺栓之间的螺纹连接，可以将零件 1 和零件 2 紧固地连接在一起，使两个零件形成一个装配体
传递运动和动力	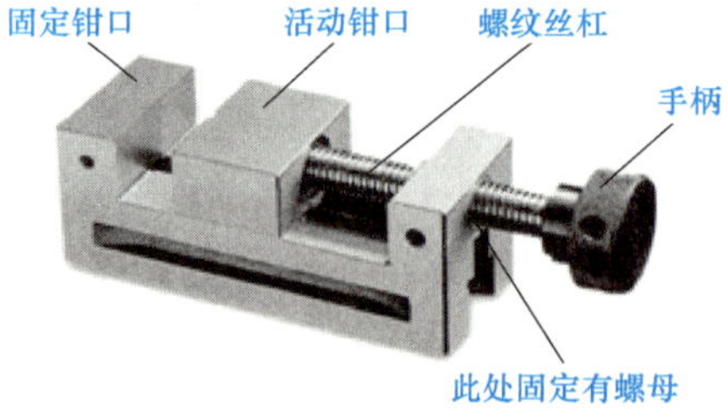	通过转动平口钳上的手柄，带动螺纹丝杠做旋转运动，从而推动活动钳口向前或向后滑移，与固定钳口相配合，就能在平口钳上实现零件的夹紧或松开

2. 螺纹的种类及应用

螺纹的种类有多种，常见的螺纹种类见表 7-2。

表 7-2　常见的螺纹种类

螺纹分类		图例	说明	应用
按螺纹牙型分类	管螺纹（普通螺纹）		牙型为三角形，一般分为粗牙螺纹和细牙螺纹两种，广泛用于各种紧固连接。粗牙螺纹应用广泛，细牙螺纹适用于薄壁零件等的连接和微调机构的调整	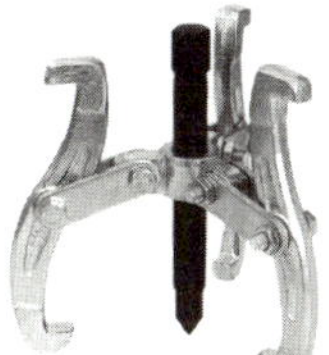 粗牙螺纹（顶拔器） 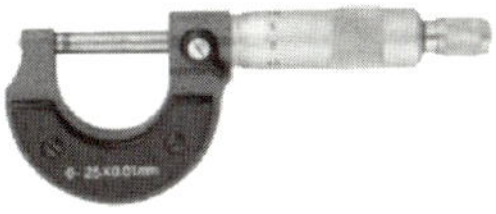 细牙螺纹（千分尺）
	矩形螺纹	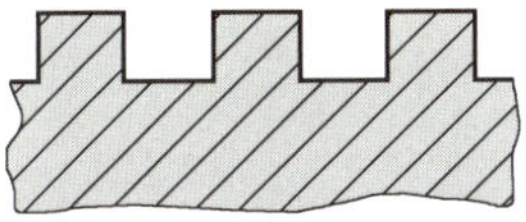	牙型为矩形，传动效率高，用于螺旋传动，但牙根强度低，精加工困难，由于矩形螺纹未标准化，现在已逐渐被梯形螺纹所代替	 机床丝杠
	梯形螺纹	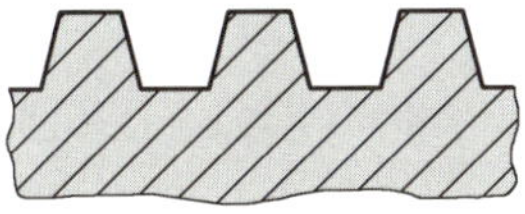	牙型为梯形，牙根强度较高，易于加工，广泛用于机床设备的螺旋传动中	
	锯齿形螺纹	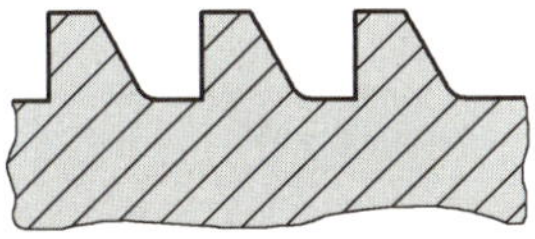	牙型为锯齿形，牙根强度较高，用于单向螺旋传动，多用于起重机械或压力机械	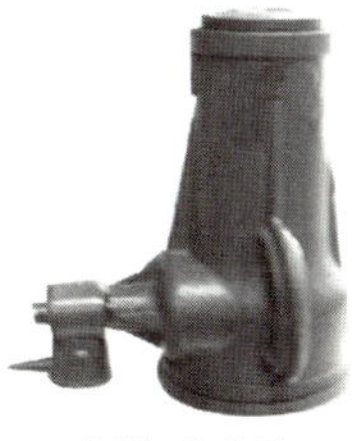 螺旋千斤顶
按螺旋线方向分类	左旋螺纹	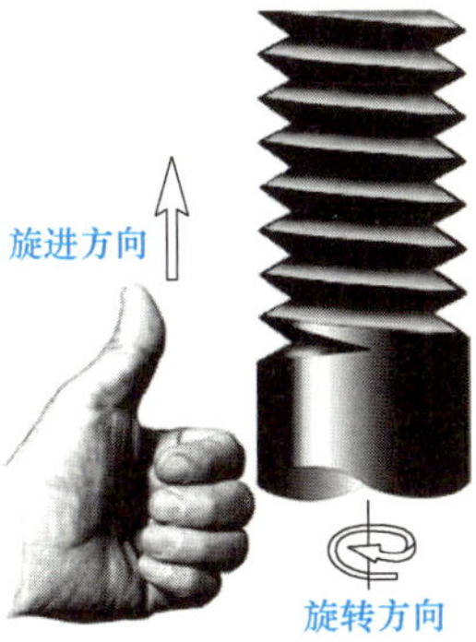 	螺纹按顺时针方向旋入，应用广泛	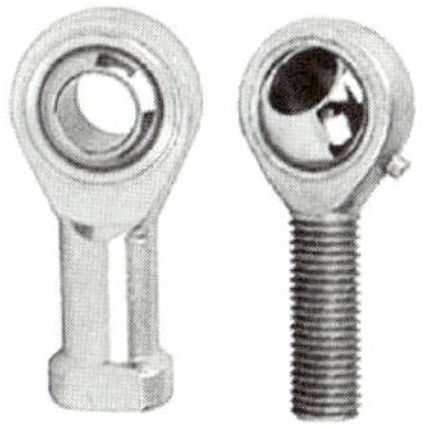 螺纹拉钩

（续）

螺纹分类		图　例	说　明	应　用
按螺旋线方向分类	右旋螺纹		螺纹按逆时针方向旋入	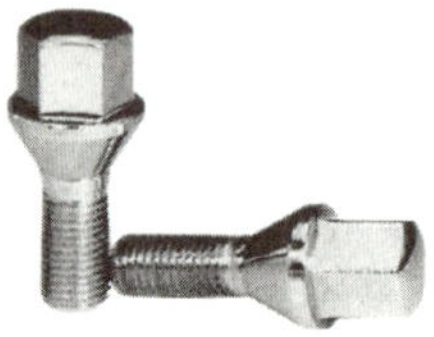 汽车轮毂螺栓
按螺旋线的线数分类	单线螺纹		沿一条螺旋线形成的螺纹，多用于连接	 螺栓连接
	多线螺纹		沿两条或两条以上的轴向等距分布的螺旋线形成的螺纹，多用于螺旋传动	 双头蜗杆传动
按螺旋线形成表面分类	内螺纹	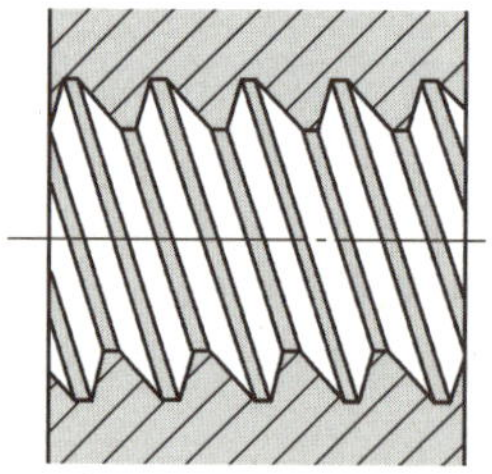	螺旋线形成表面为内表面	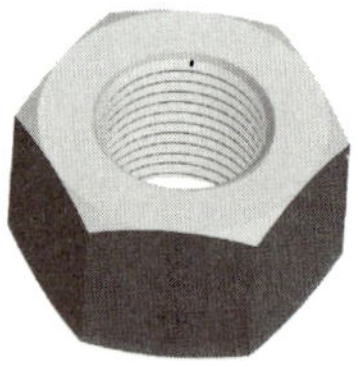 六角螺母
	外螺纹	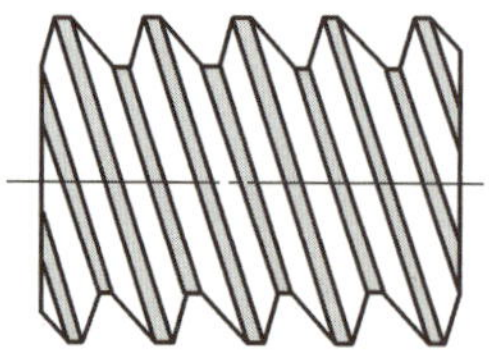	螺旋线形成表面为外表面	 六角头螺栓

3. 普通螺纹的主要参数

普通螺纹是生产中最为常用的螺纹，下面以普通螺纹为例说明螺纹的主要参数，见表7-3。

表 7-3 普通螺纹的主要参数

<table>
<tr><th colspan="2">主要参数</th><th>图 例</th><th>代 号</th><th>说 明</th></tr>
<tr><td rowspan="2">螺纹大径
（公称直径）</td><td>内螺纹</td><td>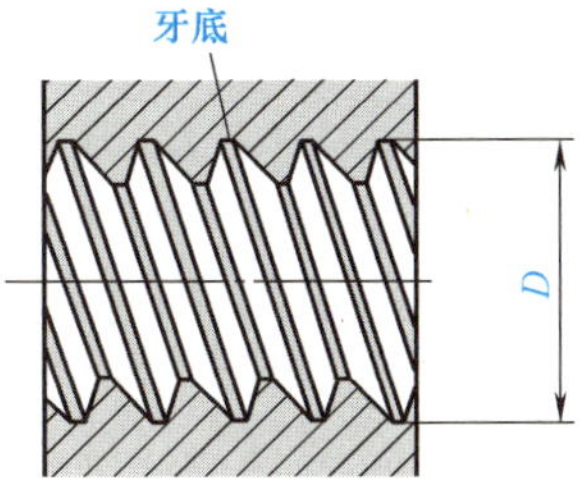
</td><td>D</td><td rowspan="2">它是与外螺纹牙顶或内螺纹牙底相重合的假想圆柱面的直径</td></tr>
<tr><td>外螺纹</td><td>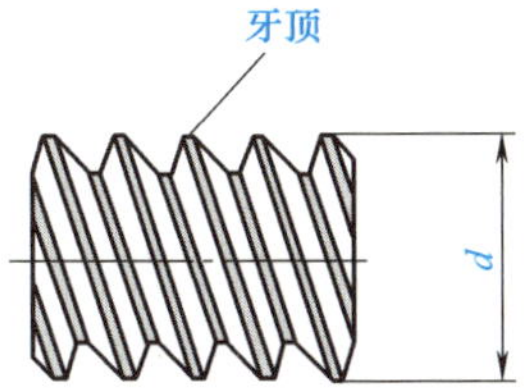
</td><td>d</td></tr>
<tr><td rowspan="2">螺纹中径</td><td>内螺纹</td><td>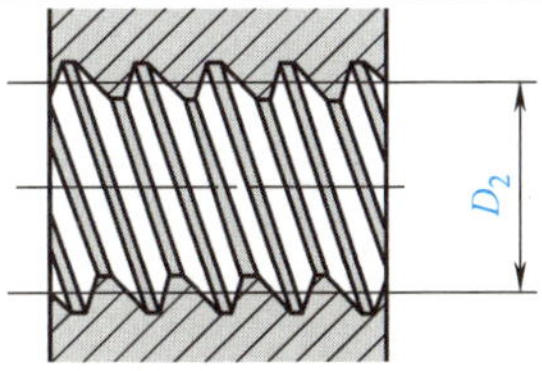
</td><td>D_2</td><td rowspan="2">它是指一个假想圆柱面的直径，该圆柱的素线通过牙型上沟槽和凸起宽度相等的地方</td></tr>
<tr><td>外螺纹</td><td>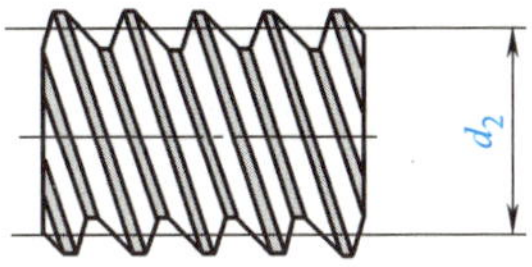
</td><td>d_2</td></tr>
<tr><td rowspan="2">螺纹小径</td><td>内螺纹</td><td>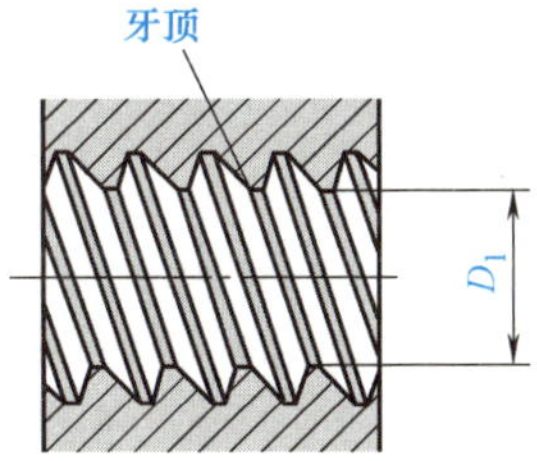
</td><td>D_1</td><td rowspan="2">它是与外螺纹牙底或内螺纹牙顶相重合的假想圆柱面的直径</td></tr>
<tr><td>外螺纹</td><td>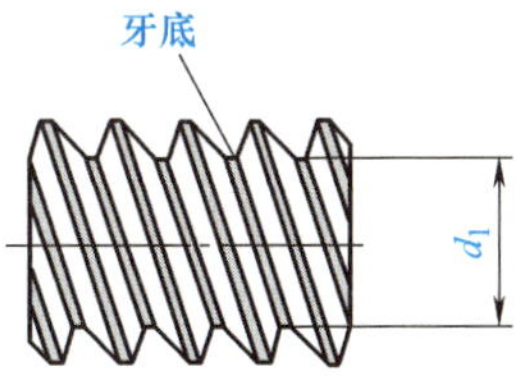
</td><td>d_1</td></tr>
<tr><td colspan="2">牙型角</td><td>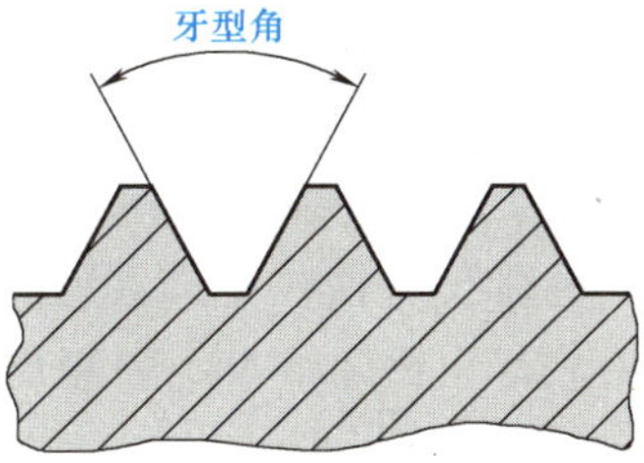
</td><td>α</td><td>在螺纹牙型上，相邻两牙侧间的夹角。普通螺纹的牙型角 $\alpha=60°$。牙型半角是牙型角的一半，用 $\alpha/2$ 表示</td></tr>
</table>

（续）

主要参数	图例	代号	说明
螺距	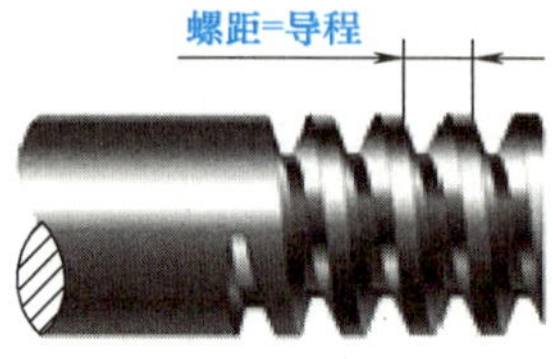 单线螺纹 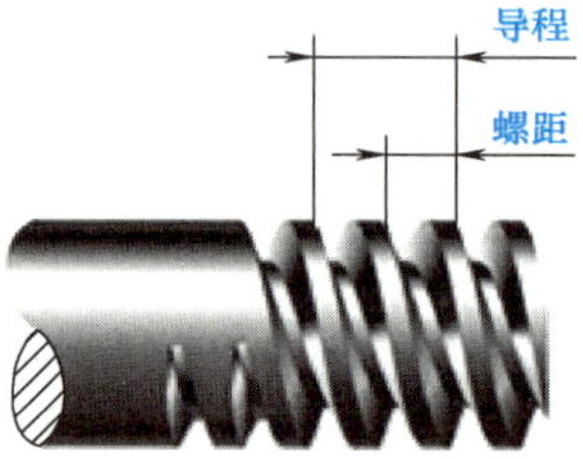 多线螺纹	P	相邻两牙在中径上对应两点间的轴向距离

4. 普通螺纹的代号标注

普通螺纹的代号标注见表 7-4。

表 7-4　普通螺纹的代号标注

普通螺纹	代号	螺纹标注示例	内、外螺纹配合标注示例
粗牙普通螺纹	M	M12-7g-L-LH M：粗牙普通螺纹 12：公称直径 7g：外螺纹中径和大径公差带代号 L：长旋合长度 LH：左旋	M12-6H/7g-LH M：粗牙普通螺纹 12：公称直径 6H：内螺纹中径和小径公差带代号 7g：外螺纹中径和大径公差带代号 LH：左旋
细牙普通螺纹		M12×1-7H8H M：细牙普通螺纹 12：公称直径 1：螺距 7H：内螺纹中径公差带代号 8H：内螺纹小径公差带代号	M12×1-6H/7g8g M：细牙普通螺纹 12：公称直径 1：螺距 6H：内螺纹中径和小径公差带代号 7g：外螺纹中径公差带代号 8g：外螺纹大径公差带代号

普通螺纹代号标注说明。

1）细牙普通螺纹的每一个公称直径对应着多个螺距，因此，必须标出螺距值；而粗牙普通螺纹只有一个对应的螺距，可省略不予标注。常用普通螺纹直径与螺距见表 7-5。

2）右旋螺纹不标注旋向代号，左旋螺纹必须标注旋向代号“LH”。

3）螺纹的旋合长度是指两个相互旋合的螺纹沿轴线方向相互结合的长度。螺纹的旋合长度有三种，分别是长旋合长度（L）、中等旋合长度（N）和短旋合长度（S），中等旋合长度不标注。

表 7-5　常用普通螺纹直径与螺距　（单位：mm）

公称直径 D、d			螺距 P	
第一系列	第二系列	第三系列	粗牙	细牙
4			0.7	0.5
5			0.8	
6		7	1	0.75、0.5
8			1.25	1、0.75、(0.5)
10			1.5	1.25、1、0.75、(0.5)
12			1.75	1.5、1.25、1、(0.75)、(0.5)
	14		2	1.5、(1.25)、1、(0.75)、(0.5)
		15		1.5、(1)
16			2	1.5、1、(0.75)、(0.5)
20	18		2.5	2、1.5、1、(0.75)、(0.5)
24			3	2、1.5、1、(0.75)
		25		2、1.5、(1)
	27		3	2、1.5、1、(0.75)
30			3.5	(3)、2、1.5、1、(0.75)
36			4	3、2、1.5、(1)
		40		(3)、(2)、1.5
42	45		4.5	(4)、3、2、1.5、(1)

注：1. 优先选用第一系列，其次是第二系列，第三系列尽量不用。

2. 括号内尺寸尽量不用。

3. M14×1.25 仅用于火花塞。

4）公差带代号中，前者为中径公差带代号，后者为外螺纹的大径或内螺纹的小径公差带代号，当两者相一致时，只标注一个公差带代号。内螺纹用大写字母表示，如“D”；外螺纹用小写字母表示，如“d”。

5）内、外螺纹配合的公差带代号中，前者为内螺纹公差带代号，后者为外螺纹公差带代号，中间用“/”分开。

二、攻螺纹

用丝锥在工件孔中切削出内螺纹的加工方法称为攻螺纹，如图 7-2 所示。

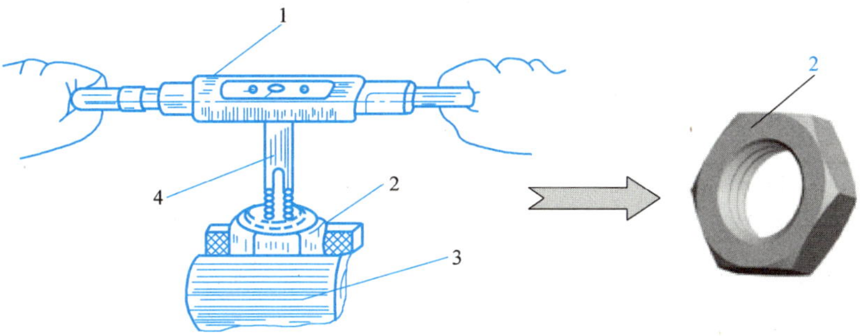

图 7-2　攻螺纹

1—铰杠　2—工件　3—台虎钳　4—丝锥

1．攻螺纹工具

（1）丝锥　丝锥是加工内螺纹的工具，钳工常用的丝锥有机用和手用普通螺纹丝锥两类，如图7-3所示。机用丝锥通常是用高速钢制成，一般是单独一支。手用丝锥是用碳素工具钢或合金工具钢制成，一般由两支或三支组成一组。

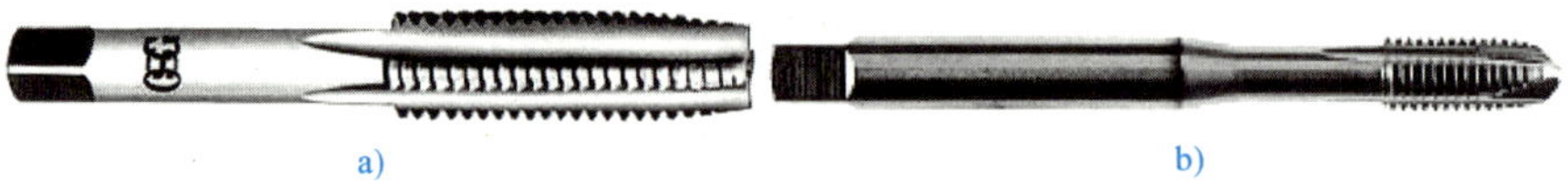

图7-3　丝锥

a）手用丝锥　b）机用丝锥

1）普通螺纹丝锥的结构。

手用丝锥与机用丝锥的结构相同，下面以手用丝锥为例来介绍丝锥的结构，见表7-6。

表7-6　手用普通螺纹丝锥的结构

<table>
<tr><td colspan="2">手用普通螺纹丝锥结构图示</td><td>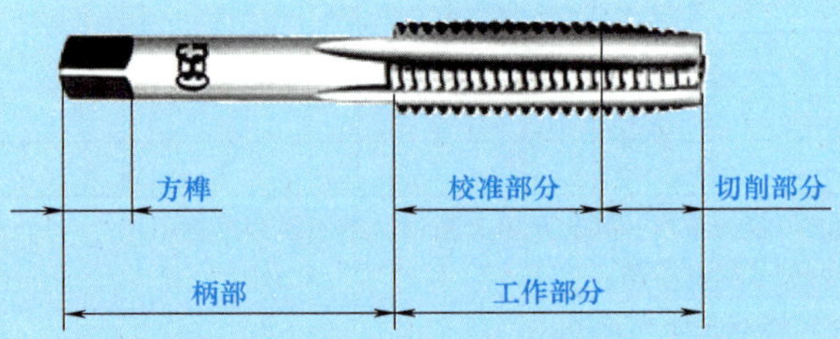</td></tr>
<tr><td colspan="2">结构名称</td><td>作　用</td></tr>
<tr><td colspan="2">方榫</td><td>方榫是丝锥的夹持部分，通过方榫传递切削时所需的周向作用力</td></tr>
<tr><td colspan="2">柄部</td><td>柄部是用来连接方榫和工作部分的，丝锥的规格等参数都刻在柄部，方便操作人员根据这些参数选择丝锥</td></tr>
<tr><td rowspan="2">工作部分</td><td>切削部分</td><td>丝锥沿轴向开有几条容屑槽，以形成切削部分锋利的切削刃，起主切削作用。切削部分前端磨出切削锥角，切削负荷分布在几个刀齿上，使切削省力，便于切入</td></tr>
<tr><td>校准部分</td><td>丝锥校准部分有完整的牙型，用来修光和校准已切出的螺纹，并引导丝锥沿轴向前进
丝锥校准部分的大径、中径、小径均有（0.05～0.12mm）×1/100的倒锥，以减少与螺孔的摩擦，减少所攻螺孔的扩张量</td></tr>
</table>

按丝锥容屑槽的加工形状不同，普通螺纹丝锥主要分为直槽和螺旋槽两种，见表7-7。

2）成组丝锥的选用。

为了减少切削力和延长使用寿命，一般将整个切削工作量分配给几支丝锥来承担。通常M6～M24的丝锥每组有两支；M6以下及M24以上的丝锥每组有三支；细牙螺纹丝锥为两支一组。成组丝锥的选用见表7-8。

（2）铰杠　铰杠是手工攻螺纹时用来夹持丝锥的工具，钳工常用的铰杠主要有普通铰杠和丁字铰杠两种，如图7-4所示。

表 7-7　普通螺纹丝锥容屑槽的形状

容屑槽的形状		图例	说明	应用
直槽			为了制造和刃磨方便，一般将丝锥上的容屑槽做成直槽	直槽丝锥应用广泛，多数攻螺纹加工所选用的丝锥都是直槽的
螺旋槽	左旋	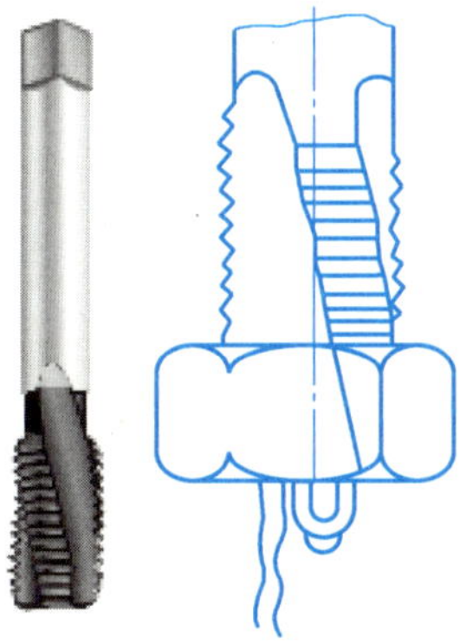	螺旋槽按逆时针方向旋转加工而成	左旋槽丝锥主要用来加工通孔螺纹，螺旋槽可以控制切屑向下排出，保证已攻出螺纹的表面精度
	右旋	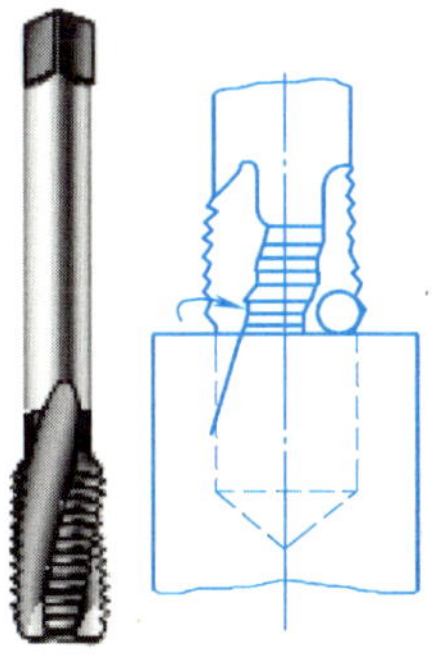	螺旋槽按顺时针方向旋转加工而成	右旋槽丝锥主要用来加工不通孔螺纹，可以控制切屑向上排出，而不会因为切屑没有及时排出堵塞孔底，造成切削无法进行

表 7-8　成组丝锥的选用

成组丝锥		图示	应用场合	说明
三支一组	头锥		粗加工	选用丝锥时，可根据丝锥柄部的圆环标记进行选用，头锥为一道圆环，二锥为两道圆环，三锥没有圆环
	二锥		半精加工	
	三锥	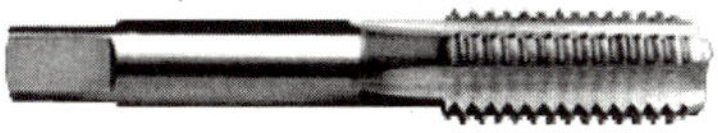	精加工	

（续）

成组丝锥		图示	应用场合	说明
两支一组	头锥		粗加工	选用丝锥时，可根据丝锥切削部分的距离进行选用，头锥的切削部分较长，二锥的切削部分较短
	二锥		精加工	

a)　　b)

图 7-4　铰杠

a）普通铰杠　b）丁字铰杠

丁字铰杠的夹持部分配有加长杆，可以用于加工高凸台旁或箱体内部的螺纹，如图 7-5 所示。

图 7-5　加长丁字铰杠的使用

铰杠的装夹尺寸和柄部的长度都有一定的规格，使用时应按丝锥尺寸大小根据表 7-9 合理选用。

表 7-9　铰杠的规格及选用

铰杠规格/mm	150	225	275	375	475	600
适用的丝锥范围	M5～M8	＞M8～M12	＞M12～M14	＞M14～M16	＞M16～M22	M24 以上

2. 攻螺纹前底孔直径的确定

攻螺纹时，丝锥在切削金属的同时还伴随较强的挤压作用。因此，金属产生塑性变形形成凸起部分并挤向牙尖，如图 7-6 所示，使切削处螺纹的小径小于底孔直径。

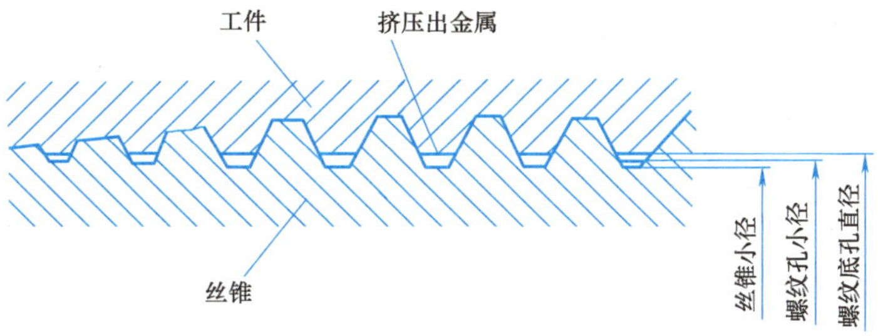

图 7-6　攻螺纹时的挤压现象

此时，若丝锥牙底与底孔之间没有足够的容屑空间，容易将丝锥箍住，甚至折断丝锥。这种现象在加工塑性较大的材料时将更为严重。因此，攻螺纹前的底孔直径应大于丝锥的小径，但底孔直径又不宜过大，否则会使螺纹牙型高度不够，降低强度。

综上所述，底孔直径大小的确定，需考虑工件材料塑性的大小及钻孔的扩张量，可根据经验公式计算得出，见表 7-10。

表 7-10　底孔直径的计算

材料性质	底孔直径计算公式	备注
钢件等塑性较大的材料	$D_{钻}=D-P$	$D_{钻}$——攻螺纹时钻螺纹底孔用钻头直径(mm)； D——螺纹大径(mm)； P——螺距(mm)。
铸铁等塑性较小的材料	$D_{钻}=D-(1.05\sim1.1)P$	

【例 7-1】 分别计算在钢件和铸铁件上攻 M10 螺纹时的底孔直径各为多少？

解： 查表 7-10，螺纹 M10 的螺距 $P=1.5\text{mm}$，在钢件上攻螺纹时底孔直径为

$$D_{钻}=D-P=10\text{mm}-1.5\text{mm}=8.5\text{mm}$$

在铸铁件上攻螺纹时底孔直径为

$$\begin{aligned}D_{钻}&=D-(1.05\sim1.1)P=10\text{mm}-(1.05\sim1.1)\times1.5\text{mm}\\&=10\text{mm}-(1.575\sim1.65\text{mm})=8.425\sim8.35\text{mm}\end{aligned}$$

取 $D_{钻}=8.4\text{mm}$（按钻头直径标准系列取一位小数）。

3. 攻螺纹前底孔深度的确定

攻不通孔螺纹时，由于丝锥切削部分有锥角，端部不能切出完整的牙型，所以钻孔深度要大于螺纹的有效深度，如图 7-7 所示。

攻螺纹前底孔深度一般取

$$H_{钻}=h_{有效}+0.7D$$

式中　$H_{钻}$——底孔深度（mm）；

$h_{有效}$——螺纹有效深度（mm）；

D——螺纹大径（mm）。

【例 7-2】　在图 7-8 所示 45 钢零件上钻攻 M10 螺纹，求底孔深度为多少（假设钻头顶角 $2\phi=120°$）？

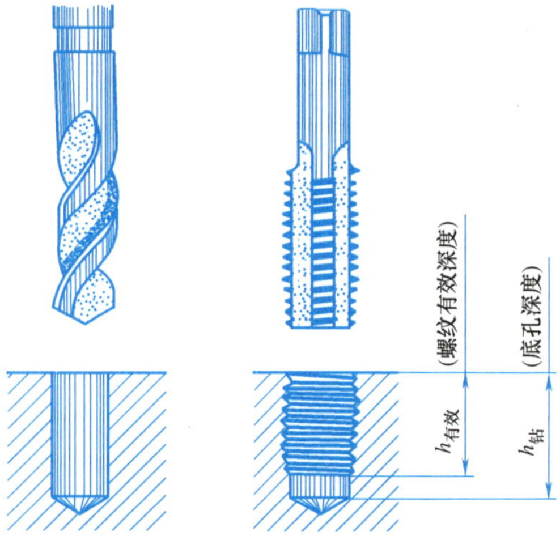

图 7-7　攻螺纹前的底孔深度

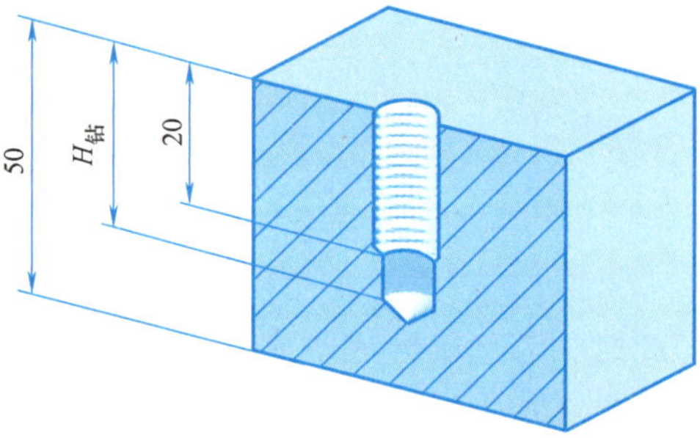

图 7-8　【例 7-2】零件

解： $H_{钻}=h_{有效}+0.7D=20\text{mm}+0.7\times10\text{mm}=27\text{mm}$

4. 手工攻螺纹

（1）攻螺纹的方法　手工攻螺纹的方法见表 7-11。

（2）攻螺纹时切削液的选用　攻螺纹时，需要在丝锥与孔壁之间添加适量的切削液，以减小切削阻力，降低加工螺纹孔的表面粗糙度值并延长丝锥寿命。常用的切削液见表 7-12。

表 7-11　手工攻螺纹的方法

操作步骤	图　例	说　明
钻底孔		根据所攻螺纹的大径、螺距及加工材料等参数，选择合适的钻头加工底孔，并在孔口锪 90° 沉孔。加工不通孔时，还需计算底孔的加工深度

（续）

操作步骤	图例	说明
起攻	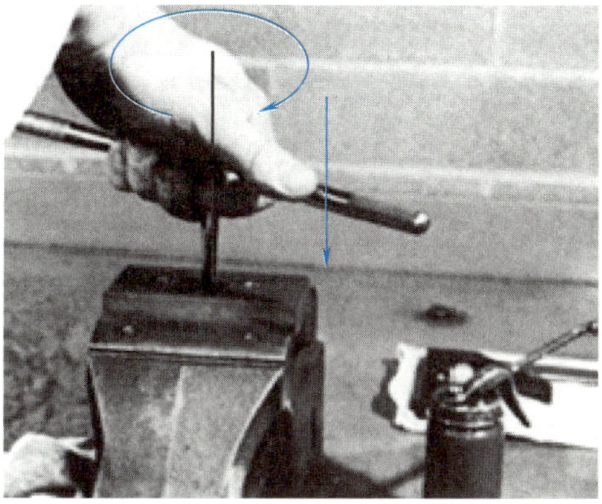	铰杠上正确装夹头锥，起攻时，可一手用手掌按住铰杠中部，沿丝锥轴线方向施加作用力，同时转动铰杠，使丝锥在孔口作顺时针方向旋进
初检螺纹	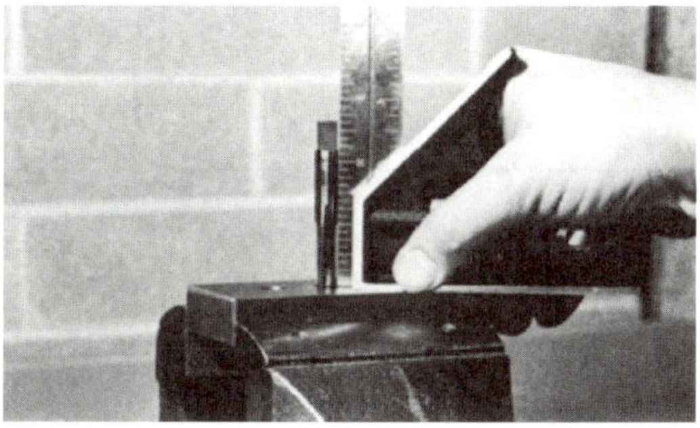	攻螺纹时，应保证螺纹孔轴线与工件平面之间的垂直度精度，因此，在丝锥攻入1~2圈后，应及时从前后左右几个方向用直角尺进行检查，以便能及时调整误差方向
攻螺纹	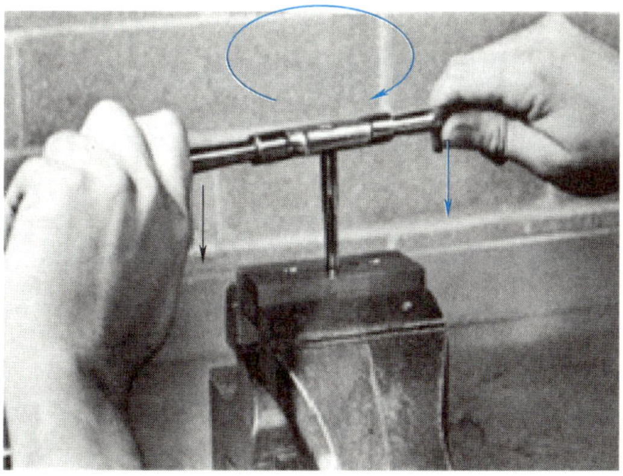	正式攻螺纹时，应两手握住铰杠两端均匀施加压力，并将丝锥顺时针方向旋进，并在丝锥与孔壁之间加适量切削液进行润滑（切削液的选用参数见表7-12） 当丝锥切削部分全部进入工件后，就不需要再施加压力。此时，两手用力要均匀，并要经常倒转1/4~1/2圈，使切屑碎断后容易排出，攻不通孔螺纹时，需将丝锥退出，清理孔内切屑，避免因切屑阻塞而使丝锥卡住，甚至折断

（续）

操作步骤	图　例	说　明
校准螺纹	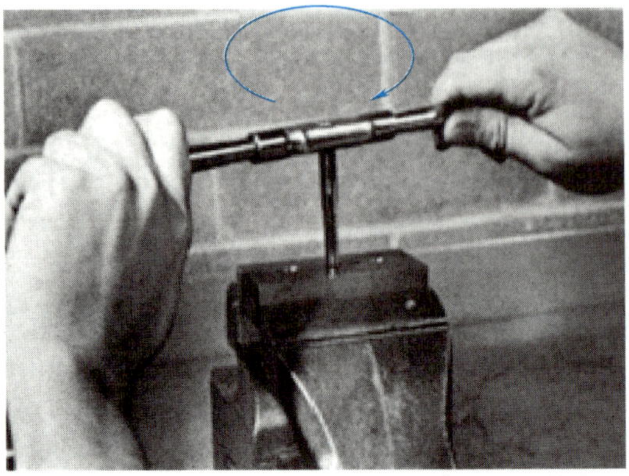	铰杠换装二锥，以相同的攻螺纹方法加工螺纹。校准螺纹时，由于二锥切削用量较小，两手不需要施加压力 若选用三支一组的成组丝锥，则在二锥校准完成后，换装三锥进行校准
终检螺纹		选用相应螺纹尺寸精度等级的螺纹塞规检查螺纹孔尺寸精度。螺纹塞规有通端和止端，检查时，要求通端能顺利旋入螺孔，而止端不能旋入螺孔

表 7-12　常用攻螺纹切削液

切削液	应用场合
机油	主要用于在钢制零件上攻螺纹
工业植物油	主要用于加工质量较高的螺纹
煤油	主要用于在铸铁零件上攻螺纹

任务实施

图 7-1 所示零件的加工步骤见表 7-13。

表 7-13　零件攻螺纹的操作步骤

序号	操作步骤	图　例	说　明
1	检查坯料		检查坯料尺寸，并修正垂直基准

（续）

序　号	操作步骤	图　例	说　明
2	加工四方	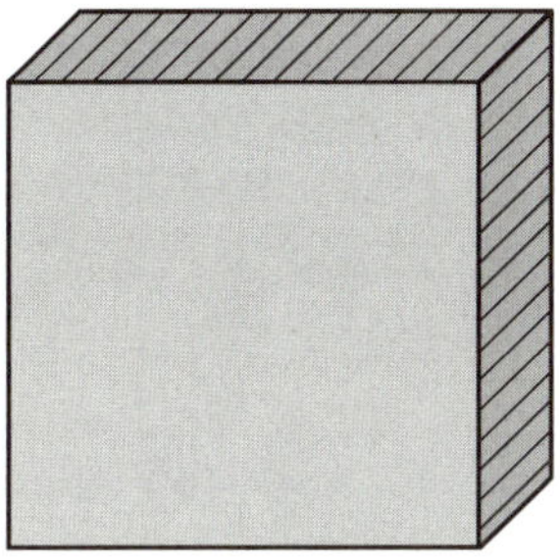	加工四方轮廓，保证相关精度
3	划线、加工底孔	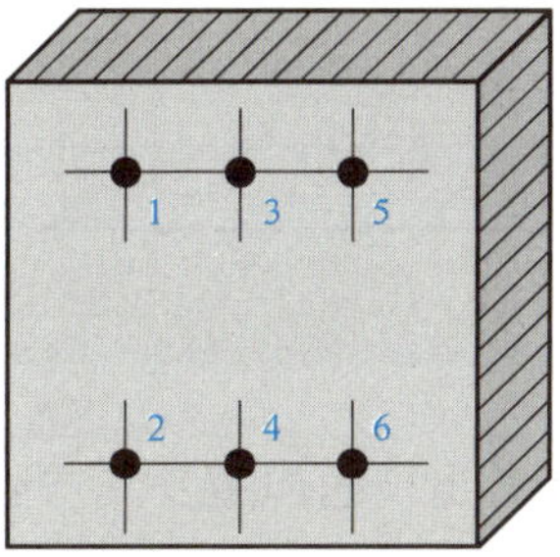	1）划出6个螺纹孔中心线，并打样冲眼 2）选择合适的钻头完成底孔加工 3）孔口锪90°沉孔
4	攻螺纹	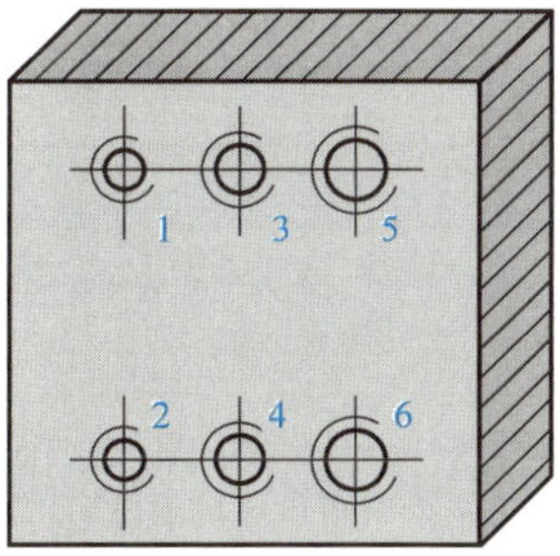	分别选择M6、M8、M10丝锥进行6个螺纹孔的加工
5	划端面螺纹孔中心线	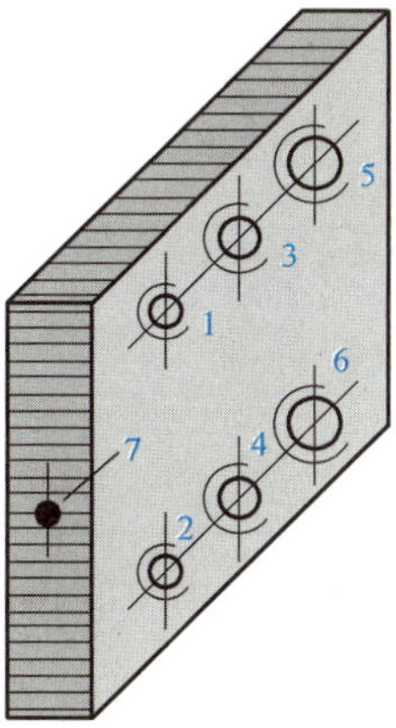	1）划出端面螺纹孔中心线，并打样冲眼 2）选择合适的钻头完成底孔加工 3）孔口锪90°沉孔

（续）

序　号	操作步骤	图　例	说　明
6	攻端面螺纹	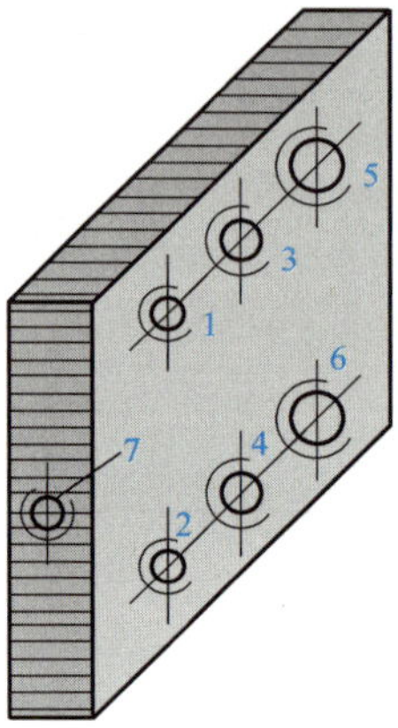	选择 M6 的丝锥完成螺纹孔的加工
7	去除零件毛刺，并复检零件各项精度		

知识拓展

攻螺纹时常出现的问题及其产生原因

在实际螺纹孔加工时，常常遇到很多质量问题，这些质量问题直接影响加工效率、加工质量和操作安全。为尽量避免质量问题，现把常见的质量问题及产生的原因归纳于表 7-14。

表 7-14　攻螺纹时常出现的问题及其产生原因

出现问题	产生原因
螺纹乱牙	1. 攻螺纹时底孔直径太小，起攻困难，丝锥左右摆动，孔口乱牙 2. 换用二锥、三锥时强行校正，或没旋合好就攻下
螺纹滑牙	1. 攻不通孔的较小螺纹时，丝锥已到底仍继续旋转 2. 攻强度低或小孔径螺纹时，丝锥已切出螺纹仍继续加压，或攻完时连同铰杠做自由地快速转出 3. 未加适当切削液及一直攻、套螺纹不倒转，切屑堵塞将螺纹啃坏
螺纹歪斜	攻螺纹时位置不正，起攻、套螺纹时未做垂直度检查
螺纹形状不完整	攻螺纹底孔直径太大，或套螺纹圆杆直径太小
丝锥折断	1. 底孔太小 2. 攻入时丝锥歪斜或歪斜后强行找正 3. 没有经常反转断屑，或攻不通孔螺纹攻到底，还继续攻下 4. 使用铰杠不当 5. 丝锥牙齿爆裂或磨损过多而强行攻下 6. 工件材料过硬或夹有硬点 7. 两手用力不均或用力过猛

任务评价

通过以上学习，根据任务实施过程，将完成任务情况记入表 7-15 中，完成任务评价。

表 7-15　零件的内螺纹加工任务评价表

项目名称		编号		姓名		日期	
序号	评价内容		评价标准			配分	备注
1	尺寸(40±0.20)mm		不超差			15	
2	尺寸(50±0.20)mm		不超差			15	
3	M6		合格			15	
4	M8		合格			15	
5	M10		合格			15	
6	各螺纹孔的垂直度要求		<0.2mm			15	
7	安全文明生产		遵守 5S 规则			10	
教师评语							

课后评测

完成图 7-9 所示零件螺纹的加工，并写出加工步骤。

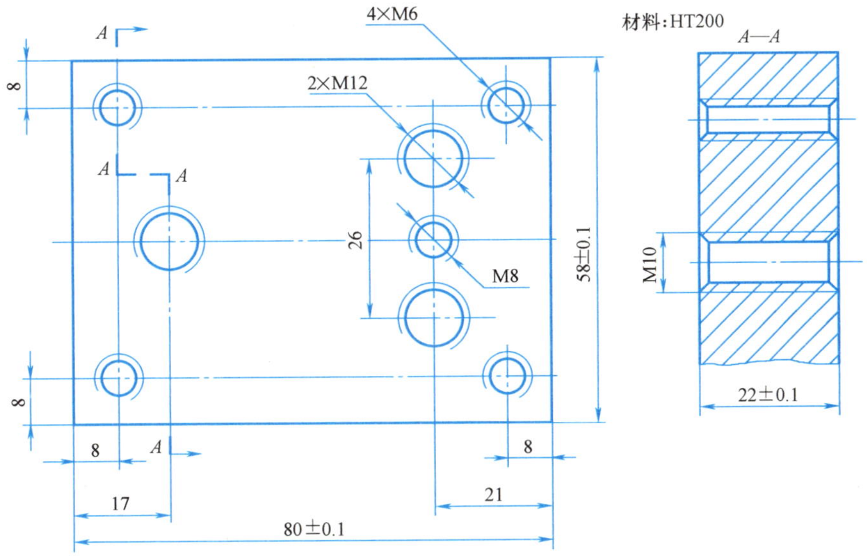

图 7-9　攻螺纹

任务二　零件的外螺纹加工

学习目标

1）知道套螺纹圆杆直径的确定方法。

2）会正确套出外螺纹。

任务描述

图 7-10 所示为钻床夹具的螺杆，写出螺杆上螺纹加工的方法及步骤。

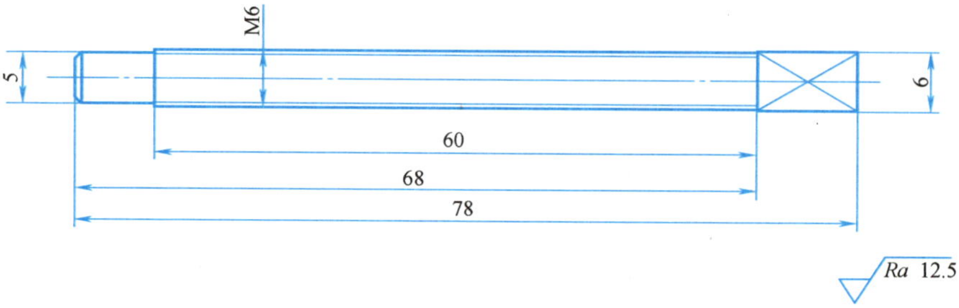

图 7-10　螺杆

知识链接

用板牙在圆杆上切削出外螺纹的加工方法称为套螺纹，如图 7-11 所示。

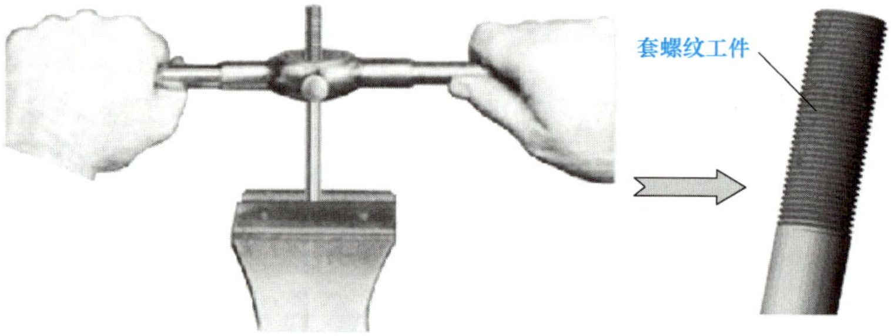

图 7-11　套螺纹

一、套螺纹的工具

1. 板牙

板牙是加工外螺纹的工具，它用合金工具钢或高速钢制作并经淬火处理。板牙的结构见表 7-16。

表 7-16　板牙的结构

板牙结构图示	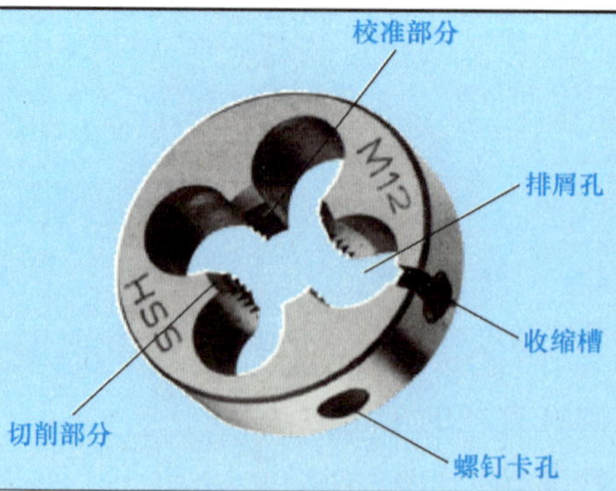

（续）

结构名称	说　　明
切削部分	切削部分是板牙两端有切削锥角的部分。它不是一个圆锥面，而是一个经过铲磨而形成的阿基米德螺旋面，能形成后角 板牙两端都有切削部分，待一端磨损后，可换另一端使用
校准部分	板牙中间一段是校准部分，也是套螺纹时的导向部分。校准部分可以引导板牙顺利完成切削，同时又能保证螺纹的尺寸精度，提高螺纹表面质量
排屑孔	排屑孔是板牙上的容屑槽，在切削时起容屑作用，防止板牙与工件之间因排屑不畅而发生堵塞
螺钉卡孔	板牙安装在板牙架上时，板牙架上的锁紧螺钉经拧紧卡配在螺钉卡孔中，从而使板牙的位置相对圆周固定，可以传递周向作用力，保证切削的正常进行
收缩槽	板牙使用一定周期后，牙型表面会发生磨损，影响螺纹的加工精度，收缩槽可在外力作用下（锁紧螺钉拧紧力）使板牙直径收缩，从而延长板牙的使用寿命

2. 板牙架

板牙架是装夹板牙的工具，如图 7-12 所示。板牙放入后，用紧定螺钉紧固。

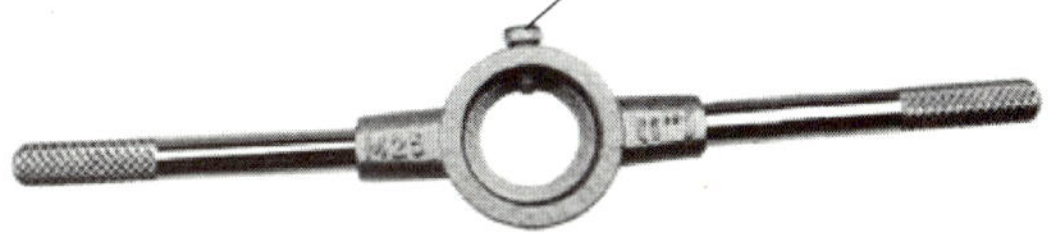

图 7-12　板牙架

二、套螺纹前圆杆直径的确定

与丝锥攻螺纹一样，用板牙在工件上套螺纹时，材料同样因受挤压而变形，牙顶将被挤高一些。所以，套螺纹前圆杆直径应稍小于螺纹大径的尺寸，一般圆杆直径用下式计算

$$d_{杆}=d-0.13p$$

式中　$d_{杆}$——套螺纹前圆杆直径（mm）；

d——螺纹大径（mm）；

p——螺距（mm）。

【例 7-3】　在 45 钢的圆杆上需套 M12 的螺纹，试确定圆杆直径。

解：　$d_{杆}=d-0.13p=12\text{mm}-0.13\times1.75\text{mm}=11.77\text{mm}$

为了使板牙起套时容易切入工件并作正确引导，圆杆端部要倒角，一般倒成锥半角为 5°~20°的锥体，如图 7-13 所示。其倒角的最小直径可略小于螺纹小径，避免螺纹端部出现峰口和卷边。

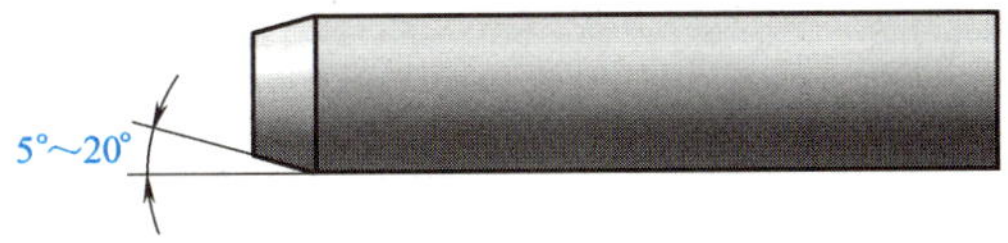

图 7-13　圆杆套螺纹前的倒角

三、套螺纹的方法（表 7-17）

表 7-17 套螺纹的方法

操作步骤	图示	说明
工件装夹	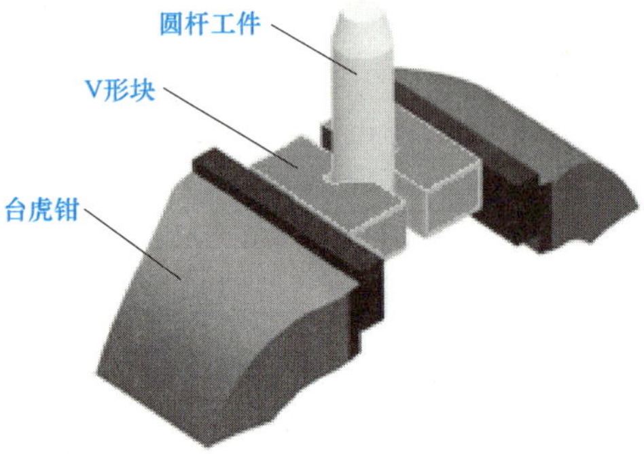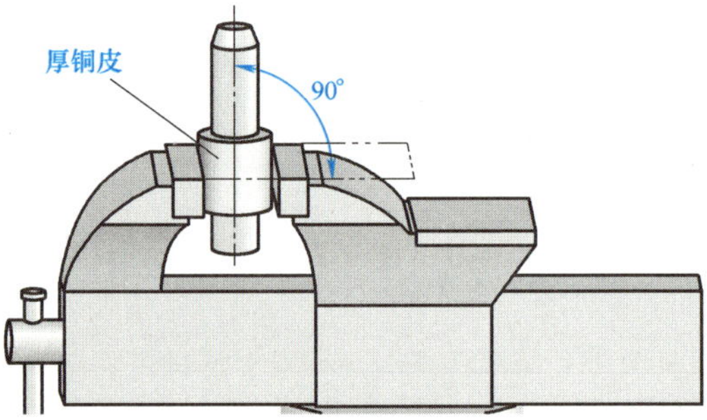	套螺纹工件为圆杆形零件，由于套螺纹时的切削力矩较大，在台虎钳上装夹时，需采用 V 形块或厚铜皮作为衬垫，才能保证夹紧可靠
起套	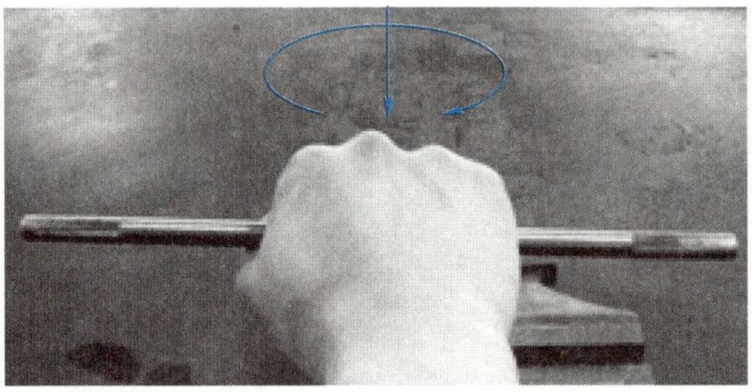	起套方法与攻螺纹起攻方法一样，一手按住铰杠中部，沿圆杆轴向施加压力，同时作顺时针方向旋转切削，转动要慢，压力要大
初检	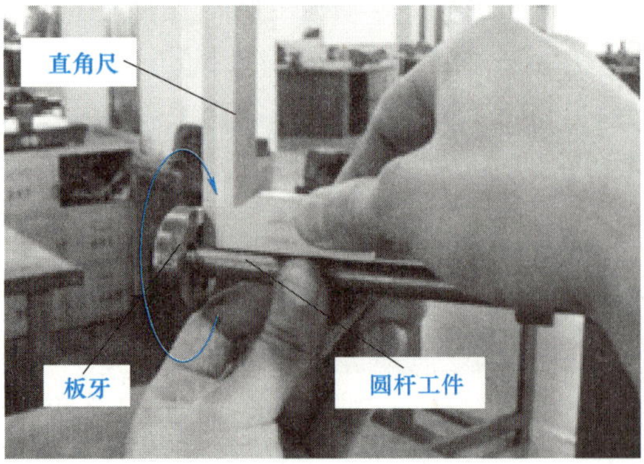	在板牙切入圆杆 2～3 牙时，应及时检查其垂直度并校正。检查时转动圆杆工件，在圆周方向上多测量几次，以正确判别垂直度误差

（续）

操作步骤	图　示	说　明
套螺纹	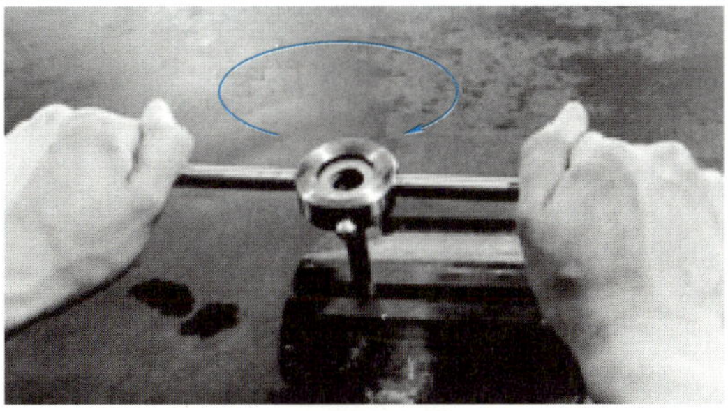	正常套螺纹时，不要加压，让板牙自然引进，以免损坏螺纹和板牙；同时，在切削过程中也要经常倒转以断屑 套螺纹时需添加合适的切削液，切削液的选用方法与攻螺纹时相同
终检		套螺纹加工完成后，需用螺纹环规检查圆杆螺纹的尺寸精度

任务实施

对图 7-10 所示零件进行套螺纹加工，其加工步骤见表 7-18。

表 7-18　零件套螺纹操作步骤

序　号	操作步骤	图　例	说　明
1	检查坯料	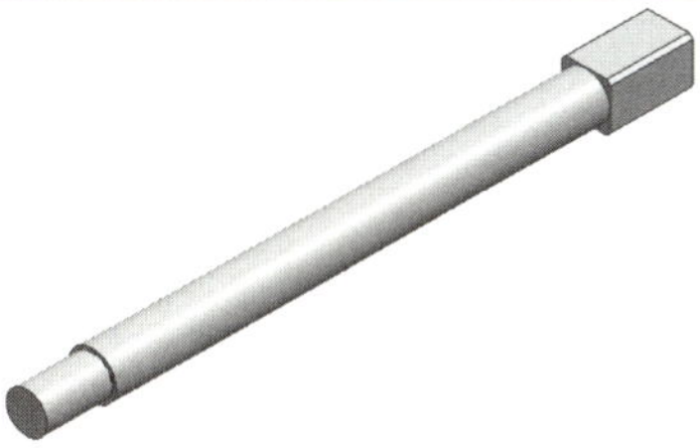	检查圆杆坯料直径尺寸：M6 螺纹，螺距为 1mm。根据公式 $d_{杆}=d-0.13p$，计算得坯料直径应为 $d_{杆}=6\text{mm}-0.13\times1\text{mm}\approx5.87\text{mm}$
2	坯料左端倒角	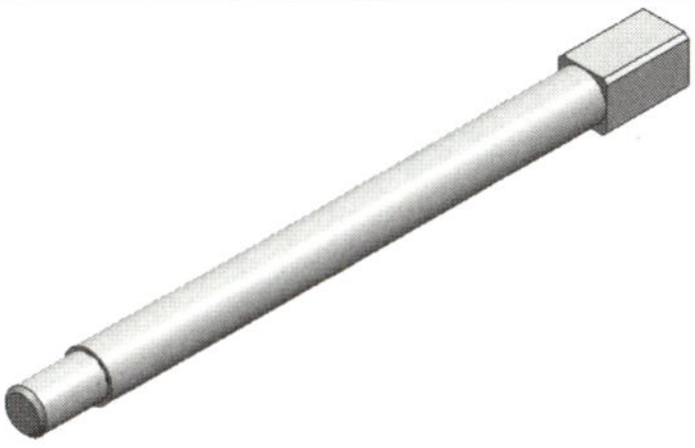	为方便套螺纹加工的顺利进行，在圆杆坯料左端倒 45°角
3	套螺纹加工		选择 M6 板牙完成两端外螺纹的加工
4	去除零件毛刺，并复检零件螺纹精度		

知识拓展

套螺纹中常出现的问题及其产生原因

在实际螺纹孔加工时，常常遇到很多质量问题，这些质量问题直接影响我们的加工效率、加工质量和操作安全。为尽量避免质量问题，现把常见的质量问题及产生的原因归纳于表 7-19。

表 7-19　套螺纹中常出现的问题及其产生原因

出现的问题	产生的原因
螺纹乱牙	圆杆直径过大,起套困难,左右摆动,杆端乱牙
螺纹滑牙	套螺纹时未加切削液或没有倒转,切屑堵塞将螺纹啃坏
螺纹歪斜	套螺纹位置不正确,起套时没有检查垂直度
螺纹形状不完整	1. 圆杆直径太小 2. 圆杆不直 3. 板牙摆动幅度太大

任务评价

通过以上学习，根据任务实施过程，将完成任务情况记入表 7-20 中，完成任务评价。

表 7-20　零件外螺纹加工任务评价表

项目名称		编号		姓名		日期	
序号	评价内容		评价标准			配分	备注
1	螺纹无乱牙		6 组			20	
2	螺纹无滑牙		6 组			20	
3	螺纹无斜牙		6 组			20	
4	螺纹形状完整		6 组			15	
5	表面粗糙度值		$Ra12.5\mu m$			15	
6	安全文明生产		遵守 5S 规则			10	
教师评语							

课后评测

试完成图 7-14 所示零件的外螺纹加工，写出加工步骤。

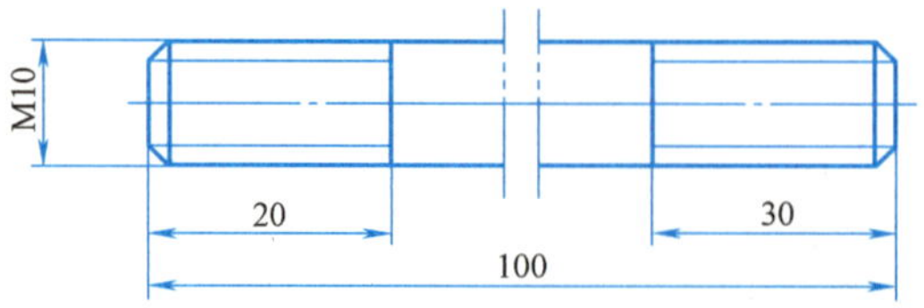

图 7-14　外螺纹的加工

工匠之篇

深海钳工

管延安，中交港珠澳大桥岛隧工程Ⅴ工区的一名普通一线工人。他凭借一手拧螺钉的绝活，获得了天津市2017年“津门工匠”荣誉称号，并被央视《大国工匠》专题报道推选为“深海钳工”。

2013年初，管延安成为港珠澳大桥建设者中的一员，主要负责沉管安装中的舾装和管内压载水系统等相关作业。大桥海底隧道由33条沉管连接而成，每条沉管标准长度为180m，水平面积约为10个篮球场，超级沉管在最后12m将海底隧道实现厘米级精确对接，在业内人士看来难度非常大。管延安负责的设备中有一种截止阀，在沉管对接时，截止阀的作用是控制入水量，调节下沉速度，让两节隧道在深海中实现精准对接。“如果要在地面完成，只要拧紧螺钉就够了，但要在深海中完成两节隧道的精准对接，做好设备不渗水、不漏水，安装接缝处的间隙必须小于1mm，就只能靠手感来操作了。”管延安说。1mm的间隙无法用肉眼判断，管延安却通过一次次的拆卸和练习，凭着手感，创下了零缝隙的奇迹。为了找到最佳手感，他拧螺钉几乎不戴手套，“隔着一层布，手感就没了。”经过了数以万计的重复工作，管延安练就了左右手拧螺钉均能达到误差不超过1mm的高精准水平。

管延安说：“海底隧道建设是造福成千上万人的大事，至少在我所负责的环节一定要精益求精。”管延安并非生来就是一个技术超群的钳工，之所以能够有今天这样的技术水平和工作能力，需要耐心，更需要坚持。虽然20年来一直在生产一线干着重复单调的工作，但管延安并不觉得枯燥。“我觉得就跟别人喜欢听音乐一样，我喜欢听金属碰撞的声音。螺钉拧到位后发出的轻微咔嚓声，对我而言就是最美妙的音乐”，管延安说。管延安当过电工、钳工，拧螺钉拧了20多年，他用过的最大的扳手要用吊车吊起，两个人都抬不动，拧的最小的螺钉直径不到2mm。正是始终如一的认真，成就了管延安今天的精湛技艺。

在随师学艺的过程中，管延安最大的业余爱好便是看书学习。在熟练掌握并精通了錾削、钻削、铰孔、攻螺纹等各门钳工技艺后，管延安还掌握了电气安装调试和设备维修等技能。正是秉持着勤奋好学和严谨认真的工作热情，只有初中文化水平的管延安，成长为中国“深海钳工”第一人。直到今天，他还是坚持每日学习和做笔记，管延安习惯写维修日记，将自己修过的机器、零件进行详细记录，并将问题和思考记在上面，至今已经积累了8本，这也成了徒弟们的宝典。

随着港珠澳大桥的通车，管延安内心无比激动地说：“这是我和同事们用了5年的时间去建设的一项工程，倾注了我们的心血。”正是对工作有着这样的热爱和执着，成就了今天的“深海钳工”管延安。

项目八

零件的矫正与弯形

项目描述

金属板材或型材在生产、运输和存放等过程中处理不当，经常会出现变形、翘曲等缺陷。为了消除这些缺陷，必须进行矫正，如把一张褶皱的板修理平整，就离不开矫正。我们也经常根据图样的要求把坯料弯曲成各种零件，如弯管等。矫正与弯形是钳工的基本技能之一，为了更好地掌握该项技能，需要我们走进项目八的学习——零件的矫正与弯形。

任务 零件的矫正与弯形操作

学习目标

1）知道矫正方法及操作要点。

2）知道弯形方法及操作要点。

任务描述

图 8-1 所示为⊓形零件，其材料为 Q235，厚度为 2mm，该零件的长度为 92.5mm，宽度为 30mm，高度为 20mm，且 4 个弯角直径均为 R4mm。以前所学的知识已经不能完成该零件的加工制作，因此需要学习矫正与弯形的知识。

知识链接

一、矫正

消除材料或工件的弯曲、翘曲、凹凸不平等缺陷的加工方法称为矫正。矫正可在机器上进行，也可用手工进行。这里主要介绍钳工常用的手工矫正方法。手工矫正是指在平板、铁毡或台虎钳等上用锤子或其他工具进行矫正，使工件恢复到原来的形状，校直和校平都是矫正的范畴。

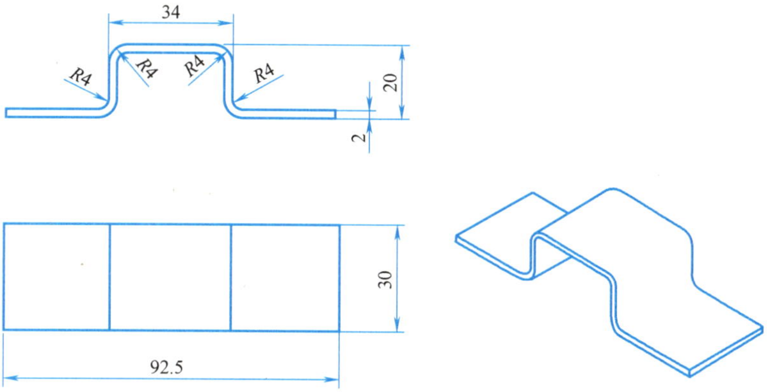

图 8-1　⊓形零件

1. 手工矫正的工具

（1）支承工具　如图 8-2 所示，支承工具是矫正板材和型材的基座，要求其表面平整，常用的有平板、铁砧、台虎钳和 V 形块等。

a)　　b)

图 8-2　支承工具

a）平板　b）铁砧

（2）施力工具　常用的施力工具有软、硬锤子和压力机等。

1）软、硬锤子。矫正一般材料，通常使用钳工锤子和方头锤子；矫正已加工过的表面、薄钢件或非铁金属制件，应使用铜锤、木槌、橡皮锤等软锤子。图 8-3a 所示为木软锤。

2）抽条和拍板。抽条是采用条状薄板料弯成的简易工具，用于抽打较大面积的板料，如图 8-3b 所示。拍板是用质地较硬的檀木制成的专用工具，用于敲打板料。

3）螺旋压力工具。螺旋压力工具适用于矫正较大的轴类零件或棒料，如图 8-3c 所示。矫正时，转动螺旋压力机的螺杆，使压块压在圆轴突起部位，并用百分表检查轴的矫正情况。

2. 检验工具（见图 8-4）

检验工具包括检验平板、直角尺、直尺和百分表等。

3. 手工矫正的方法

手工矫正是在平板、铁砧或台虎钳上用锤子等工具进行操作的。

（1）扭转法　如图 8-5 所示，扭转法是用来矫正条料扭曲变形的，一般将条料夹持在台虎钳上，用扳手把条料扭转到原来形状。

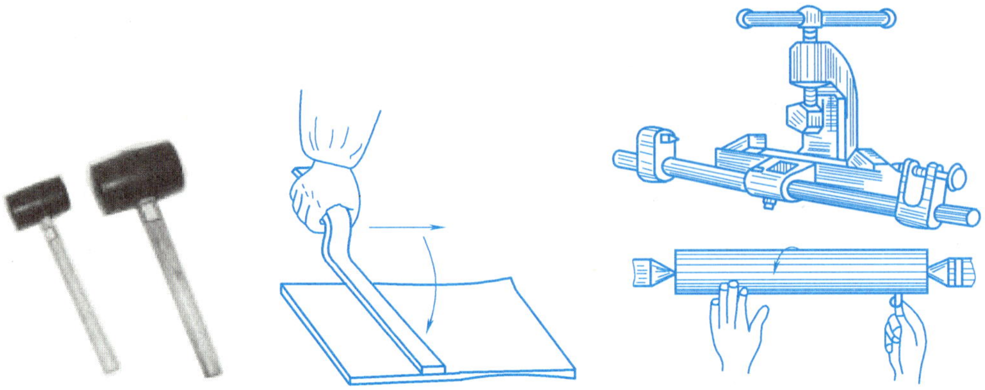

a)　　b)　　c)

图 8-3 施力工具

a）木软锤 b）抽条 c）螺纹压力工具

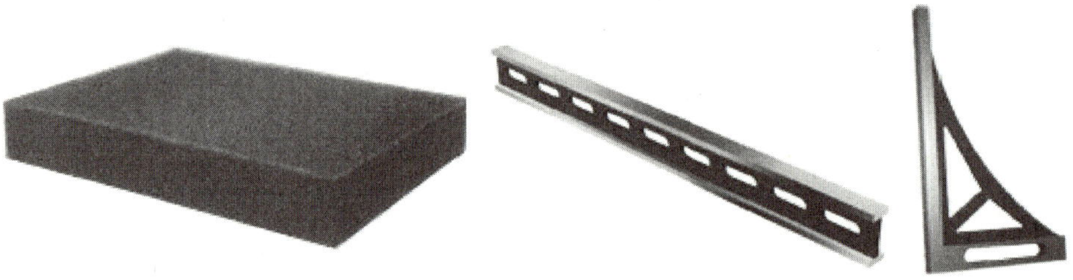

a)　　b)　　c)

图 8-4 检验工具

a）检验平板 b）直尺 c）直角尺

（2）伸张法 如图 8-6 所示，伸张法是用来矫正各种细长线材的。其方法比较简单，只要将线材一头固定，然后从固定处开始，将弯曲线材绕圆木一周，紧捏圆木向后拉，使线材在拉力作用下绕过圆木得到伸长而矫直。

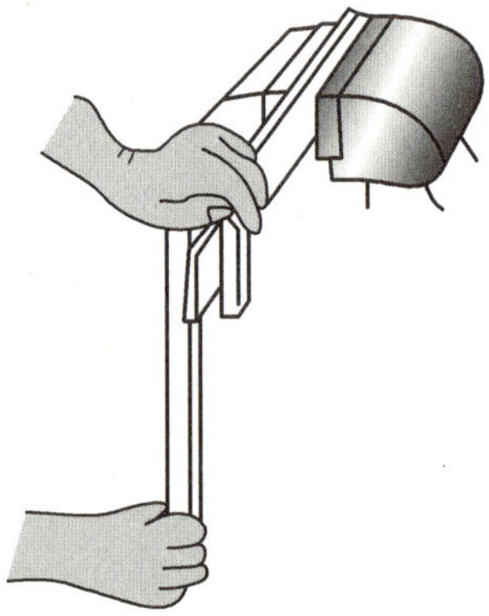

图 8-5 扭转法

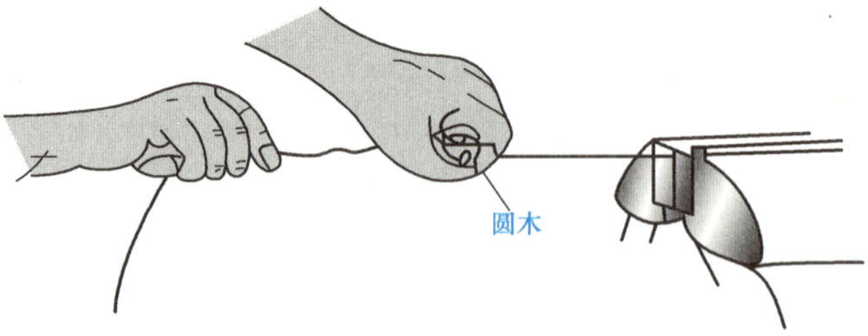

图 8-6 伸张法

（3）弯形法 弯形法是用来矫正各种弯曲的棒料和在宽度方向上弯曲的条料。图 8-7 所示为角钢的弯曲，把工件夹在台虎钳上，用木锤锤击条料，即弯成 α 角；然后将方衬垫垫

入 α 角，再弯折 β 角。

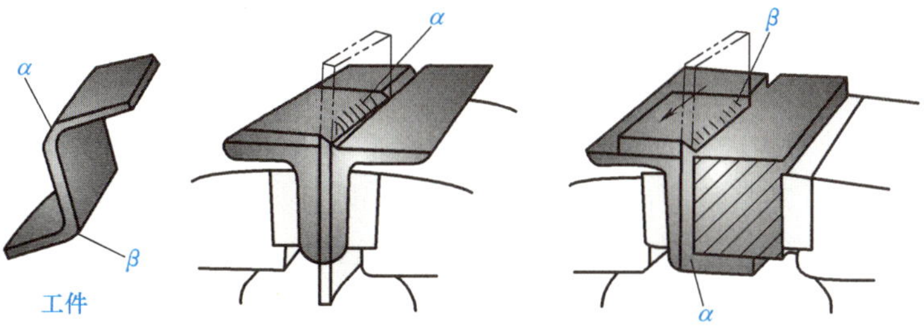

图 8-7 角钢的弯曲

(4) 延展法 延展法是用锤子敲击材料，使它延展伸长达到矫正的目的，所以又称为锤击矫正法。延展法主要针对金属薄板中部凹凸而边缘呈波浪形，以及翘曲等变形的情形，薄板的变形如图 8-8 所示，适用于延展法矫正。

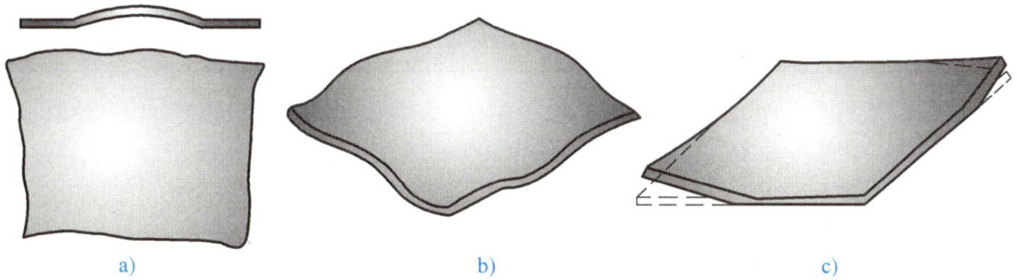

图 8-8 薄板的变形

a) 中间凸起 b) 边缘呈波浪形 c) 对角翘起

图 8-9a 所示为薄板凸鼓的矫正：将板料凸面向上放在平台上，左手按住板料，右手握锤；敲击应由板料四周边缘开始，逐渐向凸鼓面中心靠拢；板料基本矫正后，再用木槌进行一次调整性敲击，以使整个组织舒展均匀。

图 8-9b 所示为边缘翘曲的矫正：将边缘呈波浪形的板料放在平台上，左手按住板料，右手握锤；敲击由板料中间开始，逐渐向四周扩散；板料基本矫正后，再用木槌进行一次调整性敲击，以使整个组织舒展均匀。

图 8-9c 所示为对角翘曲的矫正：将翘曲板料放在平台上，左手按住板料，右手握锤；

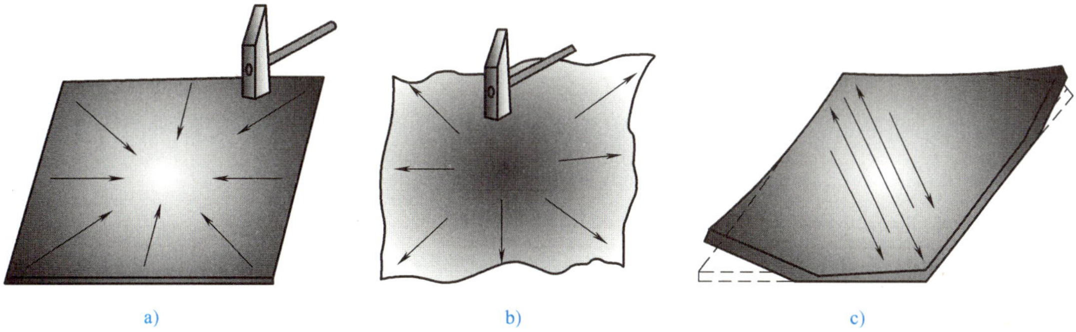

图 8-9 延展法

a) 凸鼓的矫正 b) 边缘翘曲的矫正 c) 对角翘曲的矫正

先沿着没有翘曲的对角线开始敲击，依次向两侧伸展，使其延伸而矫正；板料基本矫正后，再用木槌进行一次调整性敲击，以使整个组织舒展均匀。

4. 矫正时的注意事项

1）在薄板上作矫正之前，可以在旧平板上做锤平练习，避免使薄板上出现大量锤击痕迹。

2）矫正时，要看准变形的部位，分层次进行矫正，不可弄反。

3）对已加工工件进行矫正时，要注意保持工件的表面质量，不能有明显的锤击痕迹。

4）矫正时，不能超过材料的变形极限。

二、弯形

将原来平直的板料、条料、棒料或管子弯成所需要形状的加工方法称为弯形。

1. 弯形的概述

弯形工作是使材料产生塑性变形，因此，只有塑性好的材料才能进行弯形。图 8-10 所示为钢板弯形前后的情况：它的外层材料受拉伸变长（图中 $e—e$ 和 $d—d$），内层材料受压缩缩短（图中 $a—a$ 和 $b—b$），而其中间有一层材料（图中 $c—c$）在弯形后的长度不变，这一层称为中性层。材料弯曲部分的断面形状，虽然由于发生拉伸和压缩变形，但其断面面积保持不变。

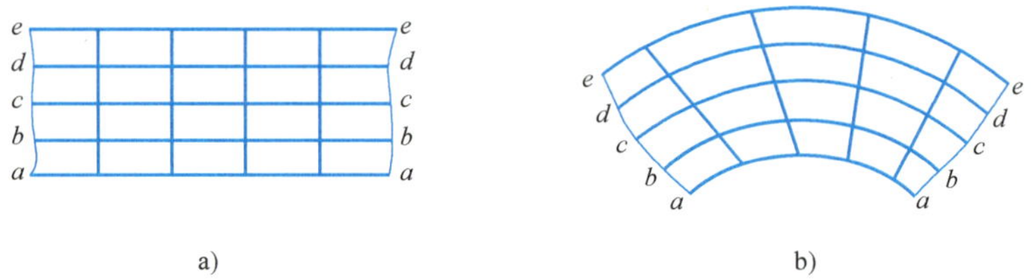

图 8-10 钢板弯形前后的情况

a）弯曲前 b）弯曲后

2. 弯形前毛坯长度的计算

在对工件进行弯形前，要做好坯料长度的计算。否则，落料长度太长会导致材料的浪费，而落料长度太短又不够弯形尺寸。工件弯形后，只有中性层长度不变，因此计算弯形工件毛坯长度时，可以按中性层的长度计算。应该注意，材料弯形后，中性层一般不在材料正中，而是偏向内层材料一边。实验证明，中性层的实际位置与材料的弯形半径 r 和材料厚度 t 有关。

（1）影响材料弯形的因素 如图 8-11 所示，在材料弯形过程中，其变形大小与下列因素有关。

1）r/t 比值越小，变形越大；反之，则变形越小。

2）弯曲中心角 α 越小，变形越大；反之，则变形越小。

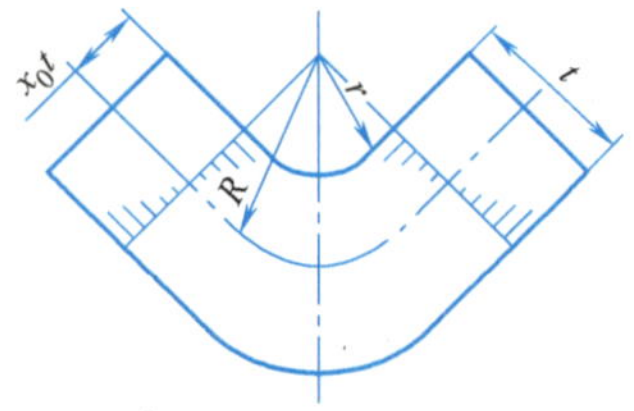

图 8-11 弯形时中性层的位置

由此可见，当材料厚度不变，弯曲半径和弯曲中心角越大，变形越小，而中性层越接近材料厚度的中间。如弯曲半径不变，材料厚度越小，而中性层也越接近材料厚度的中间。

因此，在不同的弯曲情况下，中性层的位置是不同的，表 8-1 为中性层位置系数 x_0 的数值。从表中所列的 r/t 比值可知，当内弯形半径 $r/t \geqslant 16$ 时，中性层在材料中间（即中性层与几何中心层重合）。在一般情况下，为简化计算，当 $r/t \geqslant 8$ 时，即可按 $x_0=0.5$ 进行计算。

表 8-1　弯形中性层位置系数 x_0

r/t	0.25	0.5	0.8	1	2	3	4	5
x_0	0.2	0.25	0.3	0.35	0.37	0.4	0.41	0.43
r/t	6	7	8	10	12	14	≥16	
x_0	0.44	0.45	0.46	0.47	0.48	0.49	0.5	

（2）常见的弯形形式　图 8-12 所示为常见的几种弯形形式。图 8-12a、b、c 所示为内边带圆弧的制件，图 8-12d 所示为内边不带圆弧的直角制件。

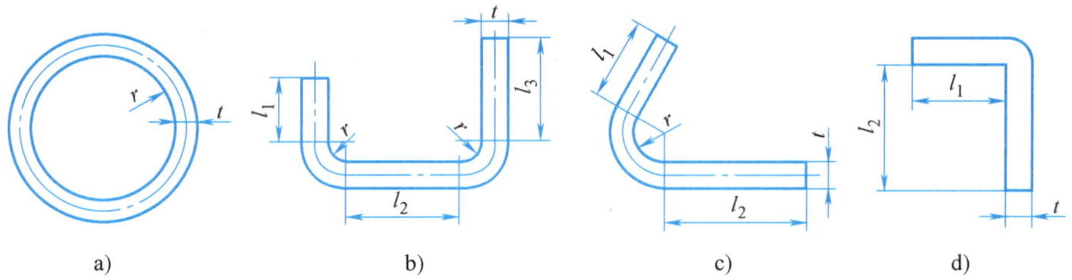

图 8-12　常见的弯形形式

1）内边带圆弧制件的计算方法。如图 8-13 所示，内边带圆弧制件的毛坯长度等于直线部分（不变形部分）和圆弧中性层长度（弯形部分）之和。

圆弧部分中性层长度可按下列公式计算

$$A=\pi(r+x_0t)\frac{\alpha}{180°}$$

式中　A——圆弧部分中性层长度（mm）；

r——弯形半径（mm）；

x_0——中性层位置系数；

t——材料厚度（mm）；

α——弯形角，即弯形中心角（°）。

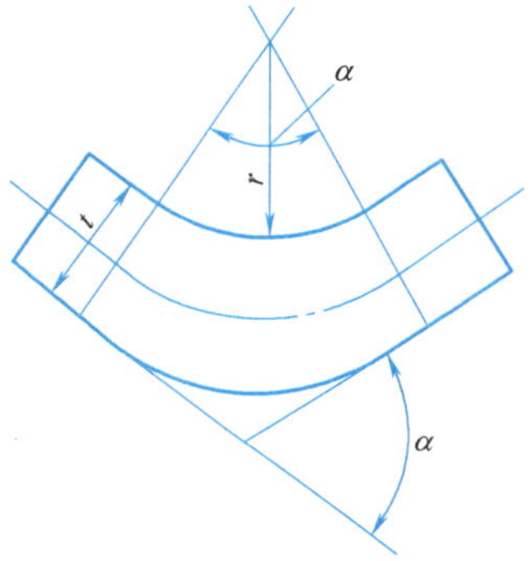

图 8-13　弯形角与弯形中心角

2）内边直角制件的计算方法。在求毛坯长度时，内边弯形成直角不带圆弧的制件可按弯形前后毛坯体积不变的原理计算，一般采用经验公式计算，取

$$A=0.5t$$

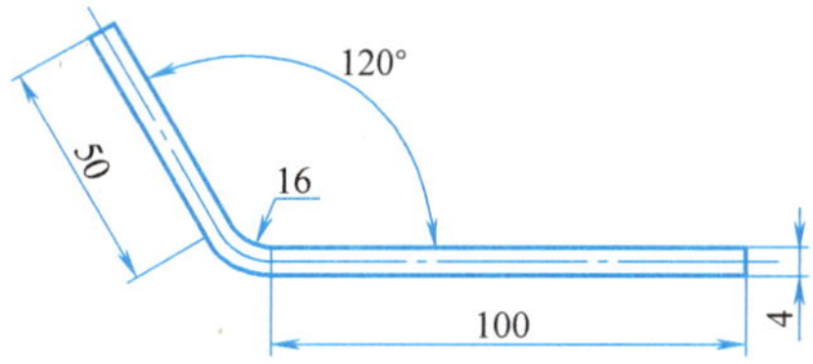

图 8-14　内边带圆弧的制件

【例 8-1】　已知图 8-14 所示制件，弯形角 $\alpha=120°$。内弯形半径 $r=16$mm，材料厚度 $t=4$mm，边长 $l_1=50$mm、$l_2=100$mm，求毛坯总长度 L。

解：$r/t=16mm/4mm=4$，查表得 $x_0=0.41$

$$L=l_1+l_2+A=l_1+l_2+\pi(r+x_0t)\frac{60°}{180°}=50mm+100mm+3.14\times(16mm+0.41\times4mm)\times\frac{1}{3}=168.46mm$$

由于材料本身性质的差异和弯形工艺、操作方法的不同，上述毛坯长度计算结果还会与实际弯形工件毛坯长度之间有误差。因此，成批生产时，一定要用试验的方法，反复确定坯料的准确长度，以免造成成批废品。

3. 弯形方法

弯形方法有冷弯和热弯两种。在常温下进行弯形称为冷弯；对于厚度大于 5mm 的板料，以及直径较大的棒料和管子等，通常要将工件加热后再进行弯形，称为热弯。弯形虽然是塑性变形，但也有弹性变形存在，弯形力卸去后，毛坯会发生一定量的回弹，为抵消材料的弹性变形，弯形过程中应多弯些。

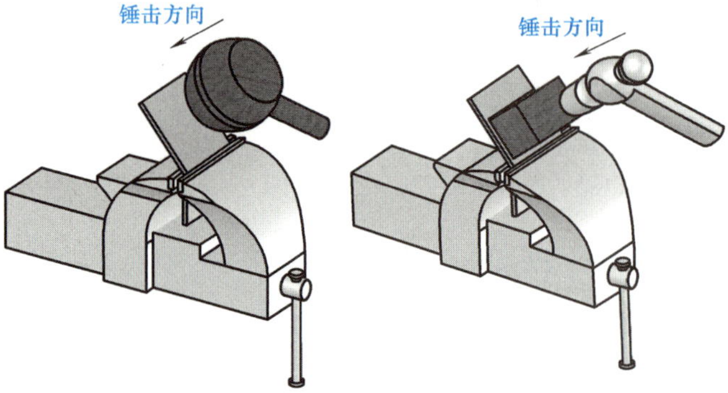

图 8-15 板料的弯曲

(1) 板料在厚度方向上的弯形方法 小的工件可在台虎钳上进行，先在弯形的位置划线，然后夹在台虎钳上，使弯形线和钳口平齐，在接近划线处锤击，或用木垫与铁垫垫住再敲击垫块，如图 8-15 所示。如果台虎钳钳口比工件短，可用角铁制作的夹具来夹持工件，如图 8-16 所示。

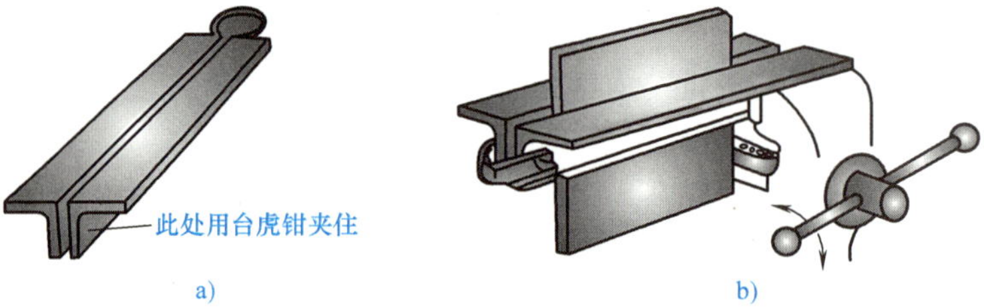

图 8-16 角铁夹持弯直角

(2) 板料在宽度方向上的弯形 如图 8-17a 所示，利用金属材料的延伸性能，在弯形材料的外圈部分进行锤击，使材料向一个方向渐渐延伸，达到弯形的目的。较窄的板料可在 V 形块或特制弯形模上用锤击法使工件变形而弯形，如图 8-17b 所示。另外，还可在简单的弯形工具上，进行如图 8-17c 所示的弯形。它由底板、转盘和手柄等组成，在两只转盘的圆周上都有按工件厚度车制的槽，固定转盘直径与弯形圆弧一致。使用时，将工件插入两转盘槽内，移动活动转盘使工件达到所要求的弯形形状。

(3) 管子的弯形 管子直径在 12mm 以下可采用冷弯方法；直径大于 12mm 采用热弯方法。管子弯形的临界半径必须是管子直径的 4 倍以上。管子直径在 10mm 以上时，为防止管子弯瘪，必须在管内灌满、灌实干沙，两端用木塞塞紧，将焊缝置于中性层的位置上进行弯形，如图 8-18a 所示，否则，易使焊缝开裂。冷弯管子一般在弯管工具上进行，结构如图 8-18b 所示。

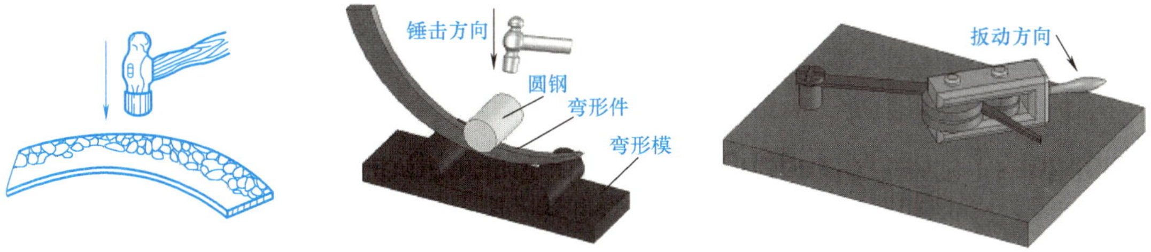

a)　　b)　　c)

图 8-17　板料在宽度上的弯形

a）锤击延伸弯形　b）特制弯形模弯形　c）弯形工具弯形

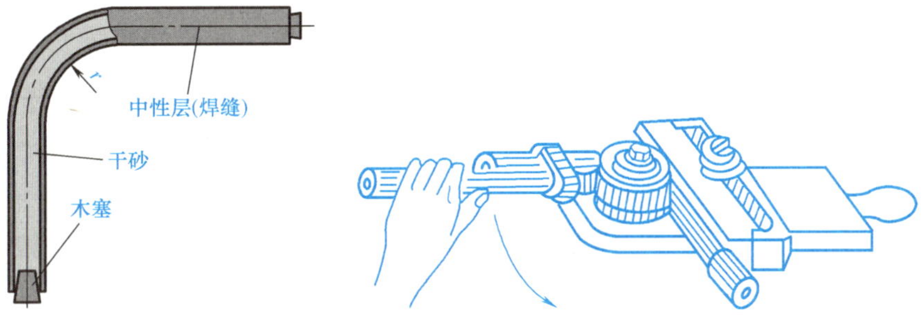

a)　　b)

图 8-18　管子弯形

4. 弯形时的注意事项

1）锤击时，应在工件表面垫木块，以防敲伤工件表面。

2）弯形时，要注意弯曲方向。

3）弯形虽然是塑性变形，但也有弹性变形存在，为抵消材料的弹性变形，弯形过程中应多弯些。

4）弯曲有焊缝的管子时，焊缝不能放在弯曲的外层或内层，焊缝必须放在弯曲的中性层位置上。

5）弯曲工件时，应从工件的两端边缘弯起，然后逐渐往中间延伸弯曲。

任务实施

为了便于说明加工步骤，图 8-1 所示的⎍形零件标记如图 8-19 所示，可用木衬或金属垫作为辅助工具进行弯曲，其具体弯形步骤见表 8-2。

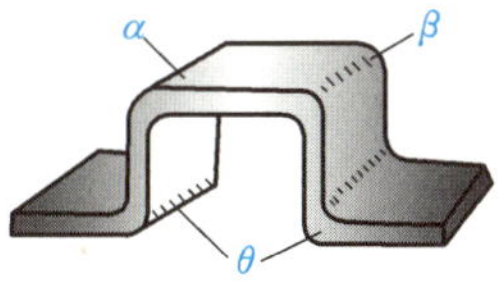

图 8-19　弯角标记

表 8-2　弯形步骤

序　号	操作步骤	图　例
1	按图样下料，并锉外形尺寸，然后按图样划线，将工件按划线夹入角铁衬内先弯曲 α 角，弯曲时，应用木槌敲击工件的根部，若用铁锤敲击，应在工件表面垫木块，以免敲伤工件表面	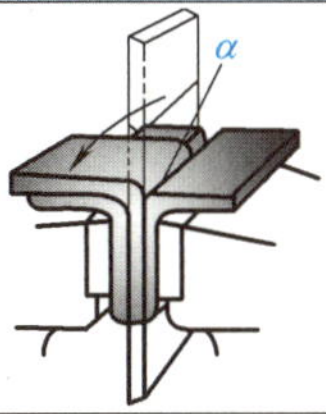

（续）

序　号	操作步骤	图　例
2	取下另一块角铁，用衬垫垫住，夹在钳口内弯曲 β 角，弯曲时，要注意弯曲方向和回弹量的大小	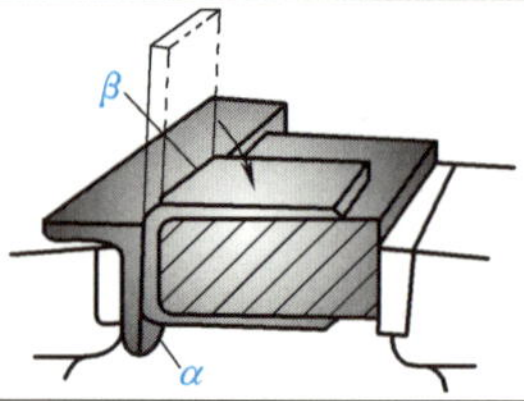
3	翻转 90°夹入角铁内，最后完成 θ 角的弯曲，对弯形件进行修正，锉修 30mm 宽度尺寸	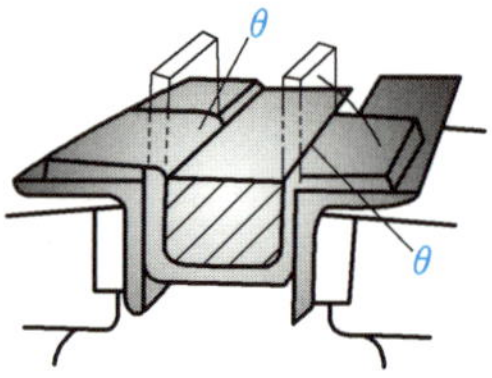

知识拓展

矫正和弯形的废品分析

在实际矫正和弯形过程中，常常遇到废品问题，这些废品问题直接影响我们的加工效率并造成材料的浪费。为尽量避免废品产生，现把常见的废品问题及产生的原因归纳于表 8-3。

表 8-3　矫正和弯形的废品分析

出现的问题	产生的原因
工作表面留有麻点或锤痕	锤击时，锤子歪斜，锤子的边缘与工件的材料接触或锤面不光滑。对加工过的表面或非金属矫正时，使用硬锤直接锤击
工件断裂	矫正或弯形过程中多次折弯，破坏了金属组织，或因塑性较差、r/t 值过小，材料发生较大的弯形
工件弯斜或尺寸不准确	夹持不正或夹持不紧，锤击偏向一边，或用不正确的模具，锤击力过重等
材料长度不够	弯形前毛坯长度计算错误
管子有瘪痕或焊缝裂开	干砂没灌满或弯曲半径偏小，以及重弯使管子产生瘪痕，管子的焊缝没有放在中性层的位置上进行弯形会使焊缝裂开

任务评价

通过以上学习，根据任务实施过程，将完成任务情况记入表 8-4 中，完成任务评价。

表 8-4　矫正与弯形任务评价表

项目名称		编号		姓名		日期	
序号	评价内容		评价标准			配分	备注
1	长度尺寸 92.5mm		±0.5mm			15	
2	宽度尺寸 30mm		±0.5mm			15	
3	尺寸 34mm		±0.5mm			15	
4	高度尺寸 20mm		±0.2mm			15	
5	R4mm		圆角光滑			10	
6	锤击痕迹		不明显			10	
7	工件严重变形		不明显			10	
8	安全文明生产		遵守 5s 规则			10	
教师评语							

课后评测

用扁钢弯成图 8-20 所示制件，若 $a=100\text{mm}$、$b=150\text{mm}$、$c=300\text{mm}$、$r=48\text{mm}$、$\delta=16\text{mm}$，a、b、c 边相互垂直，求该制件弯形前的毛坯长度。

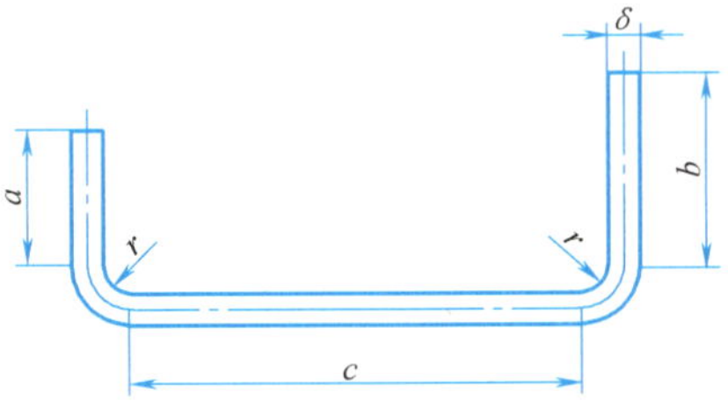

图 8-20　U 形件

工匠之篇

用坚守“锤”炼大国利器

李世峰，是航空工业西安飞机工业（集团）有限责任公司钣金构件厂高级技师，航空工业飞机钣金工首席技能专家，钣金专业领域的高技能人才和领军人才。李世峰以其突出的专业技能和实践成果先后多次荣获省级以上荣誉。李世峰在岗位上的重复与坚守，厚积与创新，深深诠释了工匠精神，以及工匠对极致与创新的追求。李世峰说，“我的工作就是要把飞机构件上不平的地方敲平，如果有间隙，机身就会不密封，有可能就从有间隙的部位撕裂。在空中撕裂飞机蒙皮就像我们撕一张纸那么容易，会造成非常严重的后果。”

经过反复梳理，反复思考和反复实践，李世峰的加工手法在车间中最独特。在近千次的敲修任务中，他手中的锤子落点轻柔而准确，修正表面平滑如初。

30 年来，李世峰在工作与生活中不断挑战和超越自我，他参与了多个重点型号产品的研制和生产，承担了 13 项课题和攻关的首件制造。在《新型薄钛 TB5 合金板料冷成形工艺技术研究》课题中，他创新出一套独特的 TB5 钛合金圆管渐进冷成形技术；在《747-8VF 超大腹板冷状态成形攻关》中，凭借多年的经验及高超的技艺，他消除了薄板零件普遍存在的淬火变形所导致的开裂和松动缺陷，该技术成为 747-8VF 飞机生产阶段性胜利的一大标志。

李世峰会经常拿着自己或别人的废品仔细地观察分析，找原因，总结教训，一琢磨就是大半天。正是通过研究这些废品，李世峰学到了真正实用的理论知识，知道了造成废品的原因。有时候，问题搞不透，他就查图样、翻资料、找工艺、分析工艺流程，直到把原因彻查清楚才肯罢休。为了成功地规避废品，李世峰举一反三，创新了很多新的工艺方法。李世峰经常说：“我是从废品堆里爬出来的高级技师。”

对于钣金加工每个人都有自己独特的方法，技术的学习更是需要悟性。学徒期间，李世峰在师傅的带领下，边干边琢磨，边干边体会。晚上，别人在休息的时候，他还在学习。哪怕一天的工作结束，李世峰还要坚持总结当天学到的东西。就这样，李世峰把整个工段的技术学了一个遍。在他的认知中，自己并不算一个聪明的人，他始终坚信，下苦功是提升钣金加工技艺的正解。这位用双手敲打出几百架战机，用双肩担起大国航空梦的工匠，总是谦虚地说："只要功夫深，铁杵磨成针。我们钣金校修也是这样，只要你多钻研、多练习、多积累，你也会拥有和我一样的'魔法'，甚至比我做得更好。"锤头敲打出的不仅是冷冰冰的工业产品，更是一代又一代航空人对祖国前赴后继的一片赤诚。

项目九

零件的装配

项目描述

机械产品一般都是由许多零件组成的，零件是构成机器（或产品）的最小单元。装配过程就是按规定的技术要求，将若干个零件按照装配图样结合成最终产品的过程。装配质量的好坏，对整个产品的质量起着决定性的作用。如果装配不当，即使所有零件加工质量都合格，也不能装配出合格的、优质的产品；相反，虽然某些零部件的质量并不很高，但经过仔细地修配和精确地调整后，仍能装配出性能良好的产品。因此，装配工作是一项非常重要而细致的工作，需要我们走进项目九的学习——零件的装配。

任务　钻床夹具的装配

学习目标

1）能对螺纹连接进行装配和预紧、防松。
2）能对平键连接进行装配，能对销连接进行装配。
3）能根据装配要求完成零件的组装工作。

任务描述

图 9-1 所示为钻孔工件，生产批量为中批，需要在工件上钻出 ϕ8H10 的孔。根据前面所学知识，先设计用于加工该零件的钻孔夹具。图 9-2 所示为该夹具的工作装配图。该夹具的钻模板、底板、V 形块采用销定位、两个 M8 内六角圆柱头螺钉连接；挡板和底板采用两个 M6 内六角圆柱头螺钉连接；螺杆和 V 形压块采用紧定螺钉固定，试完成该夹具的装配。

知识链接

一、装配基础知识

1. 装配概述

机械产品一般由许多零件和部件组成，两个或两个以上零件结合成机器的一部分称为部

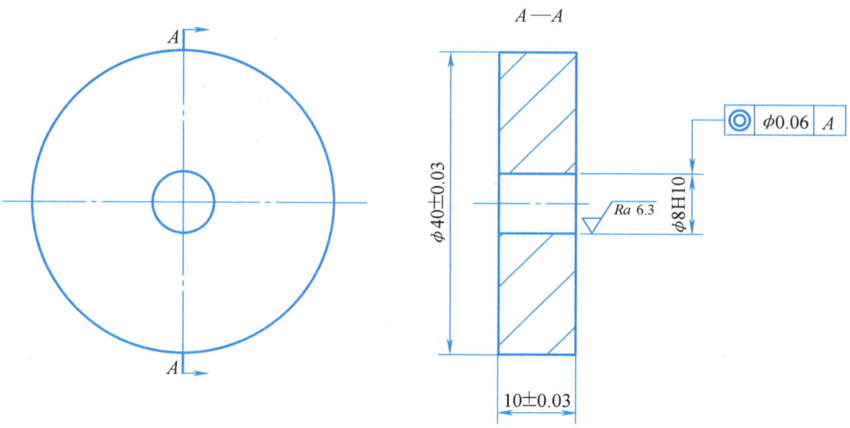

图 9-1 钻孔工件

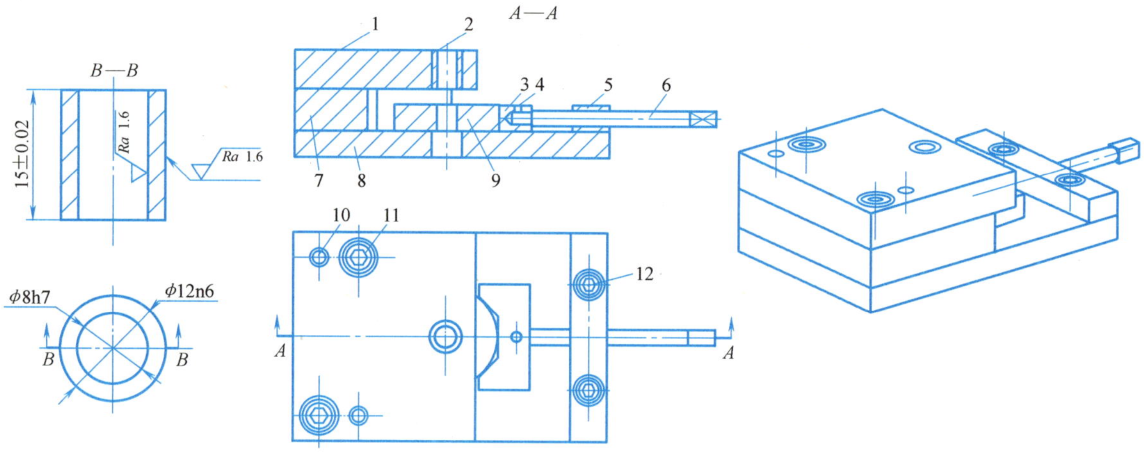

图 9-2 工作装配图

1—钻模板 2—钻套 3—V 形压板 4—紧定螺钉 5—挡板 6—夹紧螺杆 7—底板 8—V 形块 9—加工工件 10—圆柱销 11—M8 内六角圆柱头螺钉 12— M6 内六角圆柱头螺钉

件。按规定的技术要求，将若干个零件（包括自制、外购、外协零件）按照装配图样结合成部件或将若干个零部件按照总装图结合成最终产品的过程，称为装配；前者简称为部装，后者简称为总装。最先进入装配的零件或部件称为装配基准件。直接进入总装的部件称为组件。直接进入组件装配的部件称为分组件。可以独立进行装配的部件（组件、分组件）称为装配单元。

2. 装配工艺过程

产品的装配工艺过程由以下四个部分组成。

（1）装配前的准备工作

1）研究和熟悉产品装配图、工艺文件及技术要求；了解产品的结构、功能、各主要零件的作用以及相互的连接关系，并对装配零部件配套的品种及其数量加以检查。

2）确定装配的方法、顺序和准备所需要的工具。

3）对装配零件进行清洗和清理，去掉零件上的毛刺、锈蚀、切屑及其他脏污，以获得所需的清洁度。

4）有些零部件需进行锉配或配刮等修配工作，有的还要进行平衡试验、渗漏试验和气密性试验等。

（2）装配 比较复杂的产品，其装配工艺常分为部装和总装两个过程。由于产品的复杂程度和装配组织的形式不同，部装工艺的内容也不一样。一般来说，凡是将两个以上的零件组合在一起，或将零件与几个组件（或称组合件）结合在一起，成为一个装配单元的装配工作，都可以称为部装。

把产品划分成若干个装配单元是缩短装配周期的基本措施。因为划分为若干个装配单元后，可在装配工艺上组织平行装配作业，扩大装配工作面，而且能使装配按流水线组织生产，或便于大协作生产。同时，各装配单元能预先调整试验，各部分以比较完善的状态送去总装，有利于保证产品质量。

产品的总装通常是在工厂的总装配车间（或装配工段）内进行。但在某些场合下（如重型机床、大型汽轮机和大型泵等），产品在制造厂内只进行部装工作，而在产品安装的现场进行总装工作。

（3）调整、精度检验和试机

1）调整工作是调节零件或机构的相互位置、配合间隙、结合松紧等。其目的是使机构或机器工作协调，如轴承间隙、镶条位置、蜗轮轴向位置以及锥齿轮副啮合位置的调整等。

2）精度检验包括工作精度检验、几何精度检验等。

3）试机包括机构或机器运转的灵活性、性能参数指标，工作温升，密封性、振动、噪声、转速、功率和效率等方面的检查及最后调试。

（4）涂装、涂油、装箱 涂装是为了防止不加工面的锈蚀和使机器外表美观；涂油是使工作表面及零件已加工表面不生锈；装箱是为了便于运输。它们也都需结合装配工序进行。

3. 装配的组织形式及装配方法

（1）装配的组织形式 随着产品生产类型和复杂程度的不同，装配工艺的组织形式也不同。机器装配的生产类型大致可分为单件生产、成批生产和大量生产三种。生产类型与装配工艺的组织形式、装配工艺方法、工艺过程、工艺装备、手工操作等方面有着本质上的联系，并起着支持装配工艺的重要作用。

1）单件生产及其装配组织。单个地制造不同结构的产品，并且很少重复，甚至完全不重复，这种生产方式称为单件生产。单件生产的装配工艺多在固定地点装配，由一个工人或一组工人，从开始到结束把产品的装配工作进行到底。这种组织形式的装配周期长，占地面积大，需要大量的工具和装备，修配和调整工作较多，互换件较少，故要求工人有较高的操作技能。在产品结构不十分复杂的小批生产中，也有采用这种组织形式的。

2）成批生产及其装配组织。产品分批交替投产，每隔一定时期后将成批地制造相同的产品，这种生产方式称为成批生产。成批生产时的装配工艺通常分成部装和总装，每个部件由一个或一组工人来完成，然后进行总装。如果零件预先经过选择分组，则零件可采用部分互换的装配，因此有条件组织流水线装配。这种组织形式的装配效率较高，如机床的装配属于此类。

3）大量生产及其装配组织。产品的制造数量很庞大，每个工作地点经常重复地完成某一工序，并且有严格的节奏性，这种生产方式称为大量生产。在大量生产中，把产品的装配过程首先划分为主要部件、主要组件，并在此基础上再进一步划分为部件、组件的装配，使每一工序只由一个工人来完成。在这样的组织下，只有当从事装配工作的全体工人都按顺序完成了他们所担负的装配工序以后，才能装配出产品。在装配过程中，装配对象（部件或组件）以一定顺序地由一个工人转移给另一个工人，这种转移可以是装配对象的移动，也可以由工人移动，通常把这种装配组织形式称为流水线装配法。为了保证装配工作的连续性，在装配线所有工作位置上完成工序的时间都应相等或互成倍数。在流水线装配时，可以利用传送带、滚道或轨道上行走的小车来运送装配对象，如汽车、拖拉机的装配线就属此类。在大量生产中，由于广泛采用零件互换性原则并且使装配工作工序化、机械化、自动化，因而装配质量好、装配效率高、占地面积小、生产周期短。流水线装配法是一种较先进的装配组织形式。

（2）装配的方法　根据产品的装配要求和生产批量，零件的装配有修配、调整、互换和选配四种配合方法。

1）修配法是装配中应用锉削、磨削和刮削等工艺方法改变个别零件的尺寸、形状和位置，使配合达到规定的精度，其装配效率低，适用于单件、小批生产，在大型、重型和精密机械装配中应用较多。修配法依靠手工操作，要求装配工人具有较高的技术水平和熟练程度。

2）调整法是装配中调整个别零件的位置或加入补偿件，以达到装配精度。常用的调整件有螺纹件、斜面件和偏心件等；补偿件有垫片和定位圈等。这种方法适用于单件和中小批生产结构较复杂的产品，成批生产中也少量应用。

3）互换法是所装配的同一种零件能互换装入，装配时可以不加选择，不进行调整和修配。这类零件的加工公差要求严格，它与配合件公差之和应符合装配精度要求。这种配合方法主要适用于生产批量大的产品，如汽车、拖拉机的某些部件的装配。

4）选配法主要用于成批、大量生产的高精度部件，如滚动轴承等，为了提高加工经济性，通常将精度高的零件的加工公差放宽，然后按照实际尺寸的大小分成若干组，使各对应的组内相互配合的零件仍能按配合要求实现互换装配。

4. 机器的装配精度

机器的质量，主要取决于机器结构设计的正确性、零件的加工质量，以及机器的装配精度。任何机器都是由许多零件装配而成的，装配是机器制造的最后一个阶段，它包括装配、调整、检验、试验等工作。另外，通过机器的装配过程，可以发现机器设计和零件加工中所存在的质量问题，并加以改正，以保证机器的质量。

（1）装配精度的内容　装配精度不仅影响机器或部件的工作性能，而且影响它们的使用寿命。机床的装配精度将直接影响其上所加工零件的精度。

机器的装配精度包括以下几个方面。

1）尺寸精度。尺寸精度是指装配后零件间应该保证的距离和间隙，如轴与孔的配合间隙，啮合齿轮的中心距等。

2）位置精度。位置精度是指装配后零部件间应该保证的平行度、垂直度等，如车床主轴锥孔的径向圆跳动和轴向窜动，顶尖套轴线与床身导轨的平行度等。

3）运动精度。运动精度是指装配后有相对运动的零部件间在运动方向和运动准确性上应保证的要求，如车螺纹时，主轴与刀架的相对运动等。

4）接触精度。接触精度是指两配合表面、接触表面和连接表面间达到规定的接触面积和接触点分布的情况。接触精度影响到部件的接触刚度和配合质量的稳定性，如齿轮啮合、锥体配合、移动导轨间均有接触精度的要求。

不难看出，各装配精度之间有着密切的关系，如位置精度是运动精度的基础，对于保证尺寸精度、接触精度也会产生较大的影响。

（2）装配精度与零件精度的关系　机器和部件是由许多零件装配而成的。装配时，相关零件的加工误差累积起来将直接影响装配精度，在加工条件允许时，我们可以合理地规定有关零件的制造精度，使它们的累计误差仍不超过装配精度所规定的范围，从而简化装配过程。

5. 装配时零件的清理和清洗

在装配过程中，零件的清理和清洗工作对提高装配质量、延长产品使用寿命都有重要意义。特别对于轴承、精密配合件、液压元件、密封件，以及有特殊清洗要求的零件等更为重要。如装配主轴部件时，若清理和清洗工作不严格，将会造成轴承温升过高，并过早丧失精度；对于相对滑动的导轨副，也会因摩擦面间有砂粒、切屑等而加速磨损，甚至会出现导轨副“咬合”等严重事故。为此，在装配过程中必须认真做好这项工作。

（1）零部件的清理　装配前，对零件上残存的型砂、铁锈、切屑、研磨剂、油漆、灰砂等必须用钢丝刷、毛刷、皮风箱或压缩空气等清除干净，绝不允许有脏污和切屑存在，并应倒钝零件上的锐边和去毛刺。有些铸件及钣金件还必须先打腻子和涂装后才能装配（如变速箱、机体等内部需喷淡色油漆）。对于孔、槽、沟及其他容易存留杂物的地方，应特别仔细地清理。外购件、液压元件、电器及其系统，均应先经过单独试验或检查合格后，才能投入装配。

在装配时，各配钻孔应符合装配图和工艺规定要求，不得偏斜。要及时和彻底地清除在钻孔、铰孔或攻螺纹等加工时所产生的切屑。对重要的配合表面，在清理时应注意保持所要求的精度和表面质量，且不准对表面粗糙度值为 $Ra1.6\mu m$ 以下的表面使用锉刀加工，必要时在取得检验员的同意下，可用 0 号砂布修饰。

装好并经检查合格的组件或部件，必须加以防护盖罩，以防止水、气及其他脏污进入部件内部。

（2）零部件的清洗　零件的清洗过程，是一种复杂的表面化学—物理现象。

1）零件的清洗方法。在单件和小批生产中，零件可在洗涤槽内用抹布擦洗或进行冲洗。在成批或大量生产中，常用洗涤机清洗零件。对于清洗精度要求较高的零件，尤其是经精密加工、几何形状较复杂的零件，可采用超声波清洗。超声波清洗是利用高频率的超声波，使清洗液振动从而出现大量空穴气泡，并逐渐长大，然后突然闭合，闭合时会产生自中心向外的微激波，压力可达几十甚至几百兆帕，促使零件上所黏附的油垢剥落。同时，空穴气泡的强烈振荡加强和加速了清洗液对油垢的乳化作用和增溶作用，提高了清洗能力。

2）常用的清洗液。常用的清洗液有汽油、煤油、轻柴油和水剂清洗液。它们的性能如下。

a. 工业汽油主要用于清洗油脂、污垢和黏附的机械杂质，适用于清洗较精密的零部件。航空汽油用于清洗质量要求较高的零件。对橡胶制品，严禁使用汽油清洗，以防发胀变形。

b. 煤油和轻柴油的应用与汽油相似，但清洗能力不及汽油，清洗后干得较慢，但比汽油安全。

c. 水剂清洗液是金属清洗剂起主要作用的水溶液，金属清洗剂占4%以下，其余是水。金属清洗剂主要是非离子表面活性剂，具有清洗力强，应用工艺简单，多种清洗方法都可适用的优点，并有较好的稳定性、缓蚀性，无毒，不易燃，使用安全，成本低等特点。常用的有6501、6503和105清洗剂等。

（3）清洁度的检测　清洁度是反映产品质量的重要指标之一，它是指经过清理和洗涤后的零部件以至装配完成后的整机所含有杂质的程度，杂质包括金属粉屑、锈片、尘沙、棉纱头、污垢等。检测时要对主要零件的内外表面、孔槽，一般零件的工作面，导轨面的结合部位，以及机械传动、液压、电气系统等用目测、手感或称量法进行检测。

二、螺纹连接的装配

螺纹连接是一种可拆卸的紧固连接，它具有结构简单、连接可靠、装拆方便、成本低廉等优点，因此在机械制造中应用广泛，螺纹连接的主要类型及应用见表9-1。

表9-1　螺纹连接的主要类型及应用

类型	螺栓连接	双头螺柱连接	螺钉连接	紧定螺钉连接
图示	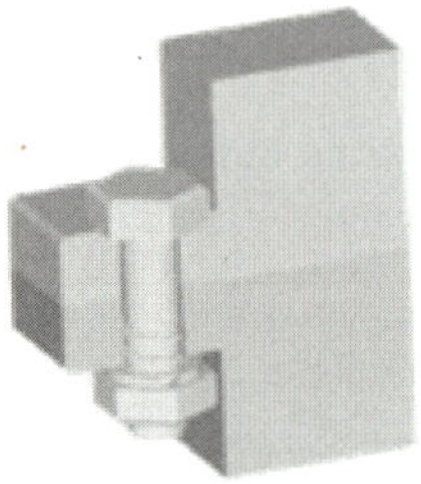	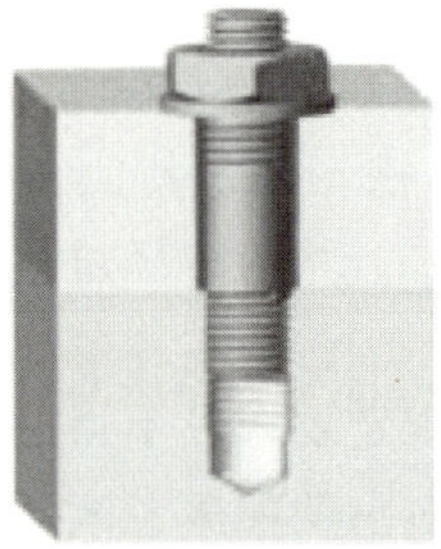	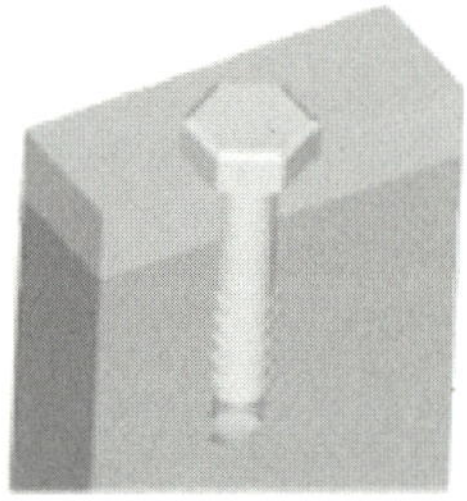	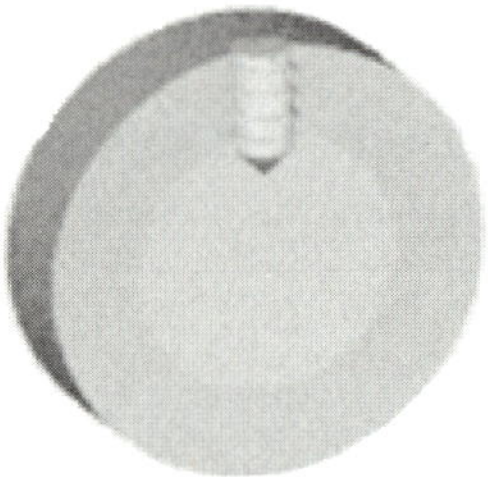
说明	无须在连接件上加工螺纹，连接件不受材料的限制。主要用于连接件不太厚，并能从两边进行装配的场合	拆卸时只需旋下螺母，螺柱仍留在机体螺纹孔内，故螺纹孔不易损坏。主要用于连接件较厚而需经常装拆的场合	主要用于连接件较厚或结构上受到限制，不能采用螺栓连接，且不需要经常装拆的场合	紧定螺钉的末端贴紧其中一连接件的表面或进入该零件相应的凹坑中，以固定两零件的相对位置，多用于轴与轴上零件的连接，传递不大的力或转矩

1. 螺纹连接装配的技术要求

（1）保证有一定的拧紧力矩　绝大多数的螺纹连接在装配时都要预紧，以保证螺纹副具有一定的摩擦阻力矩，目的在于增强连接的刚性、紧密性和防松能力等。因此，在螺纹连接装配时应保证有一定的拧紧力矩，使螺纹副产生足够的预紧力。

对于规定预紧力的螺纹连接，常用控制转矩法、控制螺栓弹性伸长法和控制螺母扭角法来保证预紧力的准确性。对于预紧力无严格要求的螺纹连接，可使用普通扳手、气动扳手或电动扳手拧紧，凭操作者的经验来判断预紧力是否适当。

下面介绍三种控制预紧力的方法。

1）控制转矩法。使用指示式扭力扳手，使预紧力达到给定值，图9-3所示为指示式扭力扳手。扳动手柄，使扳手杆 5 和刻度板一起随旋转的方向位移，此时指针尖 6 就在刻度板上指出拧紧力矩的大小。

2）控制螺栓弹性伸长法。如图 9-4 所示，螺母拧紧前，螺栓的原始长度为 L_1，预紧力拧紧后，螺栓的长度变为 L_2，测定 L_1 和 L_2 的弹性伸长量，即可计算出拧紧力矩的大小。此法精度虽高，但不便于在生产中应用。

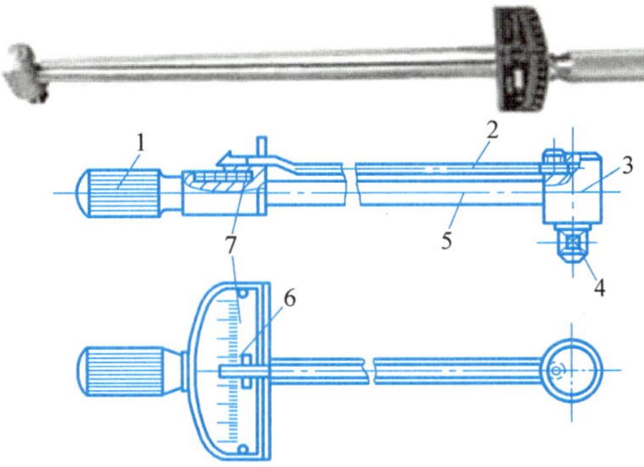

图 9-3 指示式扭力扳手

1—手柄 2—指针 3—连接头 4—方榫 5—扳手杆 6—指针尖 7—刻度盘

3）控制螺母扭角法。此法的原理和测量螺栓弹性伸长法相似，即在螺母拧紧到各被连接件消除间隙时，测得扭转角 φ_1，然后再拧紧一个扭转角 φ_2，通过测量 φ_1 和 φ_2 来确定预紧力。此法在有自动旋转设备时，可得到较高精度的预紧力。

（2）有可靠的防松装置 螺纹连接一般都有自锁性，在受静载荷和工作温度变化不大时，不会自行松脱。但在冲击、振动或变载荷作用下，以及工作温度变化很大时，为了确保连接可靠，防止松动，必须采取可靠的防松措施。防松的方法有很多，按工作原理不同可分为摩擦防松、机械防松和破坏螺纹副运动关系防松三种。

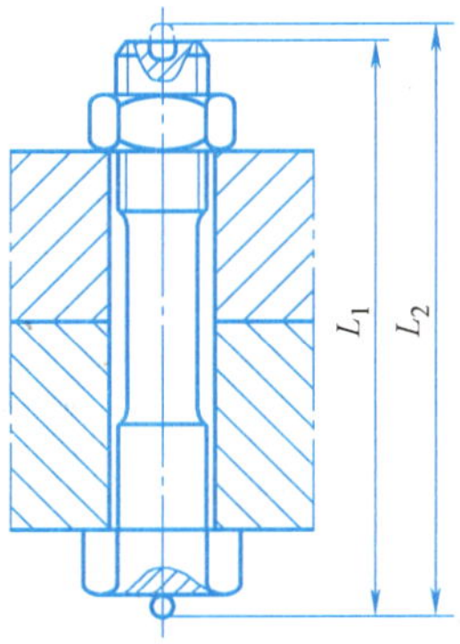

图 9-4 螺栓伸长量的测量

1）摩擦防松。这类防松措施是使拧紧的螺纹之间不因外载荷变化而失去压力，始终有摩擦力防止连接松脱。但是这种方法并不是十分可靠，故多用于冲击和振动不剧烈的场合。

2）机械防松。机械防松是利用各种止动零件来阻止拧紧的螺纹零件相对转动。这类防松方法十分可靠，应用广泛。

3）破坏螺纹副的运动关系防松。这是以焊接、冲点、粘接等方法固定螺杆与螺母。

常用螺纹连接防松装置的类型及应用详见表 9-2。

表 9-2 常用螺纹连接防松装置的类型及应用

类型		结构形式	特点及应用
摩擦防松	双螺母		利用主、副两个螺母，先将主螺母（下螺母）拧紧至预定位置，然后再拧紧副螺母（上螺母）。这种防松装置由于要用两只螺母，增加了结构尺寸和质量，一般用于低速重载或较平稳的场合

（续）

类 型		结 构 形 式	特点及应用
摩擦防松	弹簧垫圈	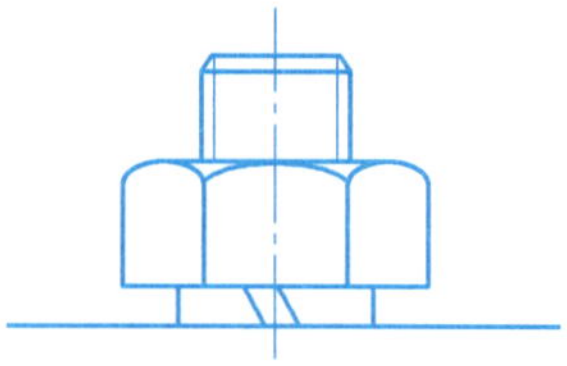	这种防松装置容易刮伤螺母和被连接件表面，同时，因弹力分布不均，螺母容易偏斜。其结构简单，一般用于工作较平稳、不经常装拆的场合
	尼龙圈锁紧螺母	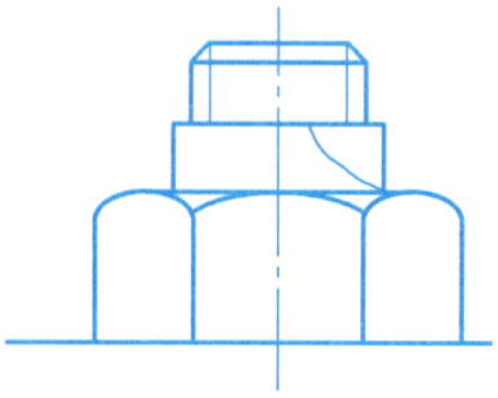	在螺母中嵌有尼龙圈，拧上后尼龙圈内孔被胀大，箍紧螺栓。其结构简单，一般应用于工作较平稳、不经常装拆的场合
机械防松	开口销与槽形螺母	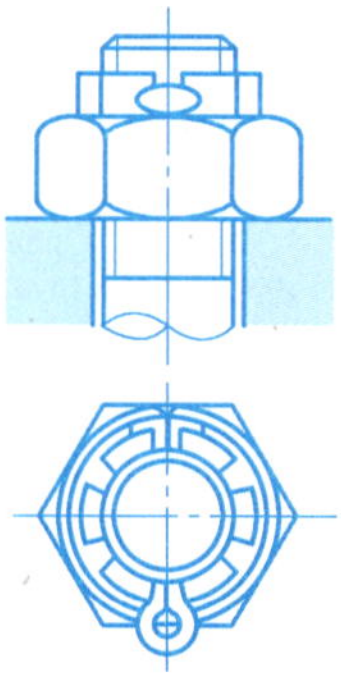	用开口销把螺母直接锁在螺栓上，它防松可靠，但螺杆上的销孔位置不易与螺母最佳锁紧位置的槽口吻合，多用于变载和振动场合
	圆螺母与止动垫圈	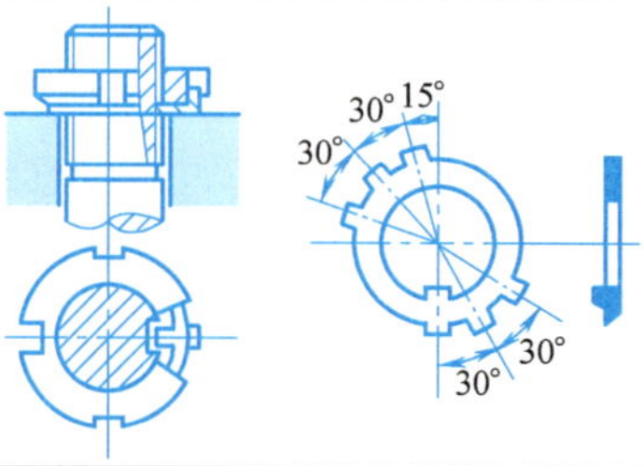	装配时，先把垫圈的内翅插入螺杆槽中，然后拧紧螺母，再把外翅弯入螺母的外缺口内，用于受力不大的螺母防松
	六角螺母与止动垫圈	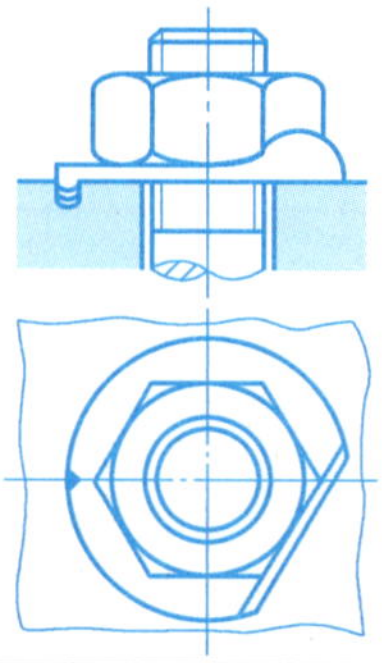	垫圈耳部分别与连接件和六角螺钉或螺母紧贴，防止回松，用于连接部分可容纳弯耳的场合
	串联钢丝	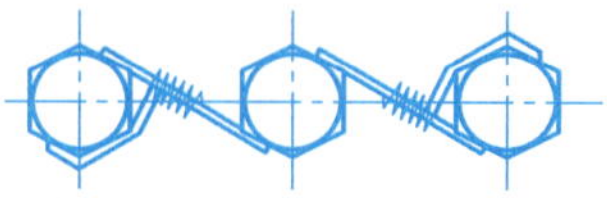	用钢丝穿过各螺钉或螺母头部的径向小孔，利用钢丝的牵制来防松。使用时应注意钢丝的穿绕方向，适用于布置较紧凑的成组螺纹连接

（续）

类　型		结构形式	特点及应用
破坏螺纹副的运动关系防松	焊接	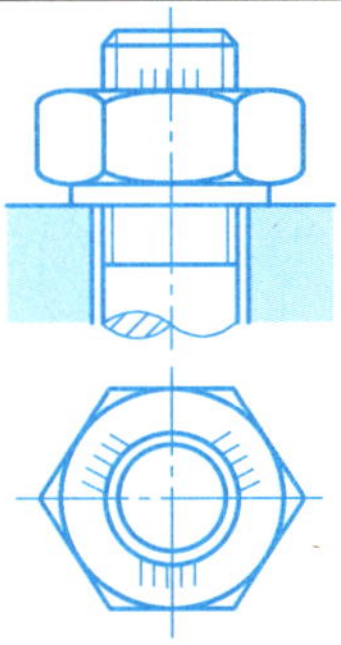	将螺钉或螺纹拧紧后，在螺纹旋合处点焊，利用材料的结合力防止螺纹副的相对转动。其防松效果好，用于不再拆卸的场合
	点铆	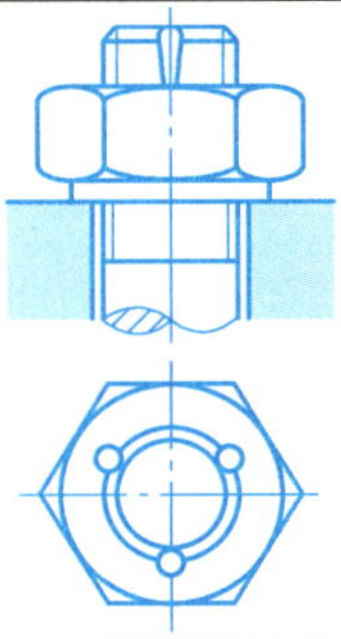	将螺钉或螺纹拧紧后，在螺纹旋合处冲点或敲坏螺纹伸出端，利用塑性变形破坏螺纹副防止螺纹副的相对转动。其防松效果好，用于不再拆卸的场合
	粘接	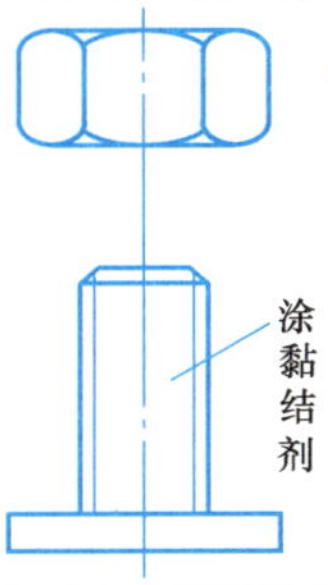	在螺纹旋合表面涂黏结剂，拧紧后，黏结剂自行固化，防松效果良好，且有密封作用，但不便拆卸

2. 螺纹连接的装拆工具

由于螺纹连接中的螺栓、螺钉、螺母等紧固件的种类较多，因而装拆工具也多，装配时根据具体情况合理选用。

（1）螺钉旋具　螺钉旋具俗称螺丝刀、旋凿、改锥，是一种用以拧紧或旋松各种尺寸的槽形机用螺钉、木螺钉及自攻螺钉的手工工具。其规格一般以旋杆长度表示，常见的有 75mm、100mm、150mm、300mm 等长度规格。头部形状以一字形和十字形最为常见。另外还有弯头旋具和快速旋具等类型，如图 9-5 所示。

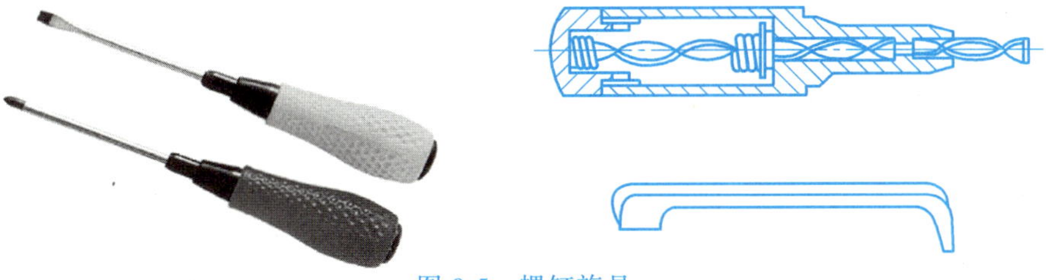

图 9-5　螺钉旋具

（2）扳手 扳手用于拧紧或旋松螺栓、螺母等螺纹紧固件的装卸用手工工具。使用时沿螺纹旋转方向在柄部施加外力，就能拧转螺栓或螺母。常用的扳手有活扳手、专用扳手和特种扳手等。

1）活扳手。活扳手如图9-6所示，由活动钳口、固定钳口和调节螺杆组成。其开口的尺寸能在一定的范围内调节，它的规格见表9-3。

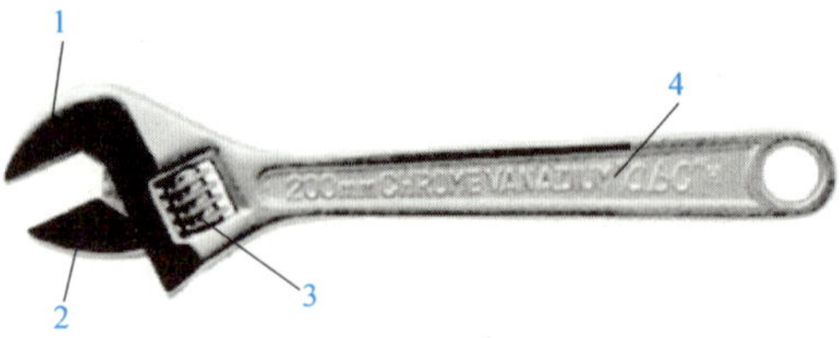

图9-6 活扳手

1—固定钳口 2—活动钳口 3—螺杆 4—扳手体

表9-3 活扳手的规格

长度									
长度	米制/mm	100	150	200	250	300	375	450	600
	寸制/in	4	6	8	10	12	15	18	24
开口最大宽度 W/mm		14	19	24	30	36	46	55	65

使用时，应让固定钳口承受主要的作用力（图9-7），否则容易损坏扳手。钳口的尺寸应适应螺母的尺寸，否则会损坏螺母。不同规格的螺母（或螺钉）应选用相应规格的活扳手，扳手长度不可随意加长，以免拧紧力矩太大而损坏扳手和螺钉。活扳手的工作效率不高，活动钳口容易歪斜，往往会损伤螺母或螺钉的头部。

2）专用扳手。专用扳手只能扳动一种规格的螺母或螺钉。其分类和用途见表9-4。

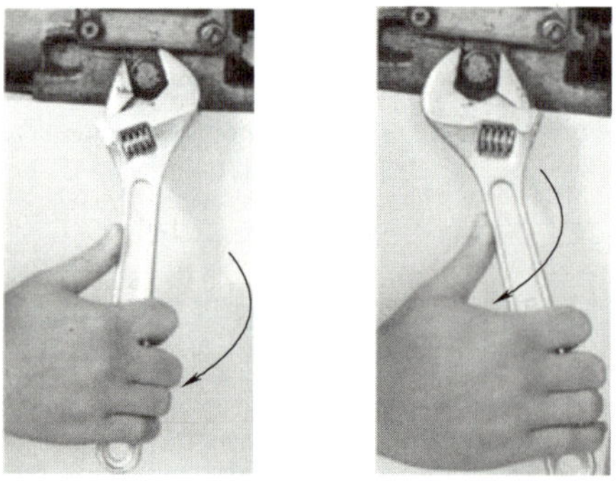

正确　　错误

图9-7 活扳手的使用

表9-4 专用扳手的分类和用途

类型	结构形式	特点及应用
呆扳手		它的一端或两端带有固定尺寸的开口，一把呆扳手最多只能拧动两种相邻规格的六角头或方头螺栓、螺母，故使用范围较活扳手小
梅花扳手		梅花扳手的两端带有空心的圈状扳口，扳口内侧呈六角、十二角的梅花形纹，并且两端分别弯成一定角度。由于梅花扳手具有扳口壁薄和摆动角度小的特点，在工作空间狭窄的地方或者螺母密布的地方使用最为适宜
两用扳手		两用扳手是呆扳手与梅花扳手的合成形式，其两端分别为呆扳手和梅花扳手，故兼有两者的优点，一把两用扳手只能拧转一种尺寸的螺栓或螺母

（续）

类型	结构形式	特点及应用
内六角扳手	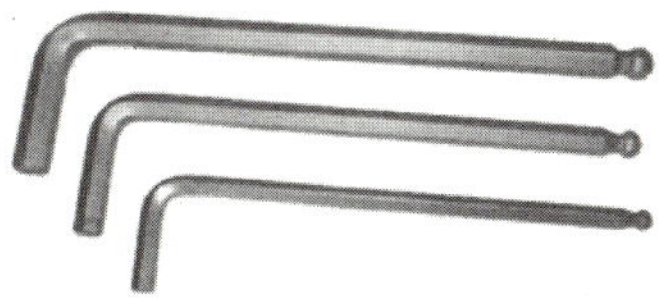	内六角扳手是呈 L 形的六角棒状扳手，专门用于拧转内六角圆柱头螺钉，这种扳手是成套的，规格以六角形对边尺寸 S 表示
丁字扳手	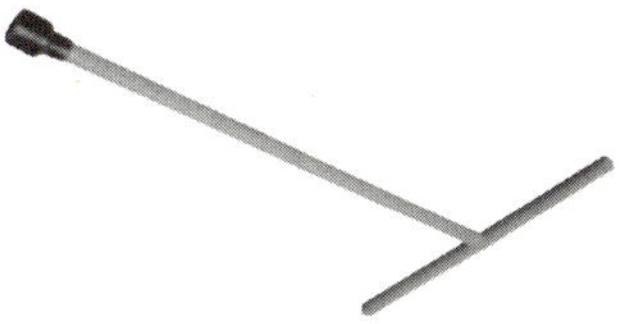	扳手头部按内六角或内四方形规格制造，适用于装拆台阶工件旁边或凹陷很深处的螺钉或螺母
套筒扳手	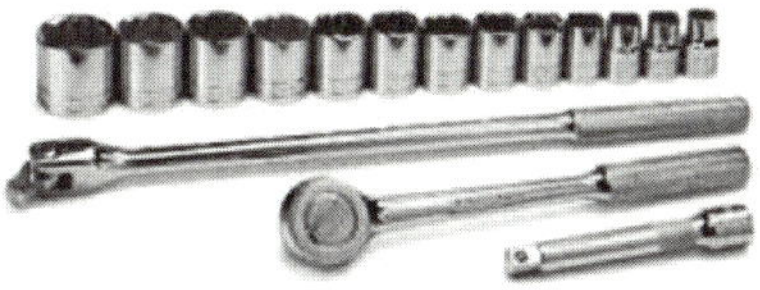	套筒扳手由多个带六角孔或十二角孔的套筒并配有手柄、接杆等多种附件组成，特别适用于拧转工作位置十分狭小或凹陷很深处的螺栓或螺母

3）特种扳手。特种扳手是根据某些特殊需要制造的，图 9-8 所示为棘轮扳手，不仅使用方便，而且效率较高。

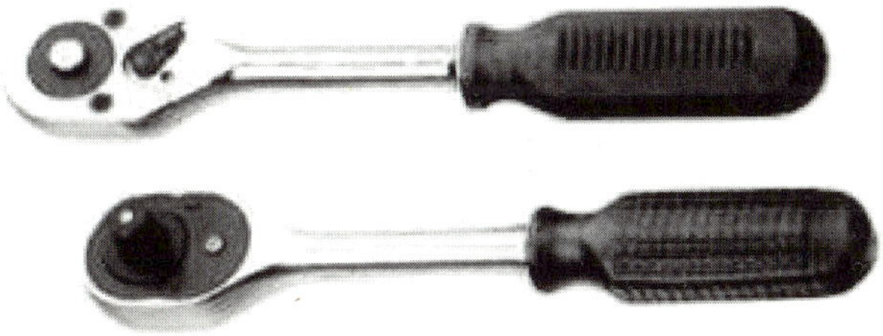

图 9-8　棘轮扳手

3. 螺纹连接的装配工艺

（1）双头螺柱的装配要点

1）应保证双头螺柱与机体螺纹的配合有足够的紧固性，即在装拆螺母的过程中，双头螺柱不能有任何松动现象。为此，螺柱的紧固端应采用过渡配合，保证配合后中径有一定过盈量；也可采用图 9-9a 所示的台肩式结构或利用最后几圈较浅的螺纹（图 9-9b），以达到配合的紧固。当螺柱装入软材料机体时，其过盈量要适当大些。

2）双头螺柱的轴线必须与机体表面垂直。为保证垂直度，通常用直角尺检验，当垂直度误差较小时，可用丝锥校准螺纹孔后再装入。

3）装入双头螺柱时，必须用油润滑，以免拧入时产生“咬住”现象，同时可使今后拆卸、更换较为方便。

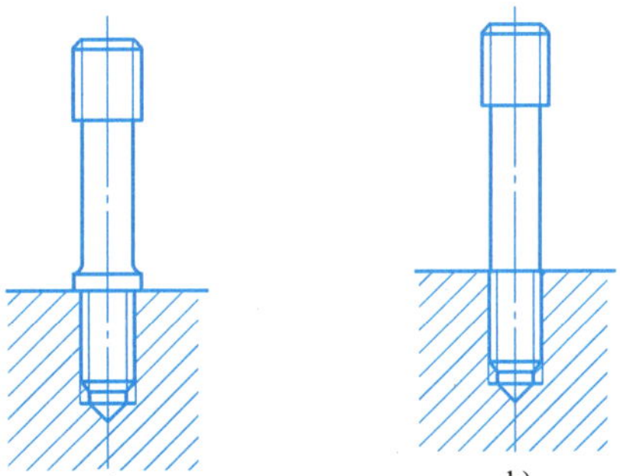

图 9-9　双头螺柱的紧固

常用的拧紧双头螺柱的方法如下。

① 使用双螺母的拧紧法，如图 9-10 所示。先将两个螺母相互锁紧在双头螺柱上，然后

扳动上面的一个螺母，把双头螺柱拧入螺孔中。

② 使用长螺母的拧紧法，如图 9-11 所示。用止动螺钉来阻止长螺母和双头螺柱之间的相对运动，然后扳动长螺母，这样双头螺柱即可拧入。要松开螺母时，先使止动螺钉回松，就可旋下螺母。

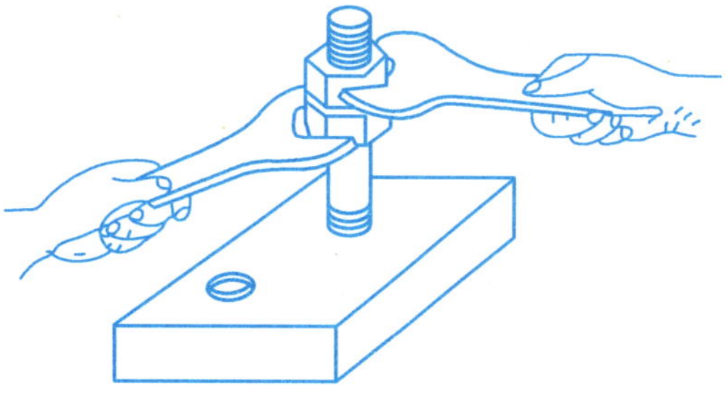

图 9-10　双螺母的拧紧法

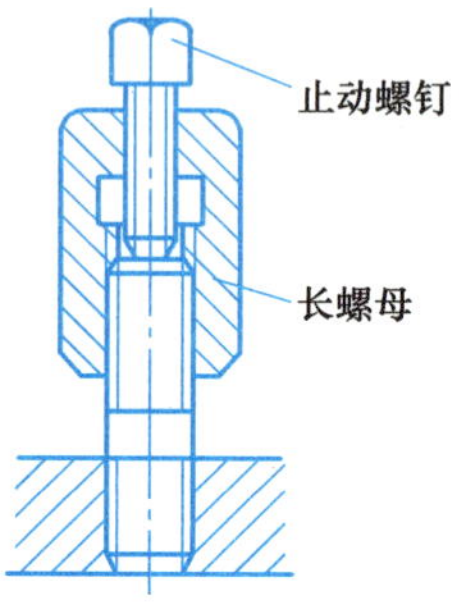

图 9-11　长螺母的拧紧法

③ 用专用工具拧紧双头螺柱法如图 9-12 所示。利用滚珠和限位套筒锁紧双头螺柱，扳动专用工具，带动双头螺柱一起拧紧。反方向扳转专用工具，可使双头螺柱松开。

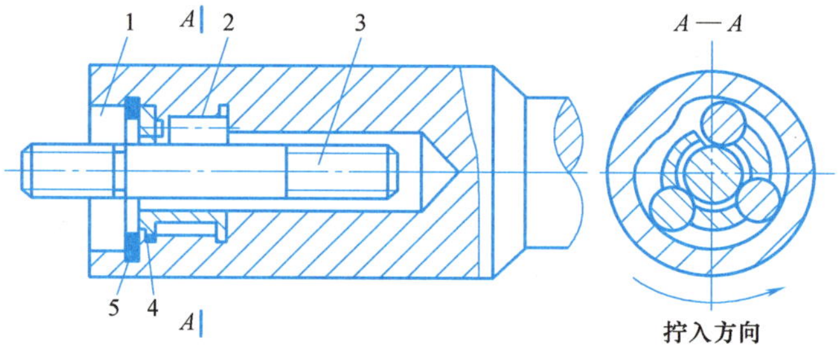

图 9-12　用专用工具拧紧双头螺柱法

1—工具体　2—滚珠　3—双头螺柱　4—限位套筒　5—卡簧

（2）螺栓、螺母和螺钉的装配要点

1）螺栓、螺母或螺钉与贴合的表面要光洁、平整，贴合处的表面应当经过加工，否则容易使连接件松动或使螺钉弯曲。

2）螺栓、螺钉或螺母和接触的表面之间应保持清洁，螺孔内的脏污应当清理干净。

3）拧紧成组多点螺纹连接时，必须按一定的顺序进行，并做到分次、逐步拧紧，否则会使零件或螺杆产生松紧不一致的现象，甚至变形。在拧紧长方形布置的成组螺母时，应从中间开始，逐渐向两边对称地扩展，如图 9-13a 所示；在拧紧方形或圆形布置的成组螺母时，必须对称进行，如图 9-13b、c 所示。

4）装配在同一位置的螺栓或螺钉，应保证长短一致，受压均匀。

5）主要部位的螺钉，必须按一定的拧紧力矩来拧紧（可应用扭力扳手紧固）。因为拧紧力矩太大时，会出现螺栓或螺钉被拉长甚至断裂和机件变形的现象。螺钉在工作中发生断裂，可能引起严重事故。拧紧力矩太小时，则不可能保证机器工作的可靠性。

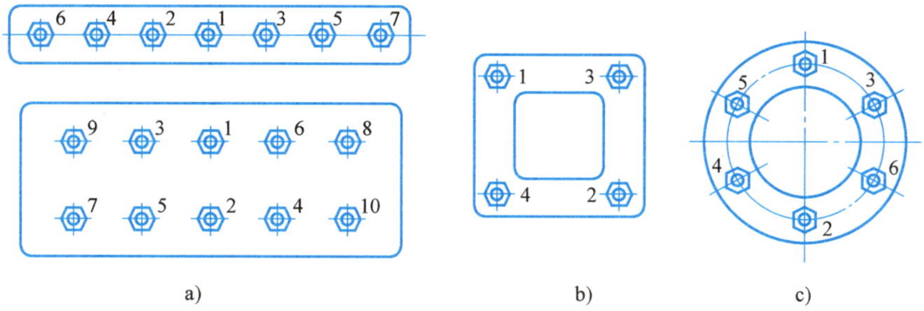

图 9-13　拧紧成组螺母的顺序

a）长方形布置　b）方形布置　c）圆形布置

6）连接件要有一定的夹紧力，紧密牢固，在工作中有振动或冲击时，为了防止螺钉和螺母松动，必须采用可靠的防松装置。

7）凡采用螺栓连接的场合，螺栓大径与光孔直径之间要留有相当的空隙，装配时先把被连接的上下零件相互位置调整好后，再拧紧螺栓或螺母。

三、键连接的装配

键连接通常用于连接轴与轴上旋转零件和摆动零件，起周向固定零件的作用，以传递旋转运动和转矩，具有结构简单、工作可靠、装拆方便等优点，因此在机械制造中被广泛应用。

1. 松键连接的装配

松键连接是靠键的侧面传递转矩，只能对轴上零件做周向固定，不能承受轴向力。如需轴向固定，则需附加紧定螺钉或定位环等定位零件。松键连接的对中性好，在高速及精密的连接中应用较多。常用的有普通平键、导向平键和半圆键三种。

（1）松键连接的装配技术要求

1）保证键与键槽的配合要求。由于键是标准件，键与键槽的配合性质是依靠改变轴槽和轮毂槽的极限尺寸来得到的。

2）键与键槽应具有较小的表面粗糙度值。

3）键安装于轴槽中应与槽底贴紧，键长方向与轴槽长应有 0.1mm 的间隙。键的顶面与套件的轮毂槽之间有 0.3~0.5mm 的间隙，如图 9-14 所示。

（2）松键连接的装配要点

1）键及键槽上不允许有毛刺。

2）对重要的键连接，装配前应检查键的直线度误差及键槽对轴线的对称度和平行度误差等。

3）对普通平键和导向平键，可用键的头部与轴槽锉配，其松紧程度应能达到配合要求。

4）锉配较长键时，允许键与键槽在长度方向上有 0.1mm 的间隙。

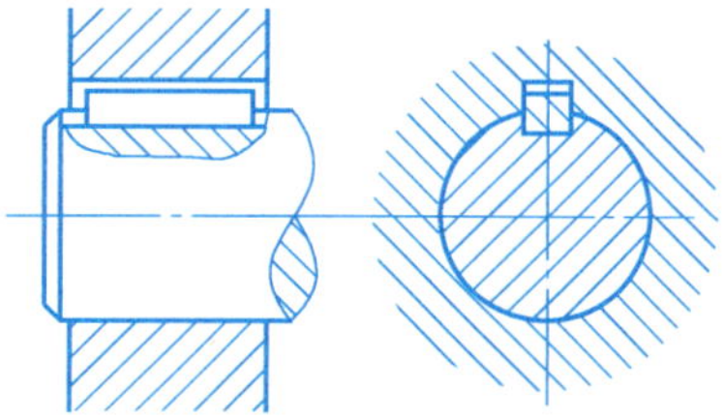

图 9-14　普通平键

5）键连接装配时，配合面上要加润滑油，注意将键压入轴槽中，使键与槽底贴紧，但禁止用铁锤敲打。

6）试配并安装旋转套件的轮毂槽时，键的上表面应留有间隙，套件在轴上不允许有周向摆动，否则在机器工作时会引起冲击或振动。

2. 紧键连接的装配

紧键连接主要指楔键连接。楔键的一个底面有 1∶100 的斜度，借以楔紧在轴、轮毂之间，以两个斜面互相贴合构成连接，键的两侧与键槽间有一定的间隙，主要依靠沿轴切向互相压紧来传递转矩和轴向力。因楔紧会引起轮毂零件的偏心，其应用不如平键普遍，多用于对中性要求不高和转速较低的场合。楔键主要有普通楔键和钩头楔键两种形式，如图 9-15 所示。

图 9-15 楔键连接

a）普通楔键连接 b）钩头楔键连接

（1）紧键连接的装配技术要求

1）楔键与槽的两侧应留有一定的间隙。

2）对于钩头楔键，不能使钩头紧贴套件的端面，必须留出一定的距离 h（图 9-15b），以便拆卸。

（2）紧键连接的装配要点　装配楔键时，要用涂色法检查楔键上下表面与轴槽、轮毂槽的接触情况，接触率应大于 65%。若发现接触不良，可用锉刀或刮刀修整键槽。合格后，用木槌或铅、铝、紫铜锤把楔键轻敲入键槽，直至套件的周向、轴向都紧固可靠为止。

3. 花键连接的装配

花键连接的特点是多齿同时工作，轴的强度较高，承载能力高，传递转矩大，对中性及导向性好，但制造成本高，适用于载荷大和同轴度要求较高的连接中，在机床及汽车行业中应用较多。

按工作方式分，花键有静连接和动连接两种；按受载情况规定有两个系列：轻系列（用于轻载荷的静连接）和中系列（用于中等载荷）；按齿廓不同又可分为矩形、渐开线和三角形花键三种。其中矩形花键的齿廓是直线，故容易制造，目前采用较多。

（1）花键的结构特点　花键的参数包括键数、小径、大径和键宽等。按国标 GB/T 1144—2001 关于矩形花键公称尺寸系列的规定，键数 N 可设置 6、8、10 齿，按小径 d 来确定齿数多少。键宽 B 为键或槽的公称尺寸，如图 9-16 所示。花键的牌号示例如下。

如：6×25H7×30H10×6H11

表示花键为 6 个键槽，小径为 25H7，大径为 30H10，键宽为 6H11 的内花键。

如：6×25f7×30b11×6d10

表示花键为 6 个齿，小径为 25f7，大径为 30b11，键宽为 6d10 的外花键。

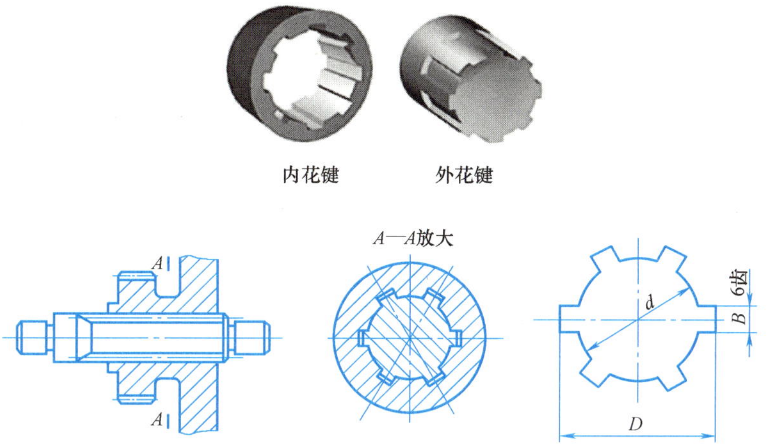

图 9-16　矩形花键

按 GB/T 1144—2001 规定，矩形花键的定心方式为小径定心。其优点为定心精度高，定心稳定性好，能用磨削方法消除热处理变形，定心直径尺寸公差和位置公差都能获得较高的精度。花键配合包括定心直径与轴的小径配合，非定心直径（大径 D）与轴的外径配合，以及键宽的配合。

（2）花键连接的装配要点

1）静花键连接时，套件应在花键轴上固定，当过盈量小时，可用铜棒打入；当过盈量大时，可将套件（内花键）加热到 80~120℃后再进行装配。

2）动花键连接时，应保证正确的配合间隙，使套件在花键轴上能自由滑动，用手感觉在圆周方向不应有间隙。

3）对经过热处理后的内花键，应用花键推刀修整后再进行装配。

4）装配后的花键副，应检查花键轴与套件的同轴度和垂直度。

四、销连接的装配

销连接主要用来固定两个（或两个以上）零件之间的相对位置（图 9-17a、b）；连接零件（图 9-17c）；还可作为安全装置中的过载剪断元件（图 9-17d）。销连接结构简单，装拆方便，在各种固定连接中应用很广，但只能传递不大的载荷。销可分为普通圆柱销、圆锥销及异形销（如轴销、开口销、槽销等），大多数销用 35 钢、45 钢制造，其形状和尺寸都已标准化、系列化。

1. 圆柱销

圆柱销依靠少量过盈固定在孔中，用以固定零件、传递动力或作为定位元件。圆柱销不

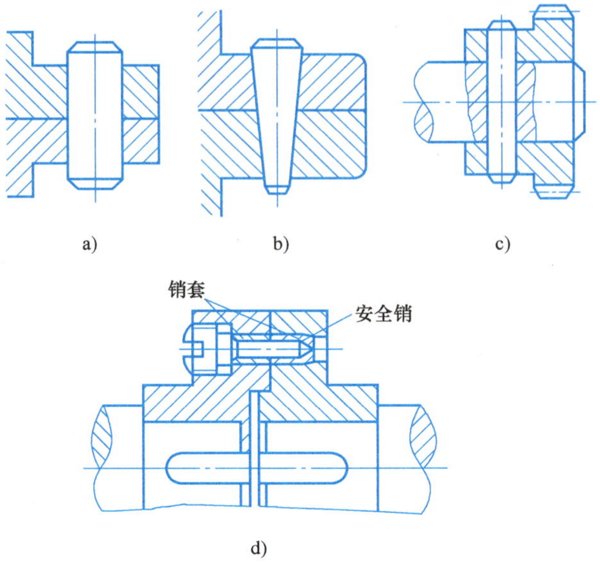

图 9-17 销连接的应用

a)、b) 定位 c) 连接 d) 安全保护

宜多次装拆，否则将降低配合精度。

圆柱销定位时，为了保证连接质量，通常被连接件的两孔应同时钻、铰，并使孔壁表面粗糙度值达到 $Ra1.6\mu m$ 以下。装配时，在销上涂机油，用铜棒把销打入孔中，也可用 C 形夹头将销压入销孔。

2. 圆锥销

圆锥销具有 1∶50 的锥度，其定位准确，装拆方便，在横向力作用下可保证自锁，一般多用作定位，常用于要求多次装拆的场合。圆锥销以小头直径和长度代表其规格，钻孔时，按小头直径选用钻头。装配时，被连接件的两孔也应同时钻、铰，但必须控制孔径，一般用试装法测定，以销能自由插入孔中的长度约占销长度的 80%为宜。用锤敲入后，销头应与被连接件表面齐平或露出不超过倒角值。开尾圆锥销打入销孔后，末端可稍张开，以防止松脱。拆卸圆锥销时，可从小头向外敲击。对于带有外螺纹的圆锥销可用螺母旋出，拆卸带内螺纹的圆锥销时，可用拔销器拔出。

任务实施

图 9-2 所示的钻床夹具的装配工艺过程由以下四个部分组成。

1. 装配前的准备工作

1）研究和熟悉图 9-2 所示的夹具装配图，可知夹具的定位方式采用了 V 形块作为定位元件，并采用螺旋夹紧机构对工件进行夹紧。整个夹具共使用了 11 种、共 14 个零件（表 9-5），其中，定位销和内六角圆柱头螺钉不需要钳工加工，需要钳工加工的零件包括 V 形块（图 9-18）、底板（图 9-19）、挡板（图 9-20）、钻模板（图 9-21）、钻套（图 9-22）以及 V 形压板（图 9-23），图 9-24 所示的夹紧螺杆先由车工加工，然后由钳工套螺纹并加工出方榫。工作时，将工件放入夹具体中，然后拧紧夹紧螺栓将工件夹紧，通过钻套引导钻头对工件进行钻削加工，即可加工工件上的 $\phi8H10$ 孔。

表 9-5　钻床夹具零件明细表

序号	名称	规格	材料	数量
1	钻模板		Q235	1
2	钻套		45	1
3	V 形压板		Q235	1
4	紧定螺钉	M3×5	45	1
5	挡板		Q235	1
6	夹紧螺杆		45	1
7	底板		Q235	1
8	V 形块		Q235	1
9	圆柱销	ϕ6mm×40mm	45	2
10	内六角圆柱头螺钉	M8×30	45	2
11	内六角圆柱头螺钉	M6×15	45	2

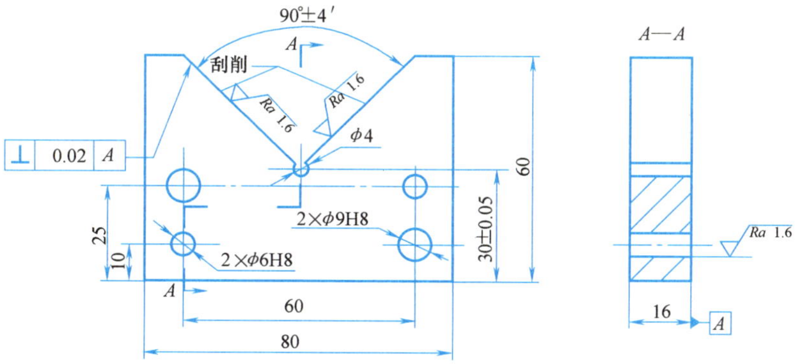

图 9-18　V 形块

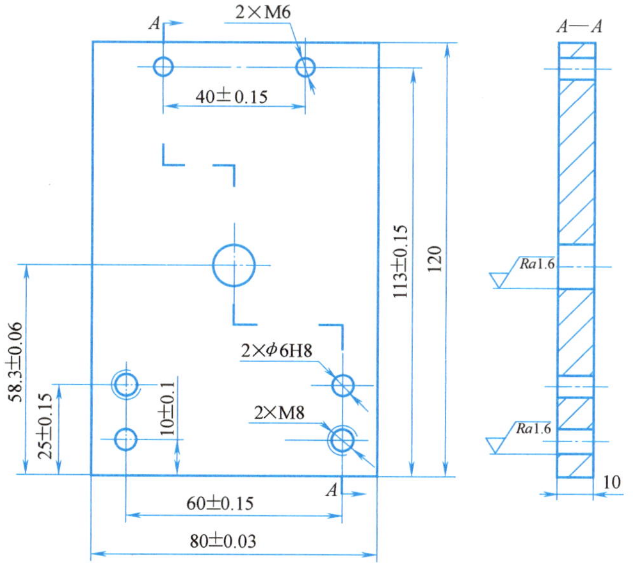

图 9-19　底板

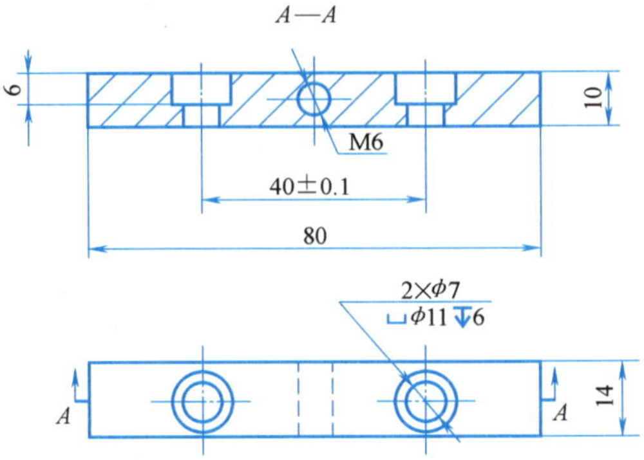

图 9-20 挡板

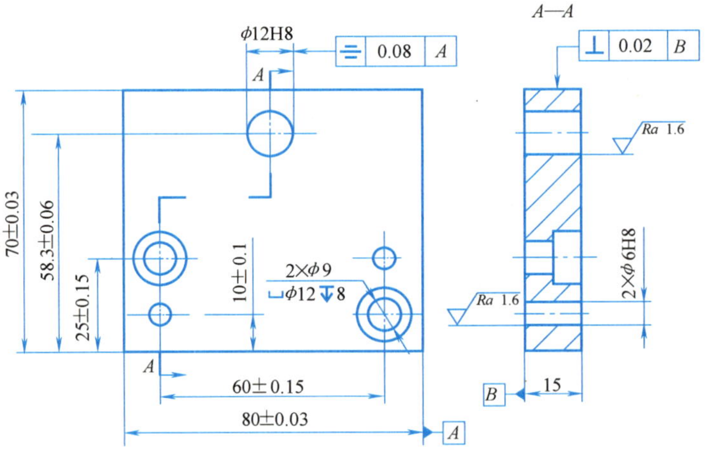

图 9-21 钻模板

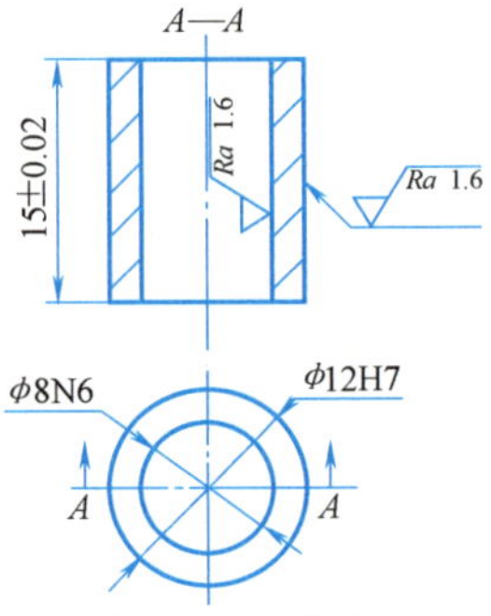

图 9-22 钻套

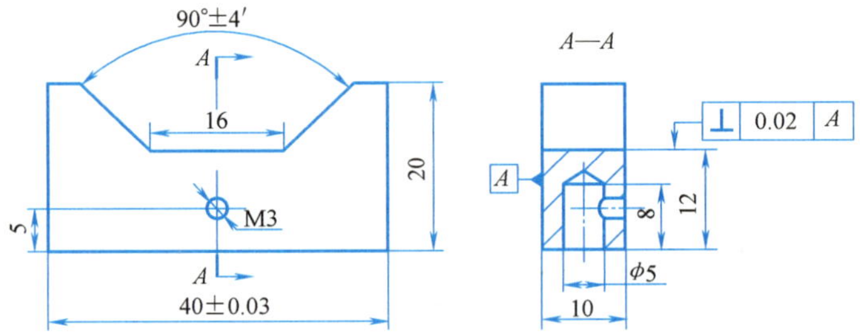

图 9-23 V形压板

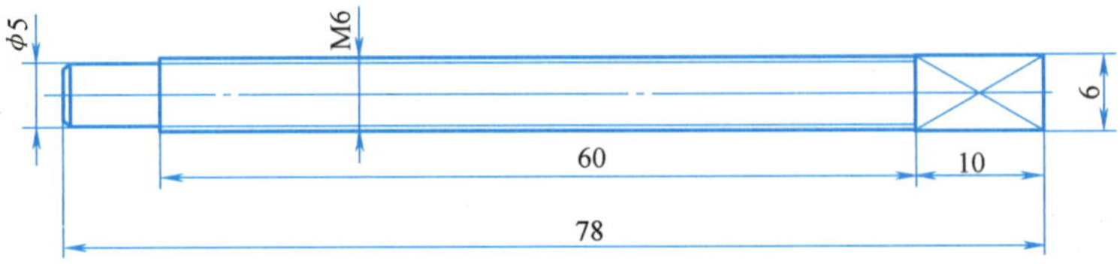

图 9-24 夹紧螺杆

2）根据相对应的图样，完成表 9-5 中全部零件的加工（标准件除外）。

3）确定装配方法。该夹具零件属于单件生产的产品，主要涉及螺纹连接、销连接，以及斜面件，因此装配时宜选用调整法进行装配。

4）对装配零件进行清洗和清理，去掉零件上的毛刺、锈蚀、切屑及其他脏污，以获得所需的清洁度。

2. 具体装配步骤

1）以底板作为安装基板，把 V 形块和钻模板依次安放于底板上，利用两个 M8 长 25mm 的内六角圆柱头螺钉实现底板、V 形块和钻模板的固定连接。此时预拧，即不要拧紧，方便后续调整，如图 9-25 所示。

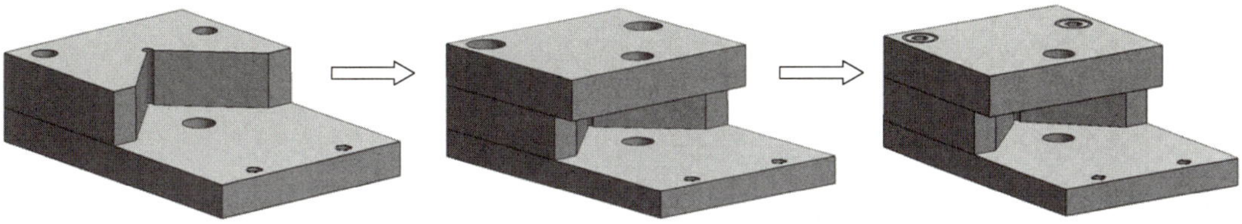

图 9-25　底板、V 形块和钻模板的预拧

2）利用两个 M6 长 15mm 的内六角圆柱头螺钉实现挡板和底板的连接。注意：此时不能拧紧螺钉，以便调节螺杆，如图 9-26 所示。

3）把夹紧螺杆穿过挡板的螺纹孔，转动夹紧螺杆实现螺杆的前后移动，检查是否出现卡死现象，如图 9-27 所示。

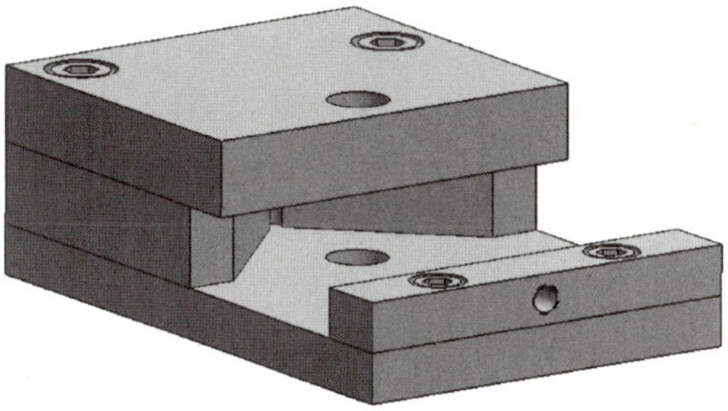

图 9-26　挡板的安装

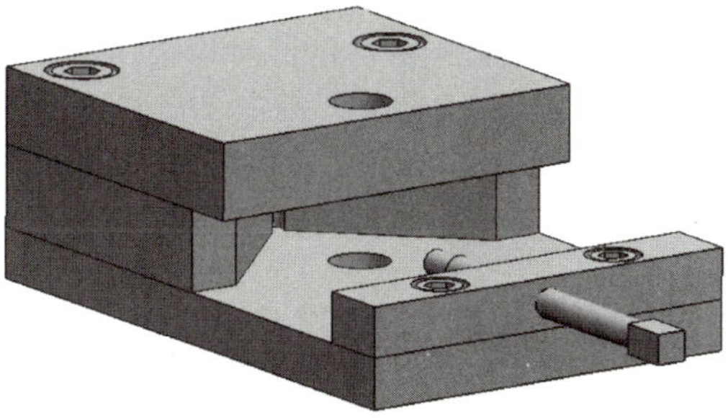

图 9-27　夹紧螺杆的安装

4）把夹紧螺杆的头部插入 V 形压块对应的孔内，利用紧定螺钉实现夹紧螺杆和 V 形压块之间的连接，如图 9-28 所示。

5）把工件放入夹具内调整 V 形压块、夹紧螺杆和挡板，调整后拧紧两个 M8 长 25mm 和两个 M6 长 15mm 的内六角圆柱头螺钉，实现挡板的固定，把钻模套放入钻模板对应的孔内，进行调整、试钻。检查钻孔工件的加工质量，根据需要调整钻模板，直至钻孔工件钻孔质量符合图样要求，如图 9-29 所示。

6）对钻模板、V 形块和底板配钻（配钻是指通过零件上已经钻好的孔位配作待加工零件上的孔）ϕ5.8mm 孔，并用 ϕ6H8 铰刀进行铰孔，将两个 ϕ6mm×40mm 的圆柱销插入 ϕ6H8 定位孔，以保证钻模板、V 形块和底板在工作中的位置不发生变化，如图 9-30 所示。

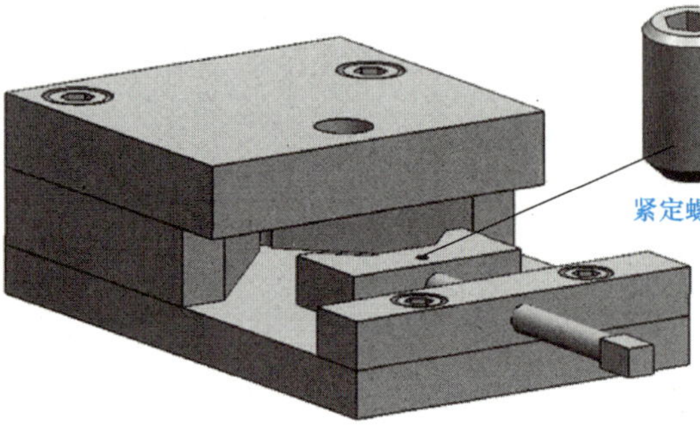

图 9-28 V 形压块的安装

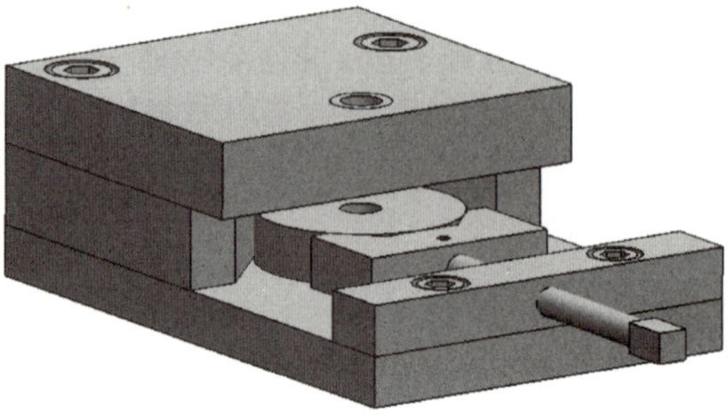

图 9-29 底板、V 形块和钻模板的装配、调整

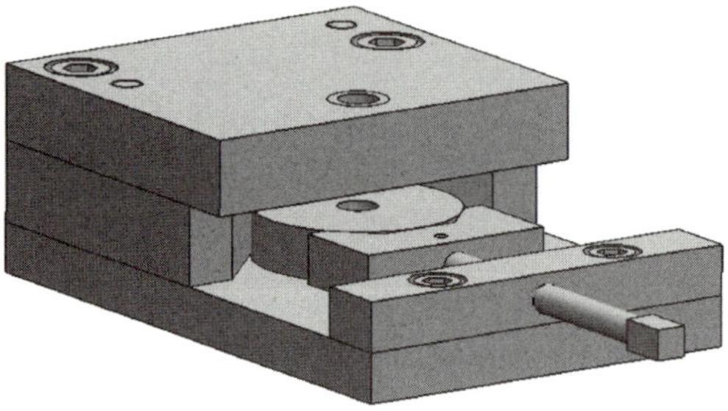

图 9-30 定位销的安装

知识拓展

过盈连接的装配

过盈连接是依靠包容件（孔）和被包容件（轴）配合后的过盈量来达到紧固连接的一种连接方法。装配后，轴的直径被压缩，孔的直径被扩大，由于材料发生弹性变形，在包容件和被包容件配合表面产生压力，依靠此压力产生摩擦力来传递转矩和轴向力。

过盈连接结构简单，同轴度高，承载能力强，并能承受变载和冲击力，还可避免配合零件由于切削键槽而削弱被连接零件的强度。但对配合表面的加工精度要求较高，装配和拆卸较困难。

一、过盈连接的装配技术要求

1）配合件要有较高的几何精度，并能保证配合时有足够的过盈量。

2）配合表面应有较小的表面粗糙度值。

3）装配时，配合表面一定要涂上机油，压入过程应连续进行，速度要稳定，不宜过快，一般保持在 2~4mm/s 即可。

4）对细长件或薄壁件的配合，装配前一定要对其零件的几何误差进行检查，装配时最好是沿竖直方向压入。

5）为了便于装配，孔端和轴的进入端应有 5°~10°的倒角。

二、过盈连接的装配工艺

1. 压装法

当配合尺寸较小和过盈量不大时，可选用在常温下将配合的两零件压到配合位置的压装法。图 9-31a 所示是用锤子加垫块敲击压入的压装法。这种方法简单，但导向性不好，容易发生歪斜，适用于过渡配合或配合长度较短的连接件，多用于单件生产。图 9-31b、c、d 所示分别为螺旋压力机、专用螺旋的 C 形夹头和齿条压力机。用这些设备进行压合时，其导向性比敲击压入好，适用于压装过渡配合和较小过盈量的配合，如小型轮圈、轮毂、齿轮、套筒和一般要求的滚动轴承等，多用于小批生产。图 9-31e 所示为气动杠杆压力机，其压力范围为 10~10000kN，再配上适当的夹具可提高压合的导向性。这种方法适用于装配过盈配合的连接件，如车轮、飞轮、齿圈、轮毂、连杆衬套、滚动轴承等，多用于成批生产。

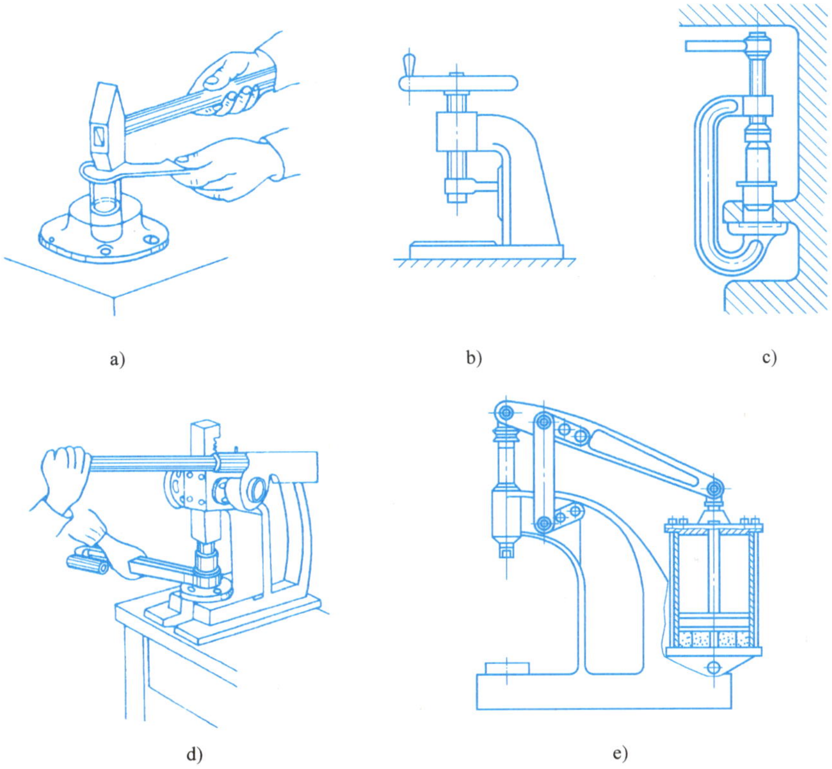

图 9-31　压入方法及设备

2. 热装法

热装法是利用金属材料热胀冷缩的物理特性进行装配的。其工艺是将孔加热使孔径增大，然后将轴装入孔中，待冷却后配合件就形成能传递轴向力、转矩或轴向力与转矩同时存在的结合体。

热装法常用的加热方法是将加热工件放入热水（80~120℃）或热油（90~320℃）中进行加热。对于大型零件加热，可用感应加热器等。

3. 冷装法

冷装法是利用物体热胀冷缩的原理，将轴进行冷却，待轴径缩小后再把轴装入孔中。常用的冷却方法是采用干冰（−75℃）和液氮（−195℃）进行冷却。

冷装法与热装法相比，收缩变形量较小，因而多用于过渡配合，有时也用于过盈配合。

三、过盈连接的装配要点

1）注意清洁度。在装配前，要十分注意配合件的清洁度，用加热法或冷却法装配时，配合件经加热或冷却后，配合面要擦拭干净。

2）注意润滑。若采用压装法，在压合前配合表面必须涂油润滑，以免压入时擦伤配合表面。压入过程应连续，速度不宜太快，通常为 2~4mm/s，并需准确控制压入行程。压装时，还要用直角尺检查轴孔轴线的位置是否正确，以保证同轴度要求。

3）注意过盈量和形状误差。对于细长的薄壁件，要特别注意检查其过盈量和形状误差，装配时最好垂直压入，以防变形，压入速度也不宜过快。

任务评价

通过以上学习，根据任务实施过程，将完成任务情况记入表 9-6 中，完成任务评价。

表 9-6 零件的装配任务评价表

项目名称		编号		姓名		日期	
序号	评价内容		评价标准			配分	备注
1	M6 螺钉连接		顺畅、牢固			6	
2	M8 螺钉连接		顺畅、牢固			6	
3	圆柱销装配 ϕ6H8/h7		不超差			15	
4	钻套装配 ϕ12H7/n6		不超差			15	
5	侧边错位量		不明显			13	
6	夹紧作用		可靠			15	
7	钻孔工件加工质量		符合图样要求			20	
8	安全文明生产		遵守 5S 规则			10	
教师评语							

工匠之篇

“脚踏实地、仰望星空”的普通工人

王曙群，是上海航天设备制造总厂有限公司九分厂（飞行器总装分厂）总装工、首席技师。从普通的技术工人，到最年轻的航天特级技师，乃至全国劳模，王曙群以 30 多年的工作经历，见证了改革开放以来中国航天事业的腾飞，也再一次印证了一个朴素道理：普通工人也能有属于自己的一片灿烂星空。2011 年 11 月 3 日，神舟八号飞船和天宫一号目标飞行器顺利完成我国载人航天工程首次空间交会对接试验，实现了高难度的“装配”。从“神舟八号”到“神舟十一号”“天宫”“天舟”项目，对接机构经历了 7 次飞行试验考核，圆满完成了 13 次交会对接试验任务。

交会对接是载人航天的关键技术，关键产品就是对接机构，它有 100 多个测量动作、位置、温度的传感器，近 300 个传递力的齿轮，750 多个轴承组合，11000 个紧固件，数

以万计的导线、接插件、密封圈和吸收撞击能量的材料等，是一项非常复杂的系统工程。复杂是一方面，关键还要精准，一旦对接的位置、姿态稍有偏离，插针就会被撞弯，造成信号消失。而对接装置有4个插头，每个插头有55个芯，共计220个插孔，交会对接的时候，需要保证将220个插孔同时准确地插入插座。这项工作只能在遥远的太空，靠操作机器代替人工来完成，直径只有1mm的插针，如稍有偏差就会被撞弯，造成对接信号消失，最终导致任务失败。因此，必须保证所有零件在地面的时候实现完美的装配，才能实现在太空中的安全对接。

1989年，王曙群从技校毕业后就被分配到厂里做工人，从工装模具的装配和维修做起，脚踏实地，一步一个脚印。1996年，厂里举办高级工培训班，规定工龄10年以上的职工才能参加。当时王曙群才工作7年，以中级工考试全厂第二名的好成绩破格参加培训班。2005年，对接机构研制进入关键时期。王曙群所在的班组接到了新的任务，开展月面巡视器的研制工作，也就是“玉兔”号月球车的研制。如何做到对接机构和月球车的研制“两同步”“两不误”，王曙群想到的是给年轻人压担子。机会总是垂青有准备的人，但是更要在汗水的浇注下才能达到新的高峰。在对接机构初样产品研制阶段，出现了很多让人措手不及的问题。“有时甚至对自己的工作产生了怀疑，到底能不能做出来。”王曙群说。但是他还是选择了坚守，克服了一个又一个的难题。对接锁系同步性装调质量决定了航天员能否在太空生存和能否安全返回地面，是交会对接任务中的重中之重。12把对接锁的锁钩必须实现同步锁紧、同步分离，这就好比在太空中“拧螺钉”。但试验发现，分离姿态与设计要求产生严重偏差，而且这种偏差毫无规律可循。为了早日攻克这一难题，通过近一年的反复试验、摸索，他发现，锁钩采用钢索传动在大载荷下钢索会变长，张力会下降，导致锁钩无法实现同步解锁。找到问题症结，他马上提出改变钢索旋向以及对钢索进行预拉伸处理的工艺方案，同时将判断锁钩同步性的测量方法进行调整，一举解决了困扰团队近两年的对接锁系同步性协调的难题。

王曙群从不吝啬与徒弟们分享自己的经验，如今，在他的团队里，已有相当一部分职工考取了技师、高级技师，成长为能独当一面的技术骨干。

“脚踏实地、仰望星空”，这不仅是王曙群写在工作室墙上的一句话，更是他作为一名航天一线工人的誓言。

参考文献

[1] 周晓峰. 钳工知识与技能：初级［M］. 北京：中国劳动社会保障出版社，2007.

[2] 汪哲能. 钳工工艺与技能训练［M］. 3版. 北京：机械工业出版社，2019.

[3] 宋文革. 极限配合与技术测量基础［M］. 5版. 北京：中国劳动社会保障出版社，2018.

[4] 厉萍，曹恩芬. 钳工工艺与技能训练［M］. 北京：机械工业出版社，2018.